产品服务与积极体验设计

CHANPIN FUWU YU JIJI TIYAN SHEJI

吴春茂 / 著

中国纺织出版社有限公司

内 容 提 要

设计学已成为一门新兴的交叉学科。本书以积极心理学、服务科学与设计为学科交叉基础，介绍了设计学中产品服务设计与积极体验设计前沿理论和方法。前面部分界定了产品服务系统设计、用户体验设计、主观幸福感积极设计等相关概念，中间部分专注于产品服务设计，包括产品服务设计概述、4P-8D设计方法模型等，以及积极体验设计，如自我控制困境驱动的积极体验设计、可能性驱动的积极体验设计、主观幸福感提升与积极体验设计、参数化产品积极体验设计、物联网产品积极体验设计等；后面部分以设计实践案例为主，包括校园文创产品积极体验设计实践、乡村互助养老产品积极体验设计实践、参数化产品积极体验设计实践。

产品服务设计与积极体验设计具有一定相关性，产品服务以提升用户积极体验为目标，而积极体验设计结果是以产品服务为载体。本书将二者有机结合，试图为从事基于用户积极体验的产品服务设计相关专业学生、学者、设计师及其他从业人员提供参考。

图书在版编目（CIP）数据

产品服务与积极体验设计 / 吴春茂著 .— 北京：中国纺织出版社有限公司，2022.3（2023.1 重印）
ISBN 978-7-5180-9227-7

Ⅰ . ①产… Ⅱ . ①吴… Ⅲ . ①产品设计 Ⅳ . ①TB472

中国版本图书馆 CIP 数据核字（2021）第 264940 号

责任编辑：施　琦　谢冰雁　　责任校对：寇晨晨
责任印制：王艳丽

中国纺织出版社有限公司出版发行
地址：北京市朝阳区百子湾东里 A407 号楼　邮政编码：100124
销售电话：010—67004422　传真：010—87155801
http://www.c-textilep. com
中国纺织出版社天猫旗舰店
官方微博 http://weibo.com/2119887771
北京华联印刷有限公司印刷　各地新华书店经销
2022 年 3 月第 1 版　2023 年 1 月第 2 次印刷
开本：787 × 1092　1/16　印张：18
字数：228 千字　定价：128.00 元

序言

人类已经进入互联互通，命运休戚与共的新时代。随着各个领域的技术基础加速迭代，为新的经济发展提供了新动能。新产业、新业态、新模式不断涌现，所有以创新设计为事业的人们正在经历新的挑战。由于科学技术的进步、知识社会的形成，创新形态的嬗变，设计工作模式也正在从专业性向更为广泛的用户参与模式转变，一个以用户为中心的创新范式业已形成，设计作为价值创造的新角色定位也正在不断地被审视，设计活动的内涵变化和实际意义日益受到广泛关注。

产品设计的原流是工业化，随着社会分工的细化，使得设计行为从本能走向专业化、职业化，成为一门学科。产业生态的变迁决定了设计生态的形成，社会与产业的范式决定着思维的范式。而今，以制造业为特征的产业正向着知识产业转化，产品设计则从以产品生产为中心向着以服务为中心转移，在以服务为特征的产业范式下，越来越出现大跨度的领域交叉与融合。产品设计所服务的行业重心正在从生产侧、流通侧向着消费端偏转，原有的产业格局正在失衡，行业正在围绕用户资源展开激烈竞争而重组加剧，读懂终端用户者更有机会去创造价值。这就是所谓动能的转移，创新驱动力的变化，而这一切都源自消费主张和用户行为。消费特征越来越呈现出从产品选择转向对服务的选择。这也必然导致产品系统设计由功能主导转向了情感主导，其目标经由以往的为产业而设计转向为市场而设计，继而为用户而设计。这就是服务型经济背景下形成的产品设计的基本逻辑。如果借用“溢出效应理论”来理解设计的价值主张，那么设计创新所产生的溢出效应经由了从“资本溢出效应”阶段到“技术、知识溢出效应”阶段，并且正在转向对“服务溢出效应”的价值追求。简而言之，创新设计不能受制于供给方的主观意志，消费大众的认知革命才是真正的驱动力。这就是社会变革对于设计创新的挑战。

设计学科正在经历从工业文明向信息化时代的大跨越式变革，技术和经济、社会和文化都呈现出新的面貌。时代在变，设计也正被定义为新的角色，被赋予新的使命，要面向新的对象，要构建新的知识体系和方法系统，呈现出互联网社会复杂多变的演化态势。《产品服务与积极体验设计》的出版正是关注到现实背景下设计需求的变化，更是关注到设计教学过程中师生对于庞杂的思潮、概念、方法工具的无所适从，对当今各类用户研究的方法进行了整理和补充，为相关设计实践提供了理论指导和案例示范。该书作者近年来专注于产品服务与积极体验设计相关学术研究与设计实践。其对于“积极体验设计”的理论阐释，以积极心理学与设计学的理论方法为基础进行学科交叉而生成的思考方法及分析手段，具有一定的前沿性，也契合当今创新设计发展的主流意识，对设计赋能产业，创建幸福生活具有积极意义。

东华大学　服装与艺术设计学院　产品设计系

教授、博士生导师

吴　翔

2022年2月20日

前言

新时代必将孕育新理论，设计学科亦然如此。近年来，经济、科技、社会、文化的发展推动了设计学科不断完善，许多新兴设计研究方向的产生就是例证，如人工智能设计、物联网交互设计、积极体验设计等。设计学本身是一门注重门类交叉的学科，它既涉及文学、艺术、美学等人文社会科学，又涉及工程、数学、材料等自然科学。如果从解决问题的角度来看，设计学似乎可以作为一个切入点对以上学科整合提出创新性解决方案。近年来，其他相关学科专家学者相继涉足设计学研究领域，并取得了一系列可视化成果，这也助推了设计学成为新兴交叉学科门类中的一门一级学科。

作者在本书中专注于产品服务与积极体验两个维度开展研究。产品服务是从设计对象角度出发，思考有形产品与无形服务所构建系统如何平衡利益相关者之间的需求；积极体验是从目标用户角度出发，思考影响用户情绪、情感的因素，运用设计方法手段提升用户主观幸福感。产品服务与积极体验从不同的维度出发，仿佛又构建了一个新的系统，通过设计可以将两个维度有机整合起来。

本书以“产品服务与积极体验设计”为题，介绍了设计学中与产品设计相关的前沿理论与方法，第一章背景绪论，包括产品服务设计与积极体验设计起源与研究现状等内容；第二章概念界定，包括产品设计与服务设计、产品服务系统设计、用户体验设计、主观幸福感积极设计等内容；第三章产品服务设计，包括产品服务设计概述、双钻石、AT-ONE、4P-8D设计方法模型等内容；第四章积极体验设计，包括设计驱动情感、用户体验地图与触点信息分析、共享产品服务与用户体验地图、主观幸福感提升与积极体验设计、自我控制困境驱动积极体验设计、可能性驱动的积极体验设计、积极体验概念设计画布、参数化产品积极体验设计、提升主观幸福感的积极体验设计策略和物联网产品的积极体验设计路径等内容；第五章以校园文创产品积极体验设计、乡村互助养老产品积极体验设计实践、参数化产品积极体验设计为例，进行了设计案例分析。本书核心观点体现在如下几个层面。

在积极体验设计方面，以积极心理学与设计学为学科交叉基础，生成了系列化的设计工具与方法，从积极情绪、快乐体验、个人幸福、积极社区、情感交互等角度进行研究，提出积极设计是一项可能性驱动的正向价值创造活动，通过创新的产品、服务、系统为个人、社区提供愉悦且有意义的交互体验，以提升个人幸福、社区繁荣，并构建美好未来，具体包括：创造可能性——积极设计不是为了提出问题、分析问题、解决问题，而是采用新的思考逻辑为人们主观幸福感的提升提出新的可能性；丰富积极体验——积极设计的目的不是为了设计某种产品或体验，而是多途径拓展个体愉悦的路径，丰富用户的积极体验；选择意义活动——积极设计不仅是为了个体愉悦体验而设计，而且是为了驱动个体平衡快乐和美德，并激励人们长期从事有意义的活动；提升个人幸福——积极设计不仅是为了提升个体短暂的快乐体验，还可通过长期目标可视化、自我反思等方式提升个人幸福；促进社区繁荣——积极设计不仅是为了个体幸福而设计，还是通过设计赋能组织，激励个体开发自身潜能，加强社区间的互动，并为社区繁荣作出贡献。

在产品服务设计方面，本书尝试从创新过程的角度研究设计机构中的产品服务系统类型；并根据产品服务系统的类型对产品服务系统设计模式进行分类研究。产品服务系统设计按照设计流程可整理为4P-8D产品服务系统设计模型。4P包括：问题（Problem）、提案（Proposal）、生产（Production）、产品（Product）；8D包括：发现（Discover）、诊断（Diagnose）、定义（Define）、设计（Design）、开发（Develop）、布局（Deploy）、交付（Delivery）和展示（Display）。小型设计工作室主要基于单维服务，中型设计机构主要基于双维或三维服务，大型设计集团可以提供全流程闭环产品服务系统设计。

同时，在用户体验设计方面，本书对体验设计中的方法工具进一步界定，对特殊情境下（如共享产品、互联网定制产品等）的用户体验设计工具进行了研究补充，为相关的设计实践提供理论指导。本书选题与内容源于作者团队近年学术与实践研究积累，设计实践部分选用了作者指导的硕士毕业生韦伟、张笑男、高天的部分设计案例，在此集结出版以期抛砖引玉，能为产品服务设计、积极体验设计相关理论与实践研究提供参考，也鞭策自己砥砺前行。

著者

2022年1月

目录

1.1　产品服务设计起源

1.2　产品服务设计现状

1.3　积极体验设计起源

1.4　积极体验设计现状

1 第一章 背景绪论

1.1 产品服务设计起源

目前全球经济正从产品经济向服务经济过渡。随着服务在生产和消费领域的发展，制造业和服务业之间的界限变得越来越模糊。制造企业不再是单纯的实物产品的生产者，而是实物产品与附加服务的提供者。基于此，越来越多的制造商正从全产品生命周期的视角，从传统的产品生产领域扩展至产品的使用过程、维护升级、配件市场等全流程领域。产品服务系统可以帮助企业实现资源优化配置和推动社会可持续发展。因此，全球制造企业越来越多地依赖于服务并将其作为重要竞争手段。在美国GAFA工业互联网联盟、德国工业4.0、“中国制造2025”计划、“互联网+”新型业态下，设计行业也从工业设计、交互设计，向服务设计转变。因为单一工业产品设计已经不能满足当下消费者的需求，他们需要的是通过物质产品与非物质的服务系统的结合，进行全方位的使用及参与体验，以此获得积极愉悦的情感满足。

在我国，服务业已成为国民经济的重要组成部分，服务业的发展水平是衡量现代社会经济发达程度的重要标志。《国务院关于加快发展服务业的若干意见》指出：加快发展服务业，提高服务业在三次产业结构中的比重，尽快使服务业成为国民经济的主导产业，是推进经济结构调整、加快转变经济增长方式的必由之路，是有效缓解能源资源短缺、提高资源利用效率、适应对外开放新形势、实现综合国力整体跃升的有效途径。

在激烈的市场竞争中，包括制造业在内的各种产业，都在从以制造为中心，转向以服务为中心，最终都是以人为中心。例如，当下游客普遍对旅游服务以及售卖的纪念品不满，原因之一就是缺乏服务、缺乏体验。作为设计师不应该仅设计有形产品，还应该在游客进行旅行之前到旅行之后整个过程中全流程跟进设计，这其中包含更多的是看不到的设计，包括人的认知、行为、体验、交互、服务等多因素组成的复杂系统。

产品服务系统设计理念的出现与发展对于促进当下产业发展具有重要指导意义。作为传统工业设计在后工业时代的新发展方向，产品服务设计对工业设计进行了补充，设计范畴变得更加广泛。产品服务系统设计的本质属性是人与物、行为、环境和社会关系的系统设计，其目的是为用户创造最佳的服务，创造更好的体验，传达更积极的价值。产品服务设计的理念如今在世界各国被广泛重视，使得设计不再单纯是为了设计而设计，而是体现了更多对设计价值的思考。

1.2 产品服务设计现状

根据文献研究，产品服务设计的发展轨迹可归纳为如下几个重要的时间节点：

1982年与1984年，服务设计奠基人索斯泰克（Shostack）博士先后在《欧洲营销》杂志和《哈佛商业评论》杂志上发表了名为"How to Design a Service"和"Designing Service that Deliver"的两篇文章，初次在营销界和管理界指出"设计服务"和"服务蓝图"的概念。他认为服务设计就是由服务过程、识别失误环节、建立服务时间标准以及分析成本收益四者共同组成的"服务系统设计"，并提出了整合物质产品和非物质服务的设计理念。

1991年，比尔·霍林斯（Bill Hollins）夫妇在其设计管理学著作*Total Design*中最早提出了"服务设计"一词。同年，德国科隆应用科学大学国际设计学院教授波吉特·麦格（Birgit Mager）开始在设计领域正式提出服务设计的概念并把服务设计作为一门学科来对待。此后德国、意大利、英国、瑞典等国家的设计院校加入服务设计的理论研究及项目实践中。至此，服务设计在设计界开始迅速发展。

1994年，英国标准协会颁布了世界上第一部关于服务设计管理的指导标准BS7000-3 1994。

1995年，波吉特·麦格教授在德国科隆应用科学大学国际设计学院厄尔霍夫（Earhof）教授研究的理论基础上进行了完善，并完成著作*Service Design – A Review*，而后为西门子等公司提供咨询服务策划设计。

2001年，全世界首所专业服务设计公司Live Work在英国成立，业务涉足交通、通讯、广播、社会福利和金融等多个范畴，为意大利电信、英国广播公司等提供了服务咨询和设计。

2002年，美国设计公司IDEO开始运用服务设计理论为客户们提供设计。

2002年，服务设计国际网络SDN（Service Design Network）由科隆国际设计学院、卡内基梅隆大学、瑞典林雪平大学、意大利米兰理工大学以及意大利多莫斯设计学院联合建立，共同开展服务设计的学术探索与研究。

2005年，德国科隆国际设计学院的斯蒂芬·莫里茨（Stephen Moritz）教授在撰写的“Service Design – Practical Access to an Evolving Field”一文中，对服务设计的概念、背景原因、发展经过、工具方法及案例等进行了系统的探究。

2008年，罗伯特（Roberto M.Saco）和艾力克西斯（Alexis P. Goncalves）综合论述了服务设计的定义、工具及趋势。哥本哈根交互设计研究中心指出：服务设计是通过整合有形、非物质媒介创造创意思维，服务设计的主要目的是为用户提供各种体验。

2009年，克劳迪欧（Claudio Pinhanez）讨论了服务设计的用户位置和如何通过服务设计处理与人有关的因素。露西·金贝尔（Lucy Kimbell）实证研究了三家设计型企业与三家科技创新型企业的合作项目，提出了现存的服务设计知识的来源。

2011年8月，服务设计作为*International Journal of Design*国际期刊的专题。“Service Design and Change of Systems”论文强调必须以人为中心应用服务设计。“Designing for Service as One Way of Designing Services”论文指出，在社会物质框架中，服务都是一个具有关联性和短暂性的创造价值的过程，设计师应该通过实体访谈调研用户的体验来设计服务，探索如何在不同的消费者中创建新的价值关系类型。

2011年，雅各布·施耐德（Jakob Schneider）和马克·斯迪克多恩（Marc Stickdom）在其合著的《这就是服务设计思维》（*This is service Design Thinking*）一书中，阐述了各种思维方式和设计方法，不仅从产品设计、平面设计、交互设计等方面对服务设计进行阐释，而且从战略管理和运营管理两个方面加以说明，并且还通过社会化设计去阐释。此外，书中介绍了服务设计的迭代过程，同时展示了用来进行服务设计的工具和方法，包括期望值图解、人物角色、设计脚本、服务旅行地图、服务蓝图等。

2013年，弗鲁基·斯里斯威克·维瑟（Froukje Sleeswijk Visser）对荷兰代尔夫特理工大学工业设计工程学院的团队研究成果进行跟踪记录，该团队由25名硕士研究生、8名服务设计教师和9名资深设计师组成，总结了服务设计的最新研究动态和设计实践，并编辑成*Service Design by Industrial Designers*一书。书中重点指出，工业设计师不再仅局限于将专业技能应用于产品设计领域，而是重点解决复杂的社会问题。其设计领域关注的是更广大的服务网络部分而非仅局限于产品，主要包括人员、技术、场所、时间和对象，并为用户创造更好的服务体验。

2015年，在韩国光州举办的第29届世界设计大会上，世界设计组织对工业设计进行了重新定义，将产品、服务、系统、体验作为工业设计的主要内容，自此服务设计正式被列入工业设计研究范畴。

2019年，中国商务部、财政部、海关总署发布了《服务外包产业重点发展领域指导目录（2018年版）》，指出了服务设计是以用户为中心、协同多方利益相关者，通过人员、环境、设施、信息等要素创新的综合集成，实现服务提供、流程、触点的系统创新，从而提升服务体验、效率和价值的设计活动。

2022年，全球服务设计联盟（Service Design Network，SDN）北京发起搭建“中国服务设计地图”网络，作为中国服务设计展示交流的专业平台，对促进中外服务设计与交流以及产业、学界的互动，建构服务设计发展新局面具有推动作用。

目前，服务设计和产品服务系统设计理念已经进入许多企业的设计实践中。制造商开始摆脱传统的制造模式，通过整体解决方案、租赁或其他服务形式来满足顾客需求，有效地提升了顾客满意度。苹果、宝洁、花旗银行等世界知名企业也在商业上进行了系列的探索与研究，他们在商业上的成功也是促进服务设计发展的动力。IBM在全球首次提出“服务科学（Service Science）”概念之后，IBM

又提出SSME（Service，Science，Management and Engineering）即“服务科学管理与工程”概念，将服务设计、服务管理、服务营销与服务工程等方面进行融合研究。随着信息技术的发展，各行各业不断被以服务设计为主的设计思维所改变，使更多的服务组织认识到，用户需要更好的设计服务。蔚来在销售汽车时，还提供相应的维修、紧急拖车等服务，深深吸引了顾客，使蔚来汽车在残酷的市场竞争中脱颖而出。这种“产品+服务”的策略也体现在了其他产品上，如iPhone的APP Store中已经有数百万种应用软件。在顾客可按照行驶公里付费的汽车共享服务中，制造商（汽车服务商）拥有汽车的所有权，顾客可以在需要的时候租用汽车，这样可以降低汽车使用总量，而且可以减少环境污染。

在学术研究方面，博伊伦（Beuren）研究显示：关于产品服务系统的核心文章主要集中于《清洁生产期刊》（*The Journal of Cleaner Production*）、《设计研究期刊》（*The Journal of Design Research*）及《环境设计期刊》（*The Eco-Design Journal*）。其中《清洁生产期刊》刊出一系列极具影响力的研究文章，并组编了相关的理论特辑。随着研究的深入和交叉，产品服务系统设计理论也出现了不同的研究分支和侧重。具体分析这些论文研究主题，可发现所提到的产品服务系统中，探究商业利益的约占20%，文献回顾及特征研究的约占20%，侧重案例研究的约占35%，其他则主要集中于产品生命周期的描述、服务设计的方法应用等领域。1999年3月荷兰学者戈德库普（Goedkoop）等四人在荷兰经济和环境部的支持下发表了题为《产品服务系统——生态和经济基础》的论文。该论文定义了产品服务系统的基本概念，并给出定量分析和定性分析的模型与工具，为后续产品服务系统相关研究提供了理论基础和研究方向。米兰理工大学曼齐尼（Manzini）和维佐利（Vezzoli）在联合国环境规划署（UNEP）的项目报告中定义产品服务系统是通过此基础上的战略创新将商业活动焦点从只设计出售实物产品，转移到设计出售具有满足特定客户需求的综合能力的产品和服务。布兰德斯托特（Brandstotter）则认为产品服务系统应力求达到可持续发展，这意味着经济、环境和社会方面的进步。图克（Tukker）呼吁学界加大对产品服务系统实施后所带来的环境效益和商业竞争力进行专业的评估。贝恩斯（Baines）等进一步指出产品服务系统的逻辑前提是利用设计师和制造商的知识增加输出物的价值，降低对材料和其他消耗物的输入。

学者们还对产品服务系统进行了类型定义。其中罗伊（Roy）通过分析系统所提供的结果与功能，将产品服务系统细分为：结果服务、分享效用服务、延长产品寿命服务与需求端管理四大类；在曼齐尼教授的结果导向方法和功能导向方法以及蒙特（Mont）关于产品使用的两类概念以使用为导向和以结果为导向的基础上，米兰理工大学可持续设计与系统创新研究所于2002年在UNEP报告上，由维佐利执笔首度提出了三类产品服务系统类型：以产品为导向的服务、以使用为导向的服务和以结果为导向的服务。随后图克在此基础上进一步将产品服务系统的三种导向细化为八个类别。

在研究视角方面，目前国内外学者们对产品服务设计理论的研究主要形成了以下三个主要研究视角：

用户体验：用户在产品服务系统中扮演了非常重要的角色，有许多学者从用户的角度对产品服务系统进行了研究。贝尔科维奇（Berkovich）提出了一个PSS（产品服务系统）需求数据模型，描述了各种需求及它们之间的内部关系，以及根据PSS设计过程相关需求的详细分类。该模型有六个层次：目标、系统、特征、功能、组件和支持活动。卡莱拉（Carreira）将PSS设计过程中的用户体验需求通过用户体验与企业内部参与式研究做了深入的结合。

建模技术：这是产品服务系统实施的技术支撑。马奎斯（Marques）提出了一种新的产品服务系统设计方法，共包括四个阶段：组织准备、规划、设计、后期处理。它可以缩短产品服务市场的周期。为了协调、监督、控制与分享利益相关者间的信息，林德·斯特伦（Lindstrom）提出了一个概念发展模型来管理产品开发过程，包括硬件、软件、服务支持系统与实施。金（Geum）与帕克（Park）提出了一个创新的展示产品服务设计的方式——产品服务蓝图。

可视化方法：在产品服务系统设计过程中，设计师通常不考虑产品服务系统生命周期全过程，导致了消费者的需求不能准确表达。因此，将设计方法过程可视化非常重要。贝托尼（Bertoni）等提出了一种名为LIVREA的生命周期价值表示方法，该方法使用CAD模型来可视化利益相关者之间有价值的信息。林（Lim）等人提出了一种名为PSS板的结构工具，该工具可视化了产品服务系统的过程并说明了产品服务系统提供者、利益相关者满足用户需求的方式。该方法的优势是产品服务系统过程的快速可视化与产品服务系统要素的有效分析。

本节介绍了产品服务设计的发展路径、学术、实践以及研究视角方面的研究现状。在学术领域，许多学者从概念界定、方法工具、理论建构等方面已经进行了大量的研究，使得产品服务系统设计成为一个相对成熟的学科方向；在实践领域，国内外企业积极将产品服务系统理念运用于企业新产品服务开发中，为企业发展带来了新的可能性。

1.3 积极体验设计起源

自从工业革命以来，设计已经介入了生活的方方面面，如工作场所、家庭、交通和通讯。然而，用户的主观幸福感似乎并没有随着物质财富的巨大增长而提升。研究表明，我们生活中常见的洗碗机、计算机、收音机、汽车和其他产品虽然可以提高用户的愉悦体验，但并没有相应地提升用户的主观幸福感。这一研究结果与许多设计从业人员的愿望形成了强烈的对比，对用户个人和社会整体的设计也起到一定的启发作用。

幸福感是一种心理体验，它既是对生活客观条件和所处状态的一种事实判断，又是对于生活主观感知和满足程度的一种价值判断。前者属于客观幸福感（Objective Well-being），后者属于主观幸福感（Subjective Well-being），两者既相对独立，又相互影响。客观幸福感是对外在生活条件的客观事实体验；主观幸福感是在生活满意度基础上产生的一种积极的心理体验。

幸福是一个广义的概念，对于个体而言，代表着一个人的整体生活质量，是评价人们对自身生活状况满意度的重要指标，幸福感已经成为影响人类发展的全球性热点话题，国民幸福指数成为越来越多的研究人员、组织、政府决策人员关注的焦点和制定公共政策的标准。幸福感已被广泛认为在人类发展历程中起着重要的作用，设计学领域也对“幸福”这一概念保持着高度的关注。随着设计学科发展，其设计目的不再局限于设计一个产品、系统或服务，而是通过广义层面的设计带来愉悦的、有意义、有道德的积极体验以提升用户的幸福感。为幸福感而设计是一个新的设计研究思路，它不但可促进人们对幸福感的理解，还可以提升设计价值。

主观幸福感与积极心理学相关。积极心理学是心理学领域的一场革命，也是人类社会发展史中的一个新里程碑，是一门从积极角度研究传统心理学的新兴科学。

“积极”一词来自拉丁语positism，具有“实际”或“潜在”的意思，这既包括内心冲突，也包括潜在的内在能力。积极心理学的研究可以追溯到20世纪30 年代特曼（Terman）关于天才和婚姻幸福感的探讨，以及卡尔·荣格（Carl Gustav Jung）关于生活意义的研究。20 世纪60 年代，人本主义心理学和由此产生的人类潜能研究奠定了积极心理学发展的基础。20世纪末西方心理学界兴起了一股新的研究思潮——积极心理学研究。这股思潮的创始人是美国当代著名的心理学家马丁·塞利格曼（Martin E.P. Seligman）、谢尔顿（Kennon M. Sheldon）和劳拉·金（Laura King）。他们的定义指出了积极心理学的本质特点：“积极心理学是致力于研究普通人的活力与美德的科学。”积极心理学主张研究人类积极的品质，充分挖掘人固有的潜在的具有建设性的力量，促进个人和社会的发展，使人类走向幸福。

积极心理学的发展影响到了设计学领域。“积极设计”的概念就是从积极心理学领域衍生而出的，最早由荷兰代尔夫特理工大学的教授皮耶特·德斯梅特（Pieter Desmet）和波尔梅耶（Pohlmeyer）在《积极设计：为主观幸福感而设计导论》一文中提出。德斯梅特认为物质产品可以为用户带来幸福感，但物质产品本身并不是产生主观幸福感的直接来源，如何利用物质产品实现个人的价值才是主观幸福感的真正直接来源。设计能够促进、激发、刺激用户参与有意义的活动。因此，幸福是可以被设计的。

积极体验设计的发展背景还离不开用户体验设计的理论基础。用户体验设计是以用户为中心的一种设计手段，以用户需求为目标而进行的设计。设计过程以用户为中心，用户体验的概念从产品开发的最早期就开始进入整个流程，并贯穿设计始终。尽管用户体验在互联网时代才被广泛关注，然而究其根本，用户体验关注的是人与被作用对象之间的关系。科学管理之父弗雷德里克·温斯洛·泰勒（Frederick Winslow Taylor）对提高人与机器相互作用效率所做的研究及探索，被认为是今天用户体验的先驱。20世纪50年代开始发展的从安全性和生理舒适性为主要关注点的人机工程学，是产品设计领域早期的用户体验研究，其中亨利·德雷福斯（Henry Dreyfuss）于1955年出版的《为人而设计》，是这一领域广为人知的代表著作。随着人机工程学的不断发展，有着更为广泛内涵的人因工程逐渐强调了安全性、舒适性、心理感受、使用场景、文化背景、社会语境，从个体到群体，从生理到情感等多方面的综合因素。20世纪80年代以用户为中心的设计理念兴起，以费奇为代表的一批新型设计咨询公司和卡耐基梅隆大学为代表的综合型大学，也纷纷提出和提倡“有用、好用、吸引人”等设计原则，大幅推动了用户体验研究的发展（辛向阳）。

德国学者哈森扎尔（Hassenzahl）对用户体验设计同样贡献了大量知识。他认为情感是体验的重要组成部分，人和体验都有“情感线索”，这种情感性将体验与幸福联系在一起，因此幸福可以通过为用户提供一种积极的体验来获得。哈森扎尔基于谢尔顿等人的需求理论概括了六个心理需求，用以揭示生活中需求实现与积极（消极）情感之间的联系，包括自主性、技能性、相关性、流行性、刺激性、安全性。通过特定的需求概述，进一步描述目标用户的体验，揭示用户的显性或隐性需求。最终通过材料有意识将这些需求赋予到产品中，满足用户的内在心理需求，提供积极的体验，从而让用户感到幸福。

在积极心理学与用户体验设计的相关研究背景下，积极体验设计正在被学者与设计实践者们研究。德斯梅特与哈森扎尔教授尝试将用户体验与幸福设计相整合，提出了积极体验设计这一概念。通过研究用户的积极情绪粒度与幸福因子，运用设计的工具提出新的交互行为来提升用户的主观幸福感。

1.4 积极体验设计现状

荷兰德斯梅特团队对积极设计进行了系统化研究，提出了如下的设计愿景：通过积极的产品或服务设计提高个人与社区幸福，以及人类的繁荣，并从情绪调节设计、困境驱动设计、积极情感交互等方面进行了系列化的设计研究。

广义上说，所有的设计都是以直接提升幸福感或者降低某些威胁幸福感的因素来促进用户的主观幸福感为目的。积极设计的创新之处在于它是明确关注人类繁荣发展的设计。因此，快乐、个人的意义和道德这三个主观幸福感的构成要素指导了整个设计过程。简而言之，设计师需要提出一个愿景——设计如何激发积极影响让人感到快乐？如何激发并促使人们追求个人的目标？如何帮助他们成为品德高尚的人？

虽然采用积极设计所产生的最终成果可能与其他设计方法产生的结果有相近之处，但积极设计在目的性和设计过程方面有着明显差异。在积极设计中，实现快乐、个人的意义、道德三者之间的平衡关系和积极影响是设计过程的驱动因素，它始于最初的设计进程，并伴随在整个设计流程中的设计决策以及最终的结果评估中。由于这一特定的出发点需要特定的设计方法，而现有的设计方法仅涉及积极设计框架的一部分，尚没有一套综合的方法模型。

德斯梅特研究团队在其研究网站上分享了积极体验设计的系列化研究成果，如愉悦设计手册（Design for Happiness Deck），消极情绪类型学（Negative Emotion Typology），积极情绪粒度卡（Positive Emotional Granularity Cards），选择一个情绪图示工具进行情绪测量（Pick-A-Mood Pictorial Tool for Mood Measurement），积极情绪测量表［PrEmo (Product Emotion Measurement Instrument)］。

德国锡根大学马克·哈森扎尔教授团队从体验设计的角度，进行了系列化的设计，并出版了一系列的研究论文，如“Designing for Well-Being: A Case Study of

Keeping Small Secrets”；“Designing Moments of Meaning and Pleasure”；“Experience Design and Happiness”等。同时，哈森扎尔教授联合政府、企业、高校研究院所开展的为幸福而设计研究课题对幸福设计相关的方法、工具进行了探索，并提出了系统的研究方法工具包。德国博朗等品牌企业以“为幸福而设计”为主题进行了产品开发设计实践。2017年，由德国博朗设计总监杜文武（Duy Phong Vu）与笔者以“为幸福而设计”为主题举办了设计工作坊，积累了一定的成果。该工作坊同时在意大利米兰理工大学与日本多摩美术大学开展，试图传播与验证该方法工具的可行性。

国内研究方面，东华大学吴翔教授于2019年6月负责了为幸福感而设计专题，发表于《包装工程》杂志，共刊登十余篇相关文章，包括《产品幸福设计的概念、内涵与层次研究》《国内幸福感设计的研究文献评述及问题分析》《博朗为幸福感而设计》《提升主观幸福感的积极设计模型研究》等，从学术层面对为幸福感而设计进行了系统研究。

积极体验设计正在被越来越多的学者所认可，相关学者在积极心理学的理论指导下，在设计学的学科框架下，以用户的主观幸福感提升为目标，进行着有助于积极体验设计相关的设计研究工作。

本章节主要介绍了产品服务设计以及积极体验设计的起源与现状。事实上，两者是相关联的，产品服务设计更多是从服务提供者的角度去平衡利益相关者，而积极体验设计更多是从服务接受者的角度进行探索。本书中将产品服务与积极体验设计相结合进行研究，以构建整体系统的设计体系。产品服务是以满足用户积极体验设计为目标，而积极体验设计的结果正是以产品服务为载体。因此，本书内容试图为从事基于用户积极体验的产品服务设计相关从业人员提供参考。

2.1 产品设计与服务设计
2.2 产品服务系统设计
2.3 用户体验设计
2.4 主观幸福感积极设计

第二章 概念界定

2.1
产品设计与服务设计

2.1.1 产品设计

在了解产品设计之前，有必要首先明晰一下什么是工业设计。随着社会、经济、技术的发展，工业设计的概念也在不断地被重新界定。在韩国光州举办的第29届世界设计大会上，世界设计组织专业委员会对工业设计的重新定义如下：

Industrial design is a strategic problem-solving process that drives innovation, builds business success and leads to a better quality of life through innovative products, systems, services and experiences.

工业设计是一个策略问题解决的过程，通过创新性产品、系统、服务与体验来驱动创新、实现商业成功，以及实现更高品质的生活。

通过以上界定，工业设计与创新、技术、研究、商业客户相关，可在经济、社会与环境中提供新的价值与竞争优势。工业设计师在设计过程中以用户为中心，通过以用户为中心的策略问题解决过程来设计产品、系统、服务以及体验。工业设计师被定位为一种连接不同的专业学科与商业利益的专门人才。工业设计师通过对经济、社会以及环境影响的工作来共创一个更高品质的生活。

相比较工业设计，产品设计在目标指向上似乎更加明确，即是整合一切手段、技术、科学、文化、知识来为目标对象设计相关产品，设计结果有利于各利益相关者，如品牌企业、制造商、销售商、使用者、环境等。产品设计是一个将某种目的或需要转换为一个具体的物理形式或工具的过程，通过具体的载体表达出来的一种创造性活动过程。在这个过程中，通过多种元素如线条、符号、材料、色彩、结构、工艺等方式的组合把物理产品展现出来。在商业词典中，描述了产品设计需要考虑如何以高效、安全和可靠的方式实现设计内容。同时，产品也需要经济合理地被制造，并吸引目标用户。

莫里斯（Morris）指出产品设计就是设计一个新的用品让销售商卖给顾客。从广义上讲，其根本是通过新产品的开发过程来输出一种理念、思想或生活方式。

产品设计过程是通过产品设计而进行的一系列从概念到商业的策略行为。产品设计师用一个系统的方式生成与评估概念，并将它们转化成有形的产品。结合艺术、科学以及技术来创造新产品并帮助用户使用是产品设计师的主要工作。

在我们的生活中产品设计无处不在。例如：一把勺子，是什么材质，羹匙与长柄的比例，怎样的弧度更容易盛取食物；一组移动抽屉，如何合理地搁置文件、档案、文具及隐藏纠缠的电线；一件珠宝，从首饰表现方式到雕蜡、加工、镶嵌、精工制作，都是产品设计需要考虑的问题。

好的产品设计，不仅能表现出产品功能上的优越性，而且便于制造，生产成本低，从而使产品的综合竞争力得以提升。所以说产品设计是集艺术、文化、历史、工程、材料、经济等各学科的知识于一体的创造性活动，是技术与艺术的完美结合，反映着一个时代的经济、技术和文化水平。

以上介绍了产品设计的概念界定，作者认为：产品设计是一个从无到有的造物过程，从人的需求出发，平衡品牌商、生产商、销售商、购买者、使用者、拥有者、回收者等利益相关者，利用现有的文化、科学、技术、工程知识，将目标对象主观需求转变成物理产品的设计过程。

在信息时代，传统的产品设计逻辑已经不能完全满足用户的需求。有时，用户并不仅仅是需要一个产品，也可能是一项服务。例如，以短途出行为目的，在共享经济时代，用户不需要再购买一辆自行车。在这种情况下，用户购买的不是产品，而是出行服务。而这种服务建立在用户服务体验、产品系统基础之上。就像世界设计组织对工业设计的界定——通过创新的产品、系统、服务、体验来引导一种更高品质的生活。

2.1.2 服务设计

关于服务设计的定义，英国设计委员会将其定义为：

Service design is all about making the service you deliver useful, useable, efficient, effective and desirable.

——UK Design Council, 2010

服务设计是关于为人提供有用、可用、有效率和被需要的服务而进行的设计活动。2008年国际设计研究协会给服务设计下了定义，即服务设计从用户的角度来讲，服务必须是有用、可用以及好用的；从服务提供者的角度来讲，服务必须是有效、高效以及与众不同的。市场由从前的“产品是利润来源”“服务是为销售产品”，向今天的“产品（包括物质产品和非物质产品）是提供服务的平台”“服务是获取利润的主要来源”进行转变。人与产品（服务）之间不再是冰冷的、无情感的使用与被使用的关系，取而代之的是更加和谐与自然的情感关系，人们对体验的需求逐渐增强。从设计的目的来看，服务设计可以分为商业服务设计和公共服务设计，前者偏向于为商业应用提供设计策划，后者偏向于为社会公共服务提供设计策略。

作者通过对词典、书籍、组织、设计机构以及期刊进行文献综述，对服务设计的概念界定整理如表2-1所示。

同时，服务设计是涉及信息技术、管理学、设计学、心理学、社会学及市场学等学科的交叉研究领域，是系统的解决方案，包括服务模式、服务工学、产品平台和交互界面等的一体化设计。

表2-1 服务设计概念界定

类别	来源	概念
词典	维基百科 （“服务设计”，2015）	作为一种设计形式，其包括了服务规划、组织人员、材料、沟通等行为。为了提升服务品质，对服务提供者与顾客的互动行为进行研究

续表

类别	来源	概念
书籍	这就是服务设计思维 （Stickdron & Schneider，2011）	在顾客与服务之间尽可能地创造有形（无形）的要素，以具体的方式设计顾客体验和评价无形服务
	服务设计 （Polaine，Lovlie & Reason，2013）	使得服务对客户具有吸引力，对供应商有效、高效和有差异
组织	斯蒂芬·莫里茨 （Stefan Moritz ，1991）	通过有效与高效的组织来提升现有的服务或创造新的服务来提供给顾客有用及有吸引力的服务
	英国设计委员会 （UK Design Council，2010）	服务设计是关于为人提供有用、可用、有效率和被需要的服务而进行的设计活动
	波吉特·麦格 （Birgit Mager，2009）	服务设计的目的是从客户的角度确保服务交互可用、有用及可取，以及从服务提供者的角度确保服务是有效、高效、独特的
	韩国设计促进委员会 ［KIDP（Korea Institute of Design Promotion），2014］	通过利益相关者共同创造服务来提供给顾客有吸引力的体验
设计机构	艾根 （Engine，2010）	在专业领域（包括环境、传达及产品设计），每种服务因子都是为了提供给顾客满意、高效的服务
	服务设计前沿 （Frontier Service Design，2010）	为全面深入地理解用户需求的系统商业模式
	连续体 （Continuum，2010）	开发环境、工具、流程，帮助员工以品牌专有的方式提供优质的服务
	工作现场 （Live Work，2010）	服务设计是将既定的设计过程和技能应用到服务开发中去。改进现有服务，创造新的服务，是一种创新实用的方法
	31伏服务设计 （31 Volts Service Design，2008）	当你身边有两家同样价格、同样品质的咖啡店时，服务设计可以让你选择其中一家，而放弃另外一家
	设计思维者 （Design Thinkers，2015）	通过使用创造性的过程与方法来设计与组织用户与服务提供者之间的交互
期刊	富山 （Tomiyama，2001）	服务作为一项活动，通过服务通道将服务内容从服务提供者传递给特定环境中的服务接受者，并产生价值

续表

类别	来源	概念
期刊	奥里斯，福斯，瓦根内克特（Aurich, Fuchs & Wagenknecht, 2006）	技术服务主要是非物质的，同时是可实现与消费的，其主要分为了三种基本技术服务功能：支持功能、需求满足和信息获取
	萨考，下村（Sakao & Shimomura，2007）	服务是一种活动，在这种活动中，服务提供者考虑服务接受者，将其现有的状态设计成另一个状态，其中内容与途径是实现服务的手段
	韦尔普，梅尔，萨迪克（Welp, Meier & Sadek，2008）	工业服务已经从作为技术的外围附加物发展成为一个整体解决方案的补充部分。服务表现出高度的无形性
	莫桑，兹沃林斯基，布里索（Maussang, Zwolinski & Brissaud，2009）	物理对象是执行系统基本功能的实体，而服务单元是确保整个系统平稳运行的实体（主要是技术）
	阿比纳夫（Abhinav，2017）	服务设计始于组织中的高级管理人员确定服务的方向。服务愿景战略是服务设计阶段的蓝图
胡飞（2019）		服务是一种无形的经济活动，它是以满足用户需求为基础，创造服务价值为目标，在服务提供者与服务接受者（用户）之间进行价值传递的互动行为。服务设计是以用户为主要视角，协同多方利益相关者共创，通过人员、场所、产品、信息等要素创新的综合集成，实现服务提供、服务流程、服务触点的系统创新，从而提升服务体验、服务品质和服务价值的设计活动

服务设计还是一种设计思维方式，为人与人一起创造与改善服务体验。这些体验随着时间的推移发生在不同接触点上。服务设计的关键是“用户为先+追踪体验流程+涉及所有接触点+致力于打造完美的用户体验”。服务设计作为以实践为主导的行业常致力于为终端用户提供全局性的服务系统和流程。服务设计网络将其界定为：服务设计是一种为了提高服务质量和服务提供者与顾客之间的互动而进行的活动策划、人员组织、基础配件、沟通等设计活动。

不同学者从利益相关者的体验、组织、服务设计工具、设计过程等方面对服务设计进行了界定。作者认为：服务设计应该有明确的服务接受者与服务提供者，以为利益相关者带来有用、可用、好用、有效、高效及需要的体验为目标，对服务过程进行设计。服务设计的一般特征包括用户为中心、共创、顺序性和可视化。

（1）用户为中心

服务设计旨在深入了解用户的习惯、文化、社会背景和动机。不同的利益相关者，包括用户、研究员、设计师、制造商、营销人员和员工均参与到服务设计中。这样可以解决以用户为中心语境下的利益相关者的需求及所表达的问题。

（2）共创

将顾客纳入服务设计过程中，通常设计对象不止一个顾客群体，每个群体均有不同的需求。此外，在服务设计过程中需要考虑到不同的利益相关者，如用户、设计师、工程师、市场人员、研究员以及其他相关者。因此，不同参与者和顾客群体均被邀请到服务设计中，共同创造。在服务设计过程中，顾客与其他利益相关者应该参与进来，一起开发与界定服务设计内容。

（3）顺序性

服务设计被视为一个伴随着周期性与节奏性的动态过程。由于顾客的情绪受到服务感知的影响，服务的时间顺序流程在设计中至关重要。在服务设计中通过时间顺序支持来定义服务接触点并发现问题。

（4）可视化

无形的服务可以通过服务设计达到可视化。以纪念品设计为例，宣传册是一种提醒，当有形的服务结束时，它还能延续人们良好的情感记忆，从而增加用户的忠诚度。服务可视化包括了可视化用户的需求、想法、过程和服务价值，这也有助于利益相关者有效理解服务。

2.1.3 服务与产品比较

如表2–2所示，服务是非物质的，产品是物质的；服务是不可存储的，而产品是可存储的；服务不能改变购买后的所有权，产品则可以；当用户体验到服务时，生产与消费是不可分割的，而产品的生产与消费是分开的；孔杜（Kundu）等提出了服务的四个主要特征，如无形性、异质性、生产与消费的同时性、易逝性。

表2-2　服务与产品比较

服务	产品
无形	有形
执行	生产
非物质	物质
不可储存	可以储存
消费=生产	生产之后消费
消费后不改变所有权	消费后改变所有权
行为错误	制造缺陷
与消费者互动	生产过程中与消费者无互动

同时，服务设计是一个系统化的设计，涉及服务系统、服务程序与服务瞬间，而服务接触点则是在服务瞬间的关键时刻，可见接触点是整体服务系统的关键，若能掌握各部分接触点也就能控制整个服务系统，因此接触点是服务设计的起源也是重点。而服务接触点的分析，除着重在“服务中”之外，也应考虑“服务前”与“服务后”所有可能的接触点，以构成服务流程之横轴，并以人、物、程序及环境四大项作为接触点分析。服务接触点分析后则应依接触点的特性予以规划可能产生的设计项目，以进行整体服务设计。

产品交互与服务接触点的相关性如图2-1所示，产品设计和服务设计既有共同性，又有差异性。无论是从事产品设计还是服务设计，都会涉及提供方、内容（产品或服务）、接收方三个层面，提供方输送给接收方的产品是通过交互体验过程体现出来的，而服务是通过服务接触点体现出来的，一个是物质有形的，另一个是非物质无形的。无论在设计产品还是服务时，对用户、设计流程、内容等方面均需要深入研究。

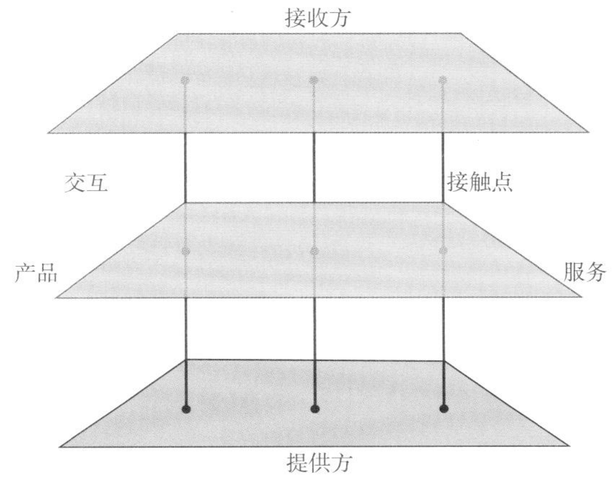

图2-1　产品交互与服务接触点的相关性

本小节总结了服务设计与产品设计的差异性，如非物质、不可储存等；分析了服务设计与产品设计的相关性，好的体验对用户、产品设计师以及服务设计来说都是一个重要标准。因此，整合产品与服务设计，设计师能为用户提供系统的顾客体验。

2.2 产品服务系统设计

产品服务系统的目的之一是通过设计减少对环境的压力来增强经济的可持续，以提高总体的资源利用效率。例如，汽车共享系统的目的是提供租赁服务，这并不限于满足一个或者一类目标用户。与传统的销售产品为盈利模式的自行车品牌相比较，哈啰单车是一个共享自行车品牌，通过分享自行车为用户提供服务。当前，许多制造商逐渐转向了产品服务系统的业务模式，不只是销售产品，而是销售产品与服务。

产品服务系统通常被认为是产品与服务相结合的一个系统，以减少对环境的影响来传递所需的用户功能。一般来说，产品服务系统是伴随着制造企业共同成长的，他们将产品服务化，服务公司将他们的服务产品化（图2-2）。有些企业将它们的业务范围界定到了产品与服务两类，将产品服务系统整合成一个固定的商业模式。

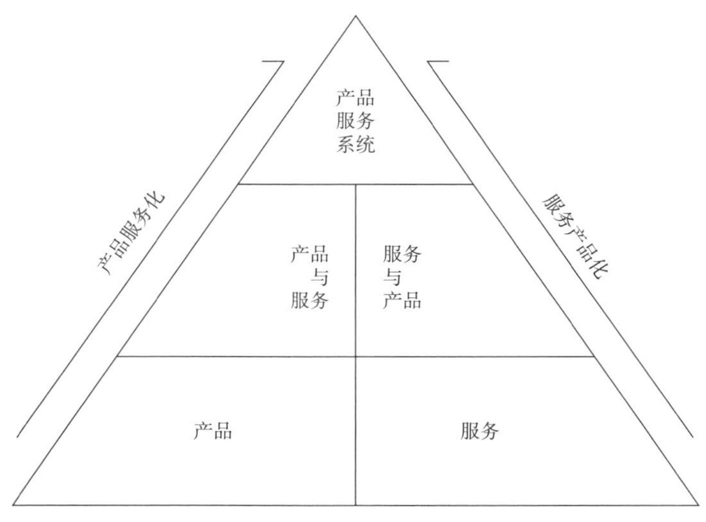

图2-2　产品服务系统构成（来源：Baines et al., 2007）

2.2.1 产品服务系统概念

产品服务系统的概念是在20世纪末提出的，并被许多研究学者广泛采用，如表2–3所示。戈德库普对产品服务系统的关键元素定义如下。

产品：一种生产出来的有形的可被销售的商品，并满足用户的需求。

服务：为实现价值而进行的活动（工作），通常以商业为基础。

系统：各种相关要素的集合。

表2–3 产品服务系统概念界定

作者（时间）	概念界定
戈德库普（Goedkoop）等人（1999）	产品服务系统被认为是能够满足市场与用户需求的产品与服务的集合，是一种合作中的价值共创过程。因此，产品服务系统的商业模式需要一个可持续的合作过程，既涉及买卖双方，也包括其他外部或者互补的合作伙伴。利益相关者，无论是生产商、零售商、顾客还是终端经理都需要对最终的结果输出贡献力量
布勒泽（Brezet）等人（2001）	生态高效的系统是开发产品和服务的系统，以最大限度地增加附加值，对环境造成最小的影响为目标
詹姆斯（James）等人（2001）	生态高效的服务是一种减少每单位产出的顾客活动对环境影响的服务。这可以直接地（通过替代另一种产品服务）或者间接地（通过影响顾客的行为以变得更加环保）实现
蒙特（Mont，2002）	一个产品、服务、支持网络和基础设施的系统，被设计为具有竞争力、满足顾客需求，并比传统商业模式对环境的影响更低
霍克茨（Hockerts）和威弗（Weaver）（2002）	纯粹的产品系统是指所有的产权从销售提供者转移给客户。纯粹的服务系统是指所有的产权与服务提供者保持一致，而客户除了购买服务之外没有其他权利。产品服务系统是上述的整合，它要求所有权在客户端与提供者之间保持传递，需要在产品服务系统生命周期内进行或多或少的交互
曼齐尼（Manzini）和维佐利（Vezzoli）（2003）	一种创新战略，将业务重心从设计（和销售）实物产品转移到设计和销售一个能够满足特定客户需求的产品和服务系统
图克（Tukker，2004）	产品服务系统作为有形的产品与无形的服务设计相结合，以满足特定用户的需求

续表

作者（时间）	概念界定
汪（Wong，2004）	产品服务系统可以被定义为提供给销售系统解决方案，该解决方案涉及产品和服务元素，以交付所需的功能
海伦（Halen）等人（2005）	产品服务系统是一种集成产品和服务，并在使用中提供价值的系统。产品服务系统提供了一次将经济成功与材料消耗不相关的机会，从而减少了经济活动对环境的影响
联合国环境规划署（UNEP）：维佐利·蒂什内尔（Tischner，Vezzoli，2009）	产品服务系统以更有效的方式共同应对客户的需求，为企业与顾客创造更好的价值。产品服务系统可以将价值创造与材料消耗和能源消耗解耦，从而显著降低传统产品系统生命周期中的环境影响
瓦珊塔（Vasantha）等人（2012）	产品服务系统是一种整合商业模式、产品与服务的过程，为客户创造具有附加价值的创新解决方案

基于以上研究，作者认为：产品服务系统是一个包括了产品设计与服务设计的策略问题解决系统，旨在整合基于新的组织形式、角色重构、客户和其他利益相关者的需求与资源，通过产品、服务与系统的设计实现利益相关者价值最大化，延长产品服务生命周期，达成对环境的影响最小化。

2.2.2 产品服务系统类别

许多学者对产品服务系统类别进行了研究，主要包括了三类，依次是：产品导向的、使用导向的、结果导向的产品服务系统。如图2–3所示，产品服务系统可分为纯粹的产品设计、产品导向的设计、使用导向的设计、结果导向的设计和纯粹的服务设计。这五个部分由第一项的100%产品到第五项的100%服务，从左到右服务的比重依次递增，产品的比重依次递减。以代步出行为例进行解释说明。

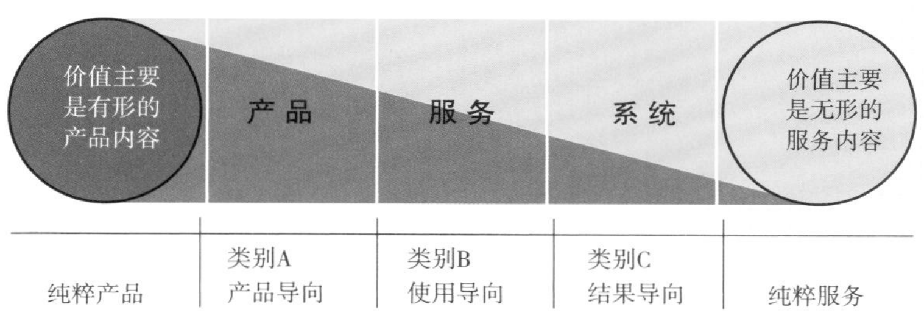

图2-3 产品服务系统类别

A类是产品为导向的设计：在本类别中产品的比重大于服务的比重，顾客可能需要去4S店购买一辆车作为自己的代步工具，顾客首先考虑的是产品的品质，然后是4S店的服务。

B类是使用为导向的设计：在本类别中产品的比重与服务的比重同样重要，为了达到出行的目的，顾客可能需要去租车公司租一辆车代步，产品的品质以及服务的质量均影响顾客的心态。

C类是结果为导向的设计：在本类别中服务比重大于产品比重，为了达到出行目的，顾客使用滴滴打车软件打一辆车代步即可，服务质量是主要影响因素，顾客购买的就是一种服务，而产品的影响因素相对较小。

然而，每一个类别本身伴随着不同的经济与环境特征。基于以上三种类别，图克细分了八种类型的产品服务系统，如表2-4所示。

表2-4 产品服务系统类型

类别	导向	类型
类别A	产品导向	1. 产品相关 2. 咨询建议
类别B	使用导向	1. 长期租赁 2. 短期租赁 3. 产品共用
类别C	结果导向	1. 活动策划 2. 服务收费 3. 功能结果

（1）产品导向

在产品导向类别中细分了两种不同类型的服务：产品相关、咨询建议。其主要的区别在产品服务系统关注的焦点不同。

产品相关：供货商销售产品，在产品使用过程中需要相关的服务，意味着根据相关合约，提供整个产品生命周期中的备件与耗材、产品检验、修理、运输、现场安装、翻新、清洗、更新与反馈。

咨询建议：针对销售的产品，供应商提出建议，以实现其有效性，包括基于知识的服务，如文档、咨询台或热线服务、产品使用培训、产品选择咨询、开发团队的培训与咨询以及组织与改进管理过程所需要的技术与能力。

（2）使用导向

使用导向的服务包括了产品长期租赁、短期租赁和产品共用三种类型。

长期租赁：产品没有转移所有权。供应商拥有产品所有权，并经常负责维护、修理和控制。承租人支付产品有限或无限使用期间的租赁费用。

短期租赁：产品通常由供应商所拥有。用户支付使用此产品的费用。通过租赁服务，产品可以在有限的时间内被用户使用，而在短期租赁解决方案中，产品被不同的用户顺序依次使用。

产品共用：这与产品共享概念相近。产品共用方法是指不同的顾客同时使用同一个产品。产品共享与产品共用均可以减少产品对环境的影响。所有这些产品服务系统可根据不同的需求提供短期到长期不等的共用服务。

（3）结果导向

结果导向类别的产品服务系统有三个类型：活动策划、服务收费、功能结果服务。

活动策划：公司的活动由第三方外包。大多数外包合同包括性能指标，以控制外包服务的质量，他们被归类为结果导向的服务。但是，活动进行的方式并没有发生显著的变化。

服务收费：这种类型包括许多经典的产品服务系统案例。产品服务系统以相当普遍的产品为基础，但是用户不再购买产品，其产品的输出就建立在使用层面上。这种类型的众所周知的案例包括了大多数复印机生产商采用的按单打印的方式，以此方式，复印机生产商负责了在办公室中的所有复印业务。

功能结果：这种形式产品服务系统的典型例子是相关公司提供的是一种特殊的“愉快体验”，而不是某种设备。

以上八种产品服务系统类型中，产品的属性逐渐减少，而服务的属性逐渐增加。通常，客户的需求很难转化为具体量化指标，这使得供应商较难确定他们应该供应什么。此产品服务系统类型细分可帮助企业清晰自身的服务定位，以为用户提供合理的产品或服务。

2.3 用户体验设计

美国经济学家约瑟夫·派恩（B.Joseph Pine Ⅱ）和詹姆斯·吉尔摩（James H.Gilmore）首先提出了“体验经济”这一概念。此后，体验经济便成为一个热门话题。很快就出现了一批衍生名词，如“体验营销”“体验设计”等。设计师设计产品服务的目的在于为用户提供某种使用体验。体验设计的本质是在产品服务设计之前充分考虑体验全流程。这就建议设计师在决定设计哪种产品服务之前，应该先关注哪种体验。体验设计可以通过许多不同的方式理解。其意义不仅局限于为消除问题（如提高可用性）或提升用户界面美观性（如美化界面）的设计，还在于产品概念核心的可用功能。正如哈森扎尔所提出的体验的品质可以映射到基本的人类需求，而仅仅通过改进用户界面很难满足这些需求。

德斯梅特和希夫斯坦（Schiferstein）提出了体验设计的两个主要挑战：确定目标是什么体验？以及用设计来唤起哪种体验？设定最佳体验目标确实具有挑战性——它需要彻底了解目标用户组在特定环境中的感受，并经常结合其他利益相关者的需求。定义体验目标的一种可能的方法是依靠现有的关于人类价值观、欣赏或需求的理论。

体验设计的第一步是建立一个尽可能真实的使用情境，在真实的使用情境中才可能产生真实问题，真实的情境需要真实的素材来构建。当用户提出需求时，他是基于什么有这样的结论——设计师需要一个真实发生的故事。情境应该基于“故事”，而不应该基于一个武断的“推断”，有足够多真实的故事，就可以让设计情境变得更加客观，因此而发现的问题或机会，就会变得贴和用户真实需求。通常情况下，设计师会用故事版的方式将故事情境表达出来，贴在墙上，布置一个情境空间，在空间里进行相关体验设计。本节介绍了用户体验设计概念、工具与案例。

2.3.1 用户体验设计概念

一般认为，用户体验的概念由唐纳德·诺曼（Donald Arthur Norman）在20世纪90年代初提出和推广，随着信息技术和互联网产品的飞速发展，其内涵和框架不断扩充，涉及越来越多的领域，如心理学、人机交互、可用性测试都被纳入用户体验的相关领域，学者们开始从不同的角度尝试对用户体验进行解读，其中卢卡斯·丹尼尔（Lucas Daniel）对用户体验的定义有一定的代表性：使用者在操作或使用一件产品或一项服务时候的所做、所想和所感，涉及通过产品和服务提供给使用者的理性价值与感性体验。

辛向阳指出用户体验设计是以用户为中心的设计理念的重要外在表现。诺曼的《情感化设计》是用户体验设计原则的代表之一，他提出了体验的三个层次，即本能层、行为层和反思层。其中，本能层的体验指的是产品外形、质地、手感等给人的外观基本感受，先于意识和思维，是外观要素和第一印象形成的基础；行为层的体验指的是在使用过程中，产品的功能和可用性给人们的使用感受，强调产品在性能上满足用户的需求，在使用中为用户带来乐趣；反思层的体验包含了信息、文化、产品及效能的意义，是一种涉及情感、情绪、记忆，直到认知、意识的体验，开始关注产品体验对使用者意识、情感等更为高级的感受，包括这种感受带来的用户在思想和意义层面的反思。除诺曼之外，还有诸多学者从不同的角度对用户体验进行了诠释。艾伦·库伯（Alan Cooper）的《交互设计精髓》聚焦于交互设计领域，其中主要的设计原则与用户体验设计具有一致性；詹姆斯·加瑞特（James Garrett）在《用户体验要素》一书中提出了包括战略层、范围层、结构层、框架层、表面层的用户体验五层次要素。

马克·哈森扎尔在*Experience Design : Technology for All the Right Reasons*一书从人的核心价值与需求出发指出了体验设计的精髓。《体验营销》的作者伯恩特·H.施密特（Bernd H. Schmitt）把体验分为感官的体验、情感的体验、思考的体验、身体的体验和关联的体验五个部分。交互设计专家詹妮·普瑞斯（Jenny

Preece）用十个具体的感受来描述体验的内容，分别是令人满意、令人愉快、有趣、引人入胜、有用、富有启发性、富有美感、可激发创造性、让人有成就感和得到情感上的满足。

从构成要素上来说，用户、产品或服务、环境是体验的三个主要要素，用户是体验形成的主体，是体验作为一种实践过程的基本保证，是体验的目标；产品或服务是用户体验形成的载体，通过用户使用产品或服务，并产生交互，以产生体验；环境是形成体验的外在条件，用户与产品之间的交互体验受环境的影响。

从内容上来说，人们在使用产品的过程中所获得的体验具有四个维度，分别是审美、效能、意义和情感的体验。审美体验指的是产品的形态、色彩、材料、表面等带来的感官体验，比如美观的、具有良好质感和触感的感官感受；效能体验是人们在使用产品的过程中产生的，由于使用需求和目标满足形成的体验，比如功能效果、操作方式和反馈方式等带给人们的好用、安全、高效率的使用感受；意义体验是人们对于产品中所包含的象征性意义和文化的体验，比如安全的、刺激的、高雅的具有象征性的感受；情感体验是由产品引发情感而形成的体验，比如愉悦的、轻松的感受。当然，体验是一种总体性的感受，体验的四个维度是互相渗透并互相影响的，良好的审美体验会促进形成良好的效能体验，良好的意义体验会促进形成良好的情感体验，反之亦然。

从结构上来说，体验包括预期的、过程的和结果的体验。预期的体验是在未与产品互动以前，在情感、价值、外部评价、先前经验作用下形成的体验，如品牌、产品定位等；过程的体验是在交互、使用产品过程中形成的体验；结果的体验，是使用后的记忆和回味。

2.3.2 体验设计工具

用户体验地图、顾客旅程地图与服务蓝图作为产品服务设计中常用的工具，有着相似的形式法则。这些极易让服务设计师产生混淆，如文献中经常用到“用户旅程地图”“体验旅程”等词汇。设计师如果对概念没有清晰的认知，就无法真正将其运用于产品服务设计中。本节旨在通过对用户体验地图、顾客旅程地图、服务蓝图分析比较，找出其关键异同点与相关性，以帮助设计师更好地理解与运用可视化地图。

2.3.2.1 产品服务设计与可视化地图

产品服务设计的本体属性是人、物、行为、环境、社会之间关系的系统设计（辛向阳等）。通过对系统中的信息进行研究，以创造积极的服务体验，为利益相关者创造共同价值。信息可视化是对抽象数据的可视化表现，以增强对抽象信息的认知［卡德（Card）］。可视化地图是一种基于信息可视化且用于认识及发现规律的创造性形象思维工具［史密斯（Smith）］。产品服务设计背景下的可视化地图是对利益相关者信息的可视化，以提取相应的设计知识。

卡尔巴赫（Kalbach）提出用户体验地图、顾客旅程地图和服务蓝图等已作为典型的可视化工具被广泛应用于产品服务设计中。通过可视化方式呈现服务系统中的接触点（Touch Point），明确服务系统中需要改进的痛点（Pain Point），同时揭示创新机会点（Opportunity Point），可加深对利益相关者真实需求的理解，以便更好地进行产品服务设计。

2.3.2.2 产品服务设计中的可视化地图

（1）用户体验地图

用户体验地图是一种从用户角度出发，可视化一个体验中的用户与产品、服务、系统之间交互关系的工具。其作为展示用户个体体验的可视化图表，用于研究既定领域中的用户行为，揭示产品服务设计中人、地点、事物之间的关系。用户体验地图是以可视化方式分阶段展示用户的个体体验。

如图2-4所示，用户体验地图的构成要素主要包括：用户行为、满意度、接触点、痛点与机会点等几部分。通过对体验阶段（S_1，S_2，⋯，S_n）中的各构成要素进行分析，以可视化方式进行呈现，深入了解用户需求，发现服务流程中的痛点和定义服务的机会点。

用户体验地图在设计研究与用户内在需求挖掘中起到重要作用。如克里斯·里斯顿（Chris Risdon）所在的Adaptive Path团队为欧洲铁路创建的用户体验地图，帮助服务提供者了解用户在体验阶段中的所有接触点，以挖掘设计机会点，为用户提供更好的服务体验。

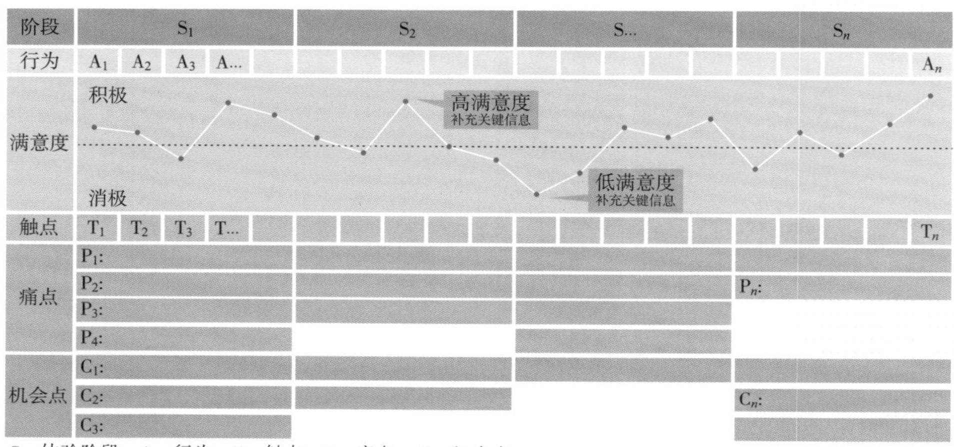

图2-4　用户体验地图

（2）顾客旅程地图

顾客旅程地图是研究服务系统中顾客整体旅程体验的关键工具，能够使服务提供者的研究视角从关注个体体验延伸到整体旅程体验，降低顾客在旅程中的体验波动，以提升服务系统体验的流畅性。特姆金（Temkin）将顾客旅程地图定义为能够可视化地说明顾客旅程、需求与情感的图表。从定义、用途和基本构成元素方面，用户体验地图与顾客旅程地图的区别在于后者是基于用户体验对顾客整体旅程的可视化地图，以期顾客能有流畅的体验旅程。

如图2-5所示，不同顾客旅程体验的流程具有较大差异性，如顾客在E_2至E_{n-1}阶段，其体验流程有较大随机性。顾客旅程地图是对顾客所经历的整体行为流程以及具体体验进行可视化分析，帮助服务提供者在此基础上对服务流程进行优化。只有将顾客旅程中的用户体验与体验之间的流程进行整体分析，并将流程优化，才能提供流畅的顾客旅程服务。

顾客旅程地图主要用于体验规划设计与服务流程设计中。如吉姆·廷彻（Jim Tincher）为Meridian Health创建的顾客旅程地图，帮助服务提供者了解患者在各环节体验及流程中的信息反馈，为患者的体验旅程提供更流畅、更具体的引导。

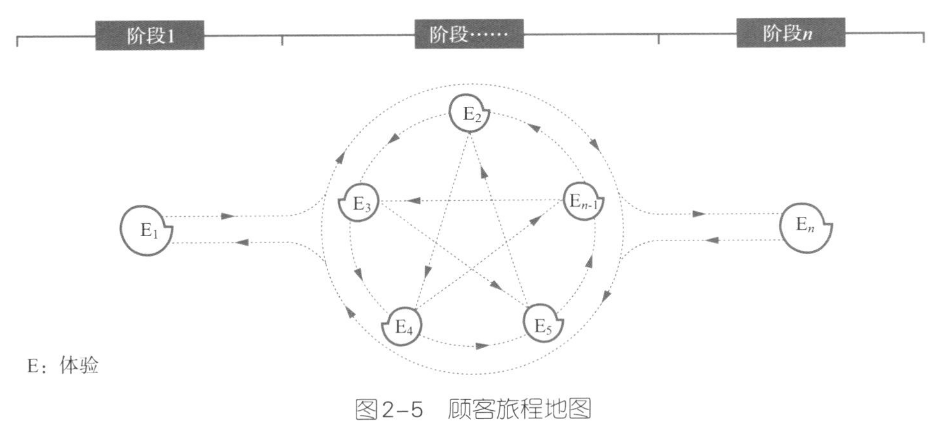

图2-5 顾客旅程地图

（3）服务蓝图

服务蓝图是基于服务系统的流程图，以可视化的方式对服务系统进行准确描述（王展）。萧斯塔克（Shostack）提出了一个类似于流程图的简单服务蓝图，并强调信息可视化在服务设计中的重要性。玛丽·乔·比特纳（Mary Jo Bitber）将不同的信息单独归纳成行并用不同颜色标注，提出了一种更为结构化、规范化的服务蓝图。

如图2-6所示，服务蓝图将物理实物、用户行为、前台行为、后台行为和支持流程等要素通过可视化方式，在时间轴上进行构建，使服务系统中的隐性服务因素得以显现比特纳。通过对服务系统的整体描述，聚焦于前后台行为与支持过程，并揭示服务系统中的交互关系。服务蓝图目的在于对服务系统要素中的时间顺序、行为流程、逻辑关系进行可视化研究，以期实现用户需求与服务系统相匹配。

服务蓝图主要用于改进和管理现有的服务系统，以提升品牌价值。如比特纳为某酒店创建的服务蓝图，使服务体验和服务支持系统更容易被理解，以更好地揭示酒店需要改善和增长的机会点。

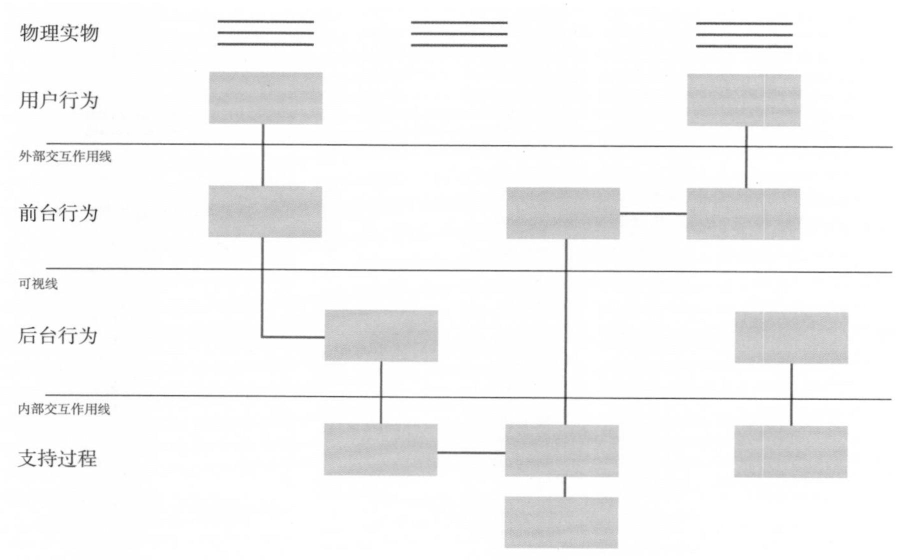

图2-6 服务蓝图

2.3.2.3 可视化地图比较

通过对以上三个可视化地图分别从概念界定、地图描述、应用案例角度分析可以得出：服务设计中的三个可视化地图有异同点，也存在相关性。本文将从相同点、不同点与相关性三个角度（表2-5）比较其内涵与外延，并通过设计案例来验证三个可视化地图及比较分析结果。

（1）相同点

用户体验地图、顾客旅程地图与服务蓝图均以可视化方式，针对不同的研究对象、研究范围，按照时间先后揭示服务系统设计中人与服务、系统之间的关系，来实现其特定研究价值。正如卡尔巴赫提到，服务设计中的三个可视化工具均是为了让利益相关者的信息可视化，以发掘设计需求点。因此，三者相同点体现在：结构上都是按照时间纬度；本质上都是对服务设计中的相关信息进行可视化分析，目的均是提升服务品质。

表2-5　可视化地图比较

类型	相同点			不同点与相关性					
	结构	本质	目的	研究对象		研究范围		研究价值	
用户体验地图	时间顺序呈现	利益相关者信息可视化	提升服务品质	用户	研究对象由少到多	用户个体行为、满意度、痛点、机会点等研究	研究范围由小到大	挖掘用户真实体验需求，以提供创新性的用户体验设计	研究价值由个体体验提升到整体系统优化
顾客旅程地图				顾客		用户体验基础上的顾客整体流畅旅程研究		优化体验之间的流程衔接，以提供流畅性顾客旅程体验	
服务蓝图				利益相关者		用户体验、顾客旅程基础上的前后台服务系统设计研究		改进现有的服务系统，以满足利益相关者的需求，提升了企业的品牌价值	

（2）不同点与相关性

尽管三个可视化工具在框架结构与本质内容上有相同点，但在产品服务设计实践应用层面，其研究对象、研究范围、研究价值等方面存在不同点。本节将从以上三个方面依次比较其不同点与相关性。

①研究对象。

不同点：用户体验地图将用户视为研究对象。牛津词典对于“用户”一词的解释是：使用某物的人。因此，用户体验地图是对使用某种服务的用户体验的可视化地图，其主要关注用户的体验。顾客旅程地图将顾客视为研究对象，即服务的消费者。牛津词典中对于“顾客”一词的解释是：为产品或服务支付的人。因此，顾客旅程地图关注的是顾客在内的服务接受者。服务蓝图则将利益相关者作为研究对象。牛津词典中对于“利益相关者”一词的解释是：影响组织决策的任何相关者。因此，在服务蓝图中的利益相关者不仅包括了用户、顾客等服务接受者，还包括了服务员、供应商、设计师、工程师等服务提供者。

相关性：如图2-7所示，从设计个体体验到设计整体体验，从研究要素服务到研究系统服务，从关注用户到关注顾客、利益相关者，用户体验地图、顾客旅程地图和服务蓝图研究的对象由少到多，由个体到群体。

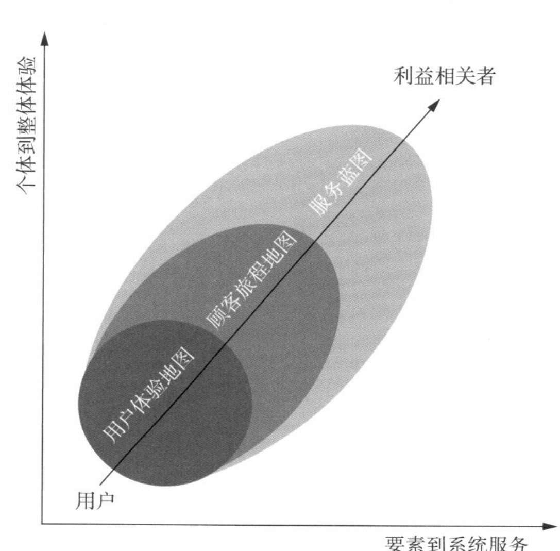

图2-7　研究对象的不同点与相关性

②研究范围。

不同点：用户体验地图是对用户个体体验的可视化地图。设计师通过对体验阶段中的用户行为、满意度、接触点、痛点与机会点等进行分析，以可视化形式呈现，帮助了解用户需求，提升和创新服务。顾客旅程地图是对顾客整体流畅体验的可视化地图。以顾客购买体验为例，利用顾客旅程地图，从需求确认、考虑比较、决定购买和付款离开等阶段对整个服务流程中的用户体验、行为流程等进行整体分析，并系统优化整体旅程，以设计出一个积极流畅的顾客旅程。服务蓝图是对服务系统的可视化地图，通过对服务系统中的用户行为、前台行为、后台行为和支持流程等进行分析，可视化服务系统中隐性服务因素，可以揭示潜在的机会点，帮助服务提供者改进和管理现有服务系统。

相关性：如图2-8所示，用户体验地图应用于个体体验设计中，顾客旅程地图应用于整体旅程体验设计中，而服务蓝图则应用于服务系统设计中。因此，如果将服务蓝图看作一个集合（面），那么顾客旅程地图是服务蓝图的一个子集（线）；而用户体验地图则是顾客旅程地图中的一个要素（点）。用户体验地图、顾客旅程地图和服务蓝图研究范围由小到大，由点到面。

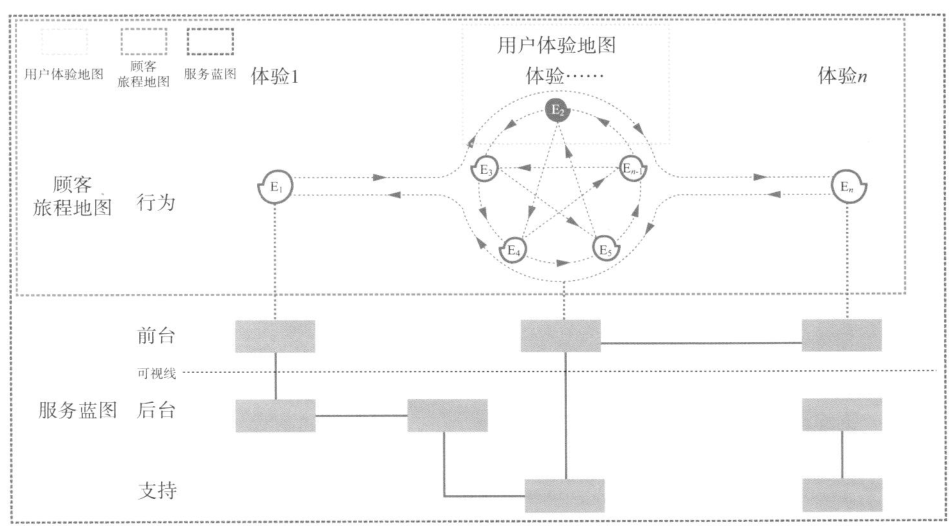

图2-8　研究范围不同点与相关性

③研究价值。

不同点：用户体验地图将用户个体体验作为设计研究的核心，可深度挖掘用户的内在需求，以提供创新性的用户体验帮助服务提供者更好地理解用户［宝莱恩（Polaine）］其常被应用于设计研究、用户体验设计中，以设计创新性的用户体验。顾客旅程地图可详细且全面地展示顾客旅程中的用户体验、流程，以便于服务提供者研究分析，为顾客创造积极流畅的体验旅程，其常被应用于体验规划设计、服务流程设计中，以设计整体流畅的顾客旅程。服务蓝图通过构建规范化的服务系统，揭示服务系统中可以改进和创新的机会点，以符合利益相关者的需求，其常被应用于服务系统内部的自我完善和品牌设计中，以优化服务系统、提升品牌价值。

相关性：用户体验地图可提供创新性用户体验，顾客旅程地图可提供流畅顾客旅程体验，服务蓝图可优化现有服务系统，三个可视化地图研究价值由个体体验提升到整体系统优化。

2.3.2.4 应用案例

（1）案例介绍

以某医院医疗服务系统设计为案例（图2–9），论证以上可视化地图的有效性，并比较其异同点与相关性。

首先，本案例运用用户体验地图分别对患者在咨询、挂号、就诊、缴费、化验、取药、治疗、离院等体验中的每个阶段分别进行可视化分析，以挖掘体验设计机会点。如图2–9所示，以对“挂号”阶段的患者用户体验地图研究为例，发现患者在医院挂号阶段的主要体验痛点包括排队时间长、自助挂号设备不易操作、医院导视系统不明确，基于此提出了设计简易靠椅、优化自助挂号设备交互界面和医院导视系统的设计机会点。

其次，运用顾客旅程地图对患者在医院每个阶段的整体旅程进行可视化分析，为患者提供流畅的就医体验。通过分析发现影响患者就医过程流畅性的原因在于挂号缴费、化验缴费、取药缴费等多次性缴费方式会花费大量时间往返于缴费窗口与各科室之间。在图2–9的顾客旅程地图中，红色线代表当前复杂的就医流程，蓝色线代表优化后简易的就医流程。基于此，提出了将银联卡与医保卡相关联，实现在挂号、化验、取药等环节刷卡确认身份，并同时自主扣款缴费的设计建议。

最后，运用服务蓝图将医院前后台服务系统可视化，以发现整体系统中需要优化的设计点。结果发现患者就医流程烦琐、就医效率偏低、就医体验不高等问题的原因在于互联网时代，后台支持系统中智能医疗服务模块开发的不足。基于此，设计团队针对图2–9中的F点进行挂号与财务系统智能医疗服务模块的设计

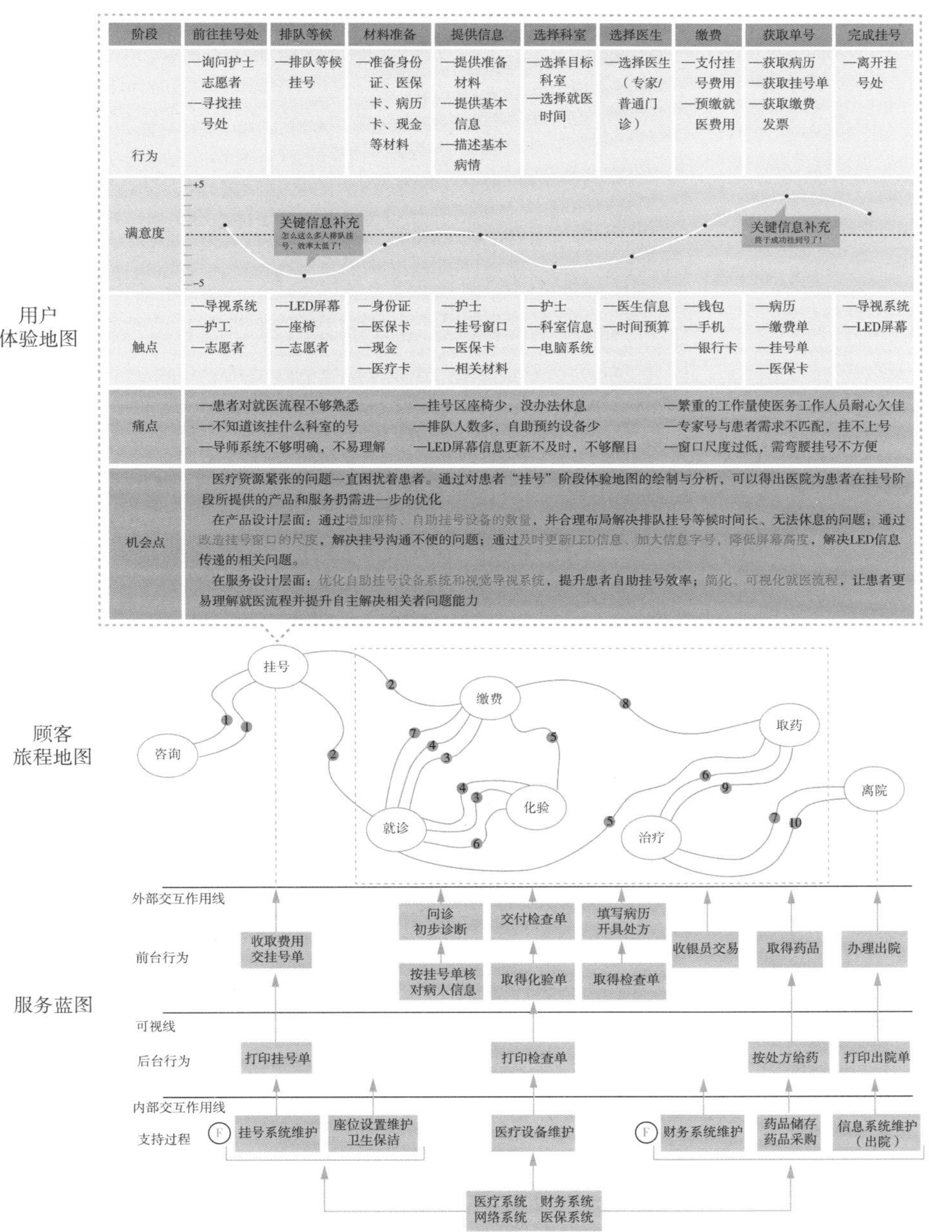

图2-9 用户体验地图、顾客旅程地图、服务蓝图案例应用

优化与开发。

（2）案例比较

由图2–9可知，用户体验地图、顾客旅程地图与服务蓝图的相同点在于三者均是以时间先后顺序为维度，对利益相关者信息进行可视化，从不同角度提升医院服务品质。

其不同点在于：用户体验地图研究的是患者个体在某个阶段（如挂号、治疗等）的个体体验，并设计创新性的用户体验点；顾客旅程地图研究的是患者、陪伴者等服务接受者在医院就医的旅程体验，并设计流畅性的体验旅程；服务蓝图研究的是服务接受者、服务提供者等所有利益相关者的前后台整体服务系统，并设计优化服务系统，以提升医院效率、医生服务、患者体验等。

其相关性在于：研究对象由少到多，三个可视化地图依次为研究患者，研究服务接受者（患者、陪伴者等），研究利益相关者（服务接受者、服务提供者等）；研究范围由小及大，由只研究患者个体体验、到研究服务接受者流畅旅程体验，再到前后台服务系统；研究价值由个体体验提升到整体系统优化，由设计创新性的患者体验，到设计流畅性的就医体验，再到设计优化医疗服务系统。

随着用户体验设计不断发展，运用多种工具解决产品服务系统设计问题也变得更加重要。本节通过对用户体验地图、顾客旅程地图和服务蓝图之间的概念界定、研究对象、研究范围、研究价值等进行比较分析，厘清了三者之间的异同点与相关性，并通过应用案例进行了实践验证。这为设计师在产品服务设计与用户体验设计中合理且有效地选用可视化地图工具提供了理论支持。

2.4 主观幸福感积极设计

2.4.1 积极设计

积极设计是一项可能性驱动的正向价值创造活动，通过创新的产品、服务、系统为个人、社区提供愉悦且有意义的交互体验，以提升个人幸福、社区繁荣，并构建美好未来。通过积极设计概念，可以得出如下四点：第一，积极设计的基本出发点是为目标对象创造正向价值，而不是消极或者无效的价值，为实现此目标积极设计采用的是可能性驱动的积极体验设计路径（李沛；德斯梅特），以为目标用户创造更多可能价值。第二，积极设计是以产品、服务、系统为设计载体。研究表明，用户主观幸福感由其行为驱动产生，虽然产品、服务并不能直接提升用户的主观幸福感，但是其可作为中间变量影响用户的主观幸福感［威斯（Wiese）］。第三，积极设计的设计对象为个体及社区。积极设计不但为个体提供愉悦并有意义的交互体验，同时也可应用于社区共享互助设计。第四，积极设计目标是为了个体幸福以及社区繁荣，积极设计关注的是设计对象长期目标的实现，而不仅是短期愿望的达成。当下许多设计理念包括体验设计、交互设计、服务设计等虽然以用户为中心设计，但似乎并没有从个体长期幸福感与社区繁荣的视角展开研究。

2.4.2 主观幸福感

主观幸福感是一种心理体验，是对于生活主观感知和满足程度的一种价值判断，是在生活满意基础上产生的一种积极的心理体验，包括了积极情绪、消极情绪和生活满意度三个维度。主观幸福感有三个特点［迪纳（Diener）］：第一，主观性。它存在于个体体验中，个体是否幸福主要依赖于自己标准，而不是其他外部标准。第二，稳定性。主观幸福感不仅只关注某一特定时刻的情感反应及生活满意度，而是一个长期对于幸福的内心感受。第三，整体性。主观幸福感注重整体的综合评价，它是对生活的整体满意度。许多学者将“主观幸福感”与“快乐”“生活满意度”等同起来，但在学术上三者各不相同。布鲁尼（Bruni）等心理学家对属于认知因素的生活满意度、属于情感因素的快乐以及主观幸福感进行了区分。主观幸福感是指主观幸福的状态，它是情感因素和认知因素经过长时间结合的产物。快乐是一个比主观幸福感更狭义的概念，也不同于生活满意度，快乐来源于积极情感与消极情感之间的短暂平衡，而生活满意度反映了个人所认知到的现实与愿望之间的差距。主观幸福感是建立在快乐的情感体验和生活满意度的认知体验基础之上的。

2.4.3 主观幸福感积极设计

主观幸福感可通过赋予用户一种积极体验来获取，哈森扎尔将影响积极体验的要素细分为自主性、技能性、相关性、流行性、刺激性、安全性六类。德斯梅特认为主观幸福感可通过为愉悦而设计、为个人意义而设计和为美德而设计三个层次进行积极评价。每个层次都代表着积极设计的一个目标，并层层深入，只有满足了三个层次的积极设计，才是促进人类繁荣的积极设计。当以上层次发生矛盾时，奥兹卡拉曼利（Ozkaramanli）提出了解决困境的三种设计策略：可视化新信息、创造障碍和激励以及自我惩罚和奖励。当下，主观幸福感积极设计主要从快乐体验、个体幸福、社区繁荣三个内容层次进行研究。

2.4.3.1 积极情绪提升快乐体验设计

快乐的体验受个体积极情绪影响，积极情绪粒度可用来界定细分用户的积极情绪。尹（Yoon）从情绪细分、用户情绪对主观幸福感的影响等方面探讨了积极情绪粒度在产品发开过程中的体现。德斯梅特研究了情绪刺激行为在以用户为中心设计中的作用，介绍了设计过程中激发用户偏好、情感和情绪动态的创新设计工具。积极情绪影响了个体行为，可给用户带来更加愉悦的体验，这是积极设计提升个体主观幸福感的基础。

2.4.3.2 个人意义促进个体幸福设计

从生活满意度视角出发，研究积极设计赋予用户积极意义以提升用户主观幸福感。奥思（Orth）等人提供了一个将产品依附理论应用于产品设计的过程，证明产品与个人之间形成意义关联可提升幸福感。卡赛斯（Casais）指出基于产品的象征意义可促进人们的幸福。威斯提出可持续的幸福感更多取决于用户行为而不是物质财富。专注于个人意义的设计需要从用户的现实挑战与需求困境出发，提出新的设计可能性，以利于个人长期目标的实现。这是积极设计提升主观幸福感的关键。

2.4.3.3 积极互动助于社区繁荣设计

在社区繁荣视角下，专注于积极互动提升社区凝聚力设计，以提升个体以及群体主观幸福感。玛丽亚（Maria）的研究表明虽然以自我为中心的幸福活动可以增加用户的主观幸福感，但是随着时间的推移，以他人为中心的幸福活动可以更好地贡献个体长期的幸福感。慈济回收计划通过召集社区老人每周参与回收计划、积极帮助生活困难的人，以培养老人对自己和他人的同情心，促进社区可持续发展。作者通过老有所养、老有所依、老有所安、老有所乐、老有所为、老有所尊等角度对上海市四团镇五四村进行乡村互助型社会养老产品服务研究，以提升乡村老人主观幸福感与社区和谐。这是积极设计提升主观幸福感的延伸。

尽管学者们进行了大量研究，同时心理学家研究了主观幸福感的形成机制，但是主观幸福感提升中的积极设计机制仍未被揭示。本节将在学术界已有研究成果的基础上，运用积极设计理论，研究主观幸福感的设计原则与提升路径。

2.4.4 设计原则

代尔夫特积极设计研究所提出了积极设计的五项准则，包括创造可能、支持人类繁荣、实现有意义活动、拥有丰富体验、承担社会责任。本节在前期研究基础上结合自身设计实践，以个体与社区为设计对象，以愉悦与意义为设计目标，进一步优化梳理并解释了主观幸福感积极设计的六项原则（图2–10）。

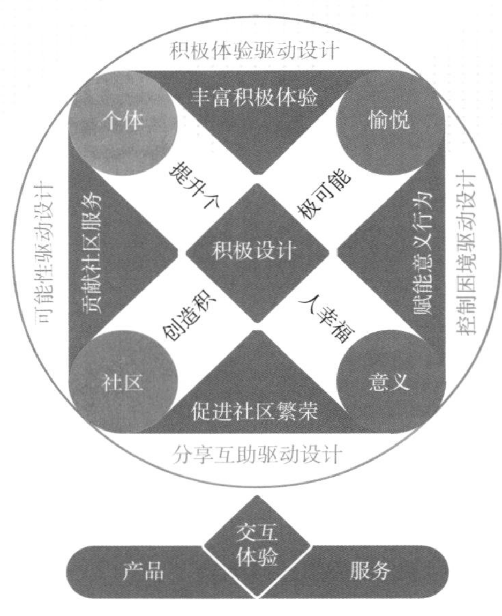

图2–10 积极设计原则与提升路径

（1）创造积极可能

积极设计不是为了提出问题、分析问题、解决问题，而是采用新的思考逻辑为人们主观幸福感的提升提出新的可能性。由于解决问题，往往会产生新的问题，因此积极设计不应立足于解决当下的现实问题，而是应基于真实需求，思考未来目标，进而提出新的可能性。

（2）丰富积极体验

积极设计的目的不是设计某种产品或体验，而是多途径拓展个体愉悦的路径，丰富用户的积极体验。积极体验是一种带给用户愉悦而又有利于用户未来成长的体验。在物联网时代，丰富用户的积极体验不但意味着暂时的积极体验，还意味着可持续的积极体验。

（3）激励意义行为

积极设计不仅是为了个体愉悦体验而设计，还是驱动个体平衡快乐和美德，并激励人们从事长期有意义的活动。生活中，用户通常面临着短期欲望与长期目标实现之间的困境，如何通过设计激励用户选择有意义的活动或行为，这是积极设计的主要原则之一。

（4）提升个人幸福

积极设计不仅是为了提升个体短暂的快乐体验，还可通过长期目标可视化、自我反思等方式提升个人幸福。玛丽亚比较了体验对短期与长期幸福感的效果，表明体验对短期愉悦直接相关，但是在体验中加入物质元素可以对长期幸福感产生影响。积极设计整合产品、服务与交互体验，从用户的长期主观幸福感视角出发，面向个人未来发展，提升个人幸福。

（5）促进社区繁荣

积极设计不仅是为了个体幸福而设计，还是通过设计赋能组织，激励个体开发自身潜能，加强社区间的互动，并为社区繁荣作出贡献。社区繁荣首先体现在社区成员社会关系的和谐中，积极设计可通过产品、服务、空间载体来提升社区内部成员间的互动，以此构建积极的社区环境。

（6）贡献社区服务

积极设计可增加个人对社区乃至社会的短期与长期影响及服务。积极设计要鼓励个体参与社区互助设计活动，以及个体对环境的积极影响，以贡献个体服务。当个体与社区及环境发生矛盾时，积极设计可通过设计手段、路径去协调解决困境。研究表明，贡献社区服务也有利于提升个体长期的主观幸福感。

2.4.5 提升路径

图2-10中基于主观幸福感积极设计原则，设计师可通过可能性驱动设计、积极体验驱动设计、控制困境驱动设计、分享互助驱动设计四个提升主观幸福感的积极设计路径开展设计活动。

2.4.5.1 可能性驱动设计

如图2-11所示，传统问题驱动的设计是基于现实困境，发现问题、分析问题、解决问题，实现短期目标，进而一步步实现长期目标。可能性驱动的设计不在于解决暂时设计问题，而是基于用户长期目标的实现，从用户的现实挑战与需求困境出发，面向未来愿景，提出新的设计可能性，进而基于短期目标提出解决方案，详情见本书4.6。

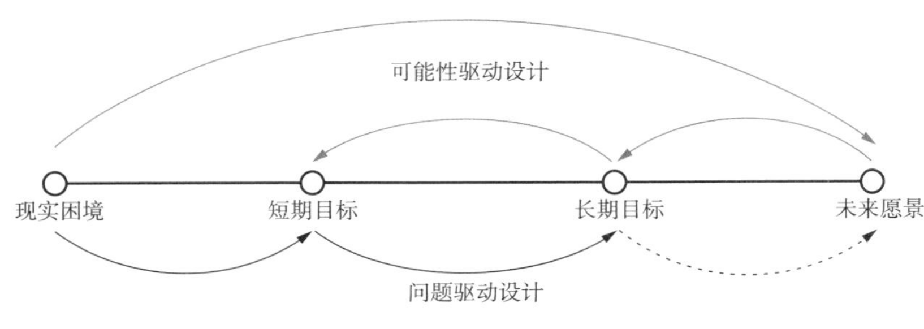

图2-11 可能性驱动设计路径

2.4.5.2 积极体验驱动设计

如图2-12所示，积极体验设计的研究出发点在于目标对象实践活动的背后行为动机。学者肖夫（Shove）将人的实践活动概括为三要素：意义、行为、产品。意义象征价值、目标和动机；行为象征能力、知识、技术；产品代表使用工具、物理环境及辅助设施。三者之间相互作用、相互影响着用户的主观幸福感。基于用户行为动机，设计师界定用户积极体验六个要素（安全性、相关性、流行性、自主性、技能性、刺激性），分析生成用户概念故事，进行积极概念可视化设计。详情见4.4。

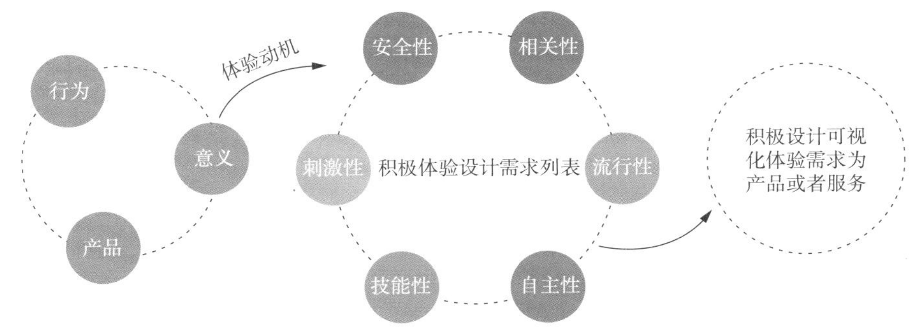

图2-12　积极体验驱动设计路径

2.4.5.3　控制困境驱动设计

如图2-13所示，这是一种适用于用户在长期目标实现与短期欲望诱惑发生冲突时的积极体验设计路径，包括增加积极体验点、可视化长期目标、困境自我反思。增加积极体验点使之在用户追求长期目标实现的过程中，将长期目标细分化，增加每个子目标的积极体验点，以保持对长期目标追求的动力。长期目标可视化包括长期目标整体流程的可视化，以及实现长期目标预期成果的可视化。通过可视化流程，使长期目标可以通过分阶段的方式实现，帮助用户可预见长期目标中每个阶段的实现以及长期目标的完成情况；可视化预期成果是运用视觉可视化的手段，呈现给用户可视化的预期成果，以激励用户实现长期目标。困境自我反思是通过积极暗示的手段来刺激个体反思短期欲望与长期目标，以提升对短期欲望与长期目标的消极与积极结果的认知，从而鼓励个体对长期目标实现的追求。设计师可根据此设计路径在用户面临长期目标实现与短暂欲望诱惑困境时进行积极体验设计，以提升用户主观幸福感。详情见4.5。

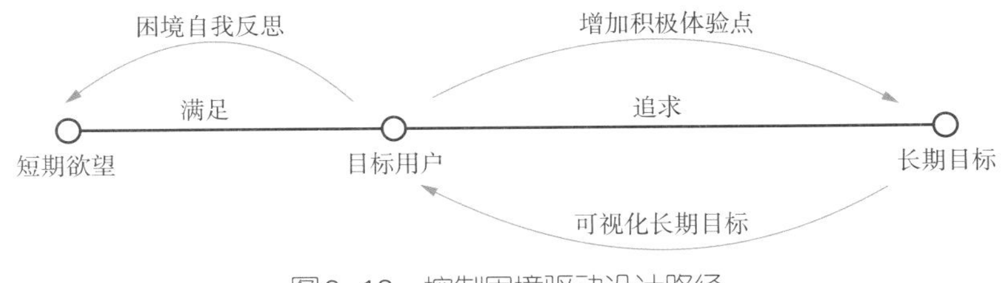

图2-13　控制困境驱动设计路径

2.4.5.4 分享互助驱动设计

如图2–14所示，研究表明相比较利己，帮助他人更能提升个体的长期主观幸福感。这对于提升社区活力具有重要指导意义。在促进社区繁荣方面，积极设计可从互助娱乐、互助健身、互助学习、互助生活、分享日常、临终关怀等不同的角度，构建社区分享互助产品服务平台，以激发社区居民的参与感、获得感、幸福感。个人通过参与社区服务提升个体参与感，帮助他人以提高他人的获得感，个体在帮助他人过程中形成良好的人格，也提高了个体的长期幸福感。本设计路径应注意：社区设计应充分考虑社区地域文化特征；积极设计应以分享与互助为前提条件；积极设计要以社区的愉悦体验与社区成员间关系和谐作为设计评价准则。详情见5.2。

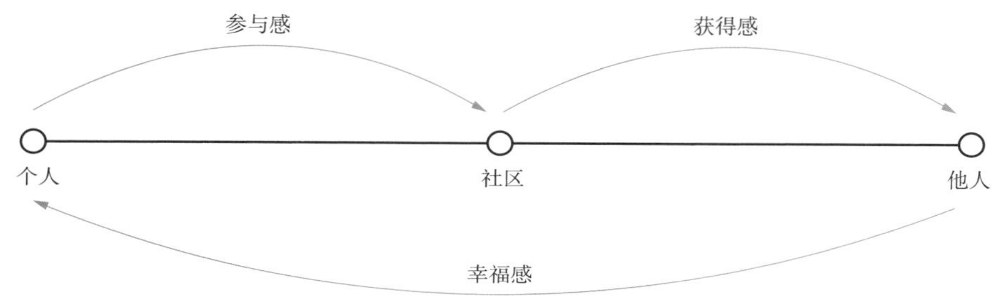

图2–14 分享互助驱动设计路径

在人们物质财富逐渐增长的今天，用户主观幸福感提升变得日渐重要，然而与之相对应的设计学理论方法的基础研究仍然相对薄弱。本节从积极设计理论出发，分析了主观幸福感的内容与构成要素，提出了提升主观幸福感的积极设计原则与提升路径。可为当下主观幸福感研究提供设计学方面对策，以提升个体主观幸福感、社区繁荣，实现人民幸福的目标。但是，相关研究成果的合理性与有效性仍有待进一步地实践验证。

3

第三章 产品服务设计

3.1 产品服务设计概述

随着科学技术的不断发展，设计学科也在相应地成长成熟。一般认为人类设计活动共经历了四个阶段：直觉设计阶段、经验设计阶段、半理论半经验设计阶段、现代设计阶段。

直觉设计阶段：古代的设计通常是一种直觉设计。当时人们会从自然现象中直接得到启示，或者全凭个人的直观感受来设计制作。设计方案存在于手工艺和人头脑之中，无法记录表达，设计产品也相对简单。17世纪以前的设计基本上属于直觉设计阶段。

经验设计阶段：随着生产的发展，单个手工艺人的经验或其头脑中的构思很难满足这些要求。于是，手工艺人联合起来，互相协作。一部分经验丰富的手工艺人将自己的经验或构思用图纸表达出来，然后根据图纸组织生产。图纸的出现，使具有经验丰富的手工艺人通过图纸将其经验或者构思记录下来，便于用图纸对产品进行分析、改进和提高；还可以实现分工，满足更多人同时参与同一活动，提高生产效率的要求。运用图纸进行设计，使人类设计活动由直觉设计阶段进入经验设计阶段。

半理论半经验设计阶段：20世纪以来，由于科学技术的发展与进步，设计的基础理论研究与实验研究得到加强，随着理论研究的深入、实验数据及设计经验的积累，已形成了一套半经验半理论的设计方法。这种方法以理论计算和长期设计实践而形成的经验、公式、图标、设计手册等作为设计依据，通过经验公式、近似系数或类比等方法进行设计。

现代设计阶段：近30年来，科学技术迅速发展，使人们对客观世界的认识不断深入，设计工作所需的理论基础和手段有了很大的进步，特别是人工智能、物联网技术的发展与应用，使设计工作产生了革命性的突变，为设计工作提供了实现设计自动或精密计算的条件。例如，人工智能技术可通过输入需求信息快速生成多个设计方案，以满足用户需求。现代设计还有一个特点是体现出多元性、系统性的特征。现代产品设计不只是设计一个产品，而是综合考虑利益相关者的需求，整合技术、资源提供创新性的解决方案。现代设计阶段，产品设计逐渐向产品服务系统设计转变。

20世纪60年代以后，系统科学概念及方法的应用快速影响和带动了对设计学的研究，使设计从一种艺术的范畴转变为科学的范畴。典型的产品设计的理论有如下六种。

①系统化设计理论（Systematic Design Theory，SDT）。系统化设计理论的主要特点是将设计看成由若干个设计要素组成的一个系统，每个设计要素具有独立性，各个要素间存在着有机联系，并具有层次性，所有的设计要素结合后，即可实现设计系统所需完成的任务。

②一般设计理论（General Design Theory，GDT）。一般设计理论是通过数学形式化来表达设计过程，建立人类思维活动领域内知识处理的概念模型。该理论由日本东京大学的吉川（Yoshikawa）、富山（Tomiyama）等学者提出，是一种对设计过程的数学表达，并认为设计是通过知识操作来实现的。富山在结合大量设计实验的基础上，提出了精细设计过程模型作为对一般设计理论的扩展。

③通用设计理论（Universal Design Theory，UDT）。德国格拉博夫斯基（Grabowski）等学者在总结不同学科领域内设计的特点后，提出一种跨学科的通用设计理论，该理论将设计过程分为需求建模、产品功能建模、物理建模、详细设计四个阶段，通过各个阶段内模型的冲突和相互约束来不断改善与修正模型本身，并通过对现有基本元素的重新组合来实现设计过程的创新。

④公理化设计理论（Axiomatic Design Theory，ADT）。公理化设计理论是以科学公理为基础的设计体系理论，强调设计域和域内层次结构，以及独立性公理和信息公理。该理论的主要内容包括顾客域、功能域、物理域、过程域四个域和独立性公理、信息公理两个公理。

⑤发明问题解决理论（俄文缩写TRIZ，英文Theory of Inventive Problem Solving）。发明问题解决理论是基于技术的发展演化规律来研究整个设计与开发过程的一种创新理论体系，它成功地揭示了创新的内在规律和原理，能够帮助人们打破思维定式，以新的视角进行逻辑性和非逻辑性的系统分析问题情境，准确确定问题探索方向，快速找到解决问题的方案。该理论分析了人类在进行发明创造、解决技术问题的过程中所遵循的科学原理和法则，总结了解决问题的一般通用办法，避免了一般设计方法的直觉性和随机性，可以进行创造性设计。

⑥质量功能展开理论（Quality Function Deployment，QFD）。日本质量管理专家赤尾洋二（Akao Yoji）将质量功能展开定义为：将顾客的需求转换成代用质量特性，进而确定产品的设计质量（标准），再将这些设计质量系统地（关联地）展开到各个机能部件的质量、零件的质量或服务项目的质量上，以及制造工序各要素或服务过程各要素的相互关系上。即质量功能展开理论把顾客或市场的需求转化为设计需求、零部件特性、工艺需求、生产需求的多层次演绎分析方法。它体现了以市场为导向、以顾客需求为产品开发唯一依据的指导思想。

在产品服务系统文献研究方面，许多学者通过系统的文献综述梳理总结了产品服务系统的前沿设计、评价以及执行方法，产品服务系统的设计方法主要从客户角度、生产商角度、设计角度、生命周期四个角度展开，如表3-1所示。

表3-1　产品服务系统设计方法文献

视角	作者	对产品服务系统设计方法的贡献
客户视角	雷泽 （Rese et al.，2009）	设计一个满足当前客户和市场需求的初始工业产品系统服务框架
	卡雷 （Carreira et al.，2013）	一种扩展的感性工学方法，在产品服务系统设计中融入体验需求
	基米 （Kimita et al.，2009）	一个顾客价值模型来表达顾客对可持续服务设计需求的变化
	雷克斯菲尔德，奥纳斯 （Rexfelt & Ornas，2009）	基于顾客为中心设计的产品服务系统概念开发过程模型
	莫雷利 （Morelli，2009）	一种基于顾客主动参与的产品服务设计方法

续表

视角	作者	对产品服务系统设计方法的贡献
制造商视角	马奎斯 （Marques et al.，2013）	一种新的开发产品服务系统的方法，以促进产品与服务设计过程的执行
	贝克尔 （Becker et al.，2010）	集成来自服务和制造领域的参考模型和建模语言
	罗伊 （Roy et al.，2009）	以客户、制造商和生命周期为导向而开发的一个系统的产品服务系统配置框架
	耿秀丽 （Geng et al.，2010）	基于质量功能开发的三域产品服务系统概念设计框架
	金，朴 （Geum & Park，2011）	一种阐明产品和服务之间关系的产品服务蓝图，说明了产品服务系统如何能够提供可持续性的生产与消费
设计视角	石卡它 （Shikata et al.，2017）	采用模块化产品框架来扩展和多样化服务，为产品增值
	王 （Wang et al.，2011）	一种模块化的开发框架。提出模块化开发的过程，分为功能、产品和服务模块三个部分
	李 （Li et al.，2012）	通过分析集成服务产品的产品和服务之间的关系，建立了交互式模块化设计过程
	金，尹 （Kim & Yoon，2012）	利用TRIZ理论解决产品和服务组件之间的矛盾，建立PSS概念的一种新方法
	江 （Jiang et al.，2013）	从功能的角度出发，提出了基于TRIZ理论的最终理想解决方案的产品服务系统
	英国设计委员会 （Design Council UK，2015）	双钻石设计方法模型
生命周期视角	勒马乔 （Ljomah et al.，2009）	从生命周期的角度探讨产品服务系统设计的实现方法
	藤基 （Fujimoto et al.，2003）	从整个产品生命周期的角度来看，面向服务的业务可以潜在地减少环境影响，同时扩大业务机会
	刑，鲁 （Xing & Luong，2009）	用一个数学模型和评价方法来为产品寿命延长提供了系统的评估
	奥里斯，福斯，瓦根内克特 （Aurich, Fuchs & Wagenk-necht，2006）	基于模块化技术将其与现有的产品设计过程相结合，设计并实现了一种面向生命周期的技术服务系统化设计方法
	杨 （Yang et al.，2009）	一种将产品生命周期数据、智能数据元和服务使能器相结合的方法

综上所述，产品服务系统设计理论方法正变得越来越严谨科学，比较有代表性的理论方法包括系统化设计理论、一般设计理论、通用设计理论、公理化设计理论、发明问题解决理论、质量功能展开理论等。学者们从客户角度、生产商角度、设计角度、生命周期角度对产品服务系统设计方法进行了详细研究，本章将着重介绍双钻石设计方法模型、AT-ONE设计方法模型、4D-8P设计方法模型，以从不同的角度出发设计产品服务系统。

3.2 双钻石设计方法模型

每一个设计专业均有不同的方法和工作模式，但也有一些共性的创作过程。英国设计委员会发现跨学科的设计人员有着相似的方法来从事设计工作，该委员会设计了“双钻石”方法模型（图3-1）。

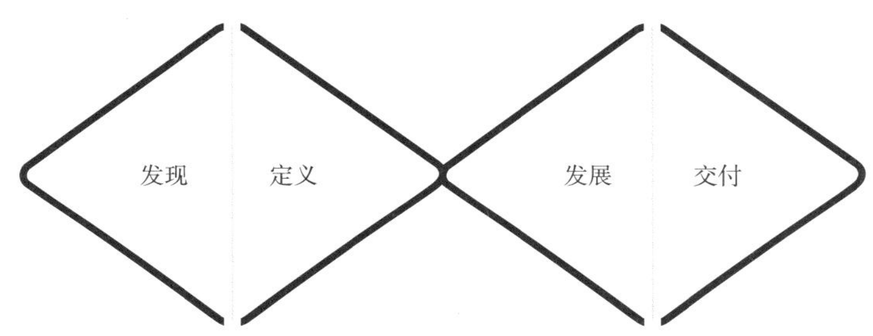

图3-1　双钻石设计方法模型

这个设计方法模型分为四个阶段：发现（Discover）、定义（Define）、发展（Develop）和交付（Deliver）。该双钻石（Double Diamonds）设计模型是一个设计过程的简洁可视化图。

设计师创作过程中，在得出最理想的设计概念之前，总会有大量设计想法产生，这可以用一个钻石模型表示。但双钻石模型表示这种情况发生了两次：一次是确认问题的定义，另一次是创建解决方案。设计师经常存在的问题是省略“问题定义”的钻石模型，直接得出了不正确的“解决方案”。

为了得到最理想的设计概念，创意设计过程是迭代的。这意味着概念产生、测试和改进需要经过多次，并可能出现不断地重复过程，才能将不完善的想法去除。迭代过程是一个好的设计产生的重要组成部分。

通过双钻石设计方法模型的四个阶段，我们可以将设计研究方法如用户日志、旅行地图等串联起来，整体驱动一个完整的设计项目。

发现：双钻石设计模型的第一个阶段是项目开始。设计师尝试用一种全新的方式来发现用户周边的生活，观察身边细节，并收集问题。

定义：第二个阶段是设计定义阶段。设计师们试图理解并定义在第一阶段中所发现的所有问题，并整理出最重要的是什么，应该先做什么，什么最可行。其目标是制订一个清晰的创意思路框架图。

发展：第三个阶段是发展阶段。该阶段初步提出解决方案或概念，包括创建、原型制作、测试。这个过程帮助设计人员改进和完善自己的设计想法。

交付：双钻石模型的第四个阶段是交付阶段。其产生的项目（如产品、服务）已完成生产，并推向市场。

尽管创作过程很复杂，但以上四个阶段指南可以为设计专业学生及从业人员提供一个清晰的思路。

这里作者将头脑风暴、物理原型、可用性测试等25种设计方法运用于双钻石设计方法模型的四个阶段（发现、定义、发展和交付）中，并将介绍双钻石设计模型的25种设计方法工具（图3-2）。

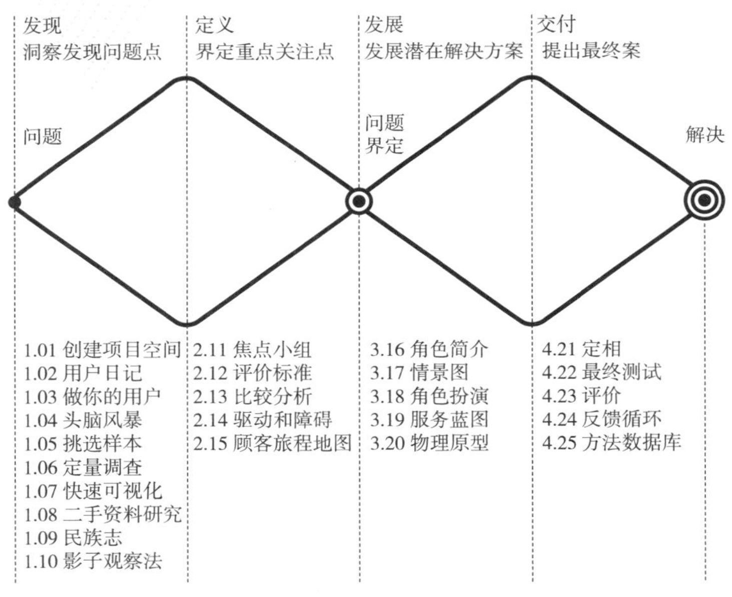

图3-2 双钻石设计模型及方法工具

3.2.1 发现

初学者可以使用如下方法来开拓设计视野，产生大量的构思和想法。

3.2.1.1 创建项目空间

是什么：创建一个专门的项目空间来整理材料、展开设计、组织会议。

为什么：创建一个项目空间可以帮助设计师整理得到大量的信息，保持项目运作，与别人沟通并分享彼此的项目成果，塑造良好的工作环境。

怎么做：寻找或者设计一个专门项目空间（图3-3）。可以利用办公桌周边的区域，或者工作室一角，用隔墙或屏风来隔断作为研究空间。在这个空间里，设计师可以举行头脑风暴会议。这样参与者容易被这种氛围所感染。在空间中，以情景故事方式展开一个设计项目，然后与他人分享，并邀请大家参与进来提出想法。随着项目的进行，设计师可以调整空间，展示有关项目阶段的故事。结合适当的照明、沙发和桌子等使空间变得生动有趣。

图3-3 创建项目空间

3.2.1.2 用户日记

是什么：提供用户日记本或要求参与者拍摄图片、录制视频或音频。

为什么：深入了解用户的生活，特别是行为方式。用户日记是收集观察用户数据非常有效的方式。

用户日记需要用户通过观察生活行为的方式来获取日常生活中问题的机会点。照片与视频日记的核心优势是可帮助捕捉在个体日常状态下自然的、重要的用户体验。照片与视频日记提供了一种方便的方法来研究与捕捉人们在自然日常生活中的重要时刻点，如家庭生日聚会、早餐、看电视、洗衣服、睡眠等。

怎么做：为用户提供一个日记本，并要求用户记录他们的回忆以及与他们生活相关的事件。这本日记可以持续一个星期或更长时间。注意不要提出导向性的问题，这样会影响研究结果，让问题尽可能保持开放性，同时语言尽量简单。提供给参与用户摄像机或者要求他们用手机拍摄照片、视频，这可以成为一种有效的方式来让用户记录重要事件。

照片日记可以与书面日记一起使用。即使他们提供的照片很简单，比如房屋图片或冰箱内容，这仍能提供洞察用户喜好的价值点。可以提供一个预先印制的笔记本，带有提示或问题，确保视觉提示设计让用户易于完成任务。

同时，团队成员之间应每周互相分享观察日记，进行头脑风暴，通过公开讨论会的方式发表自己的观察日记。这样久而久之，锻炼了个体敏锐的设计观察力，提升了团队的合作能力，互相激发产生了新的想法。

3.2.1.3 扮演用户

是什么：一种通过换位思考，将自己置身于用户位置的方法。

为什么：设计师通过对新产品或服务的试用，理解用户的想法。

怎么做：确定目标用户群，以确定用户所处的情境和用户执行的典型任务。将自己置身于用户的角度数个小时、一天甚至一周。置身于用户平时的环境中，执行完他们所做的工作。例如，利用一周时间在一个超市做财务，设计师需要做详细的笔记来记录自己的想法。也可以模拟特定的用户特性，如戴着手套或遮挡眼睛的眼镜来模拟一些老年人或盲人的活动，或穿上带有凸起的妊娠套装可以模拟孕妇使用产品的状态。

3.2.1.4 头脑风暴

是什么：头脑风暴法是一种能够使团队快速有效地产生概念的方法（图3-4）。

为什么：在解决一个问题时能够快速产生想法。

怎么做：从热身开始，对一个有趣的问题进行头脑风暴，如“我们怎样才能提升人们的幸福感？”

问题要清楚、简明扼要；不要放弃任何想法，将想法写在贴纸上，并贴在墙上；将想法量化，并设定一个目标，比如100个创意点；保持焦点集中——前卫和精确的陈述优于模糊的陈述；保持思想流动，不断地从不同角度去解决这个问题；为了更有效地执行头脑风暴，参与者需要注意暂不评判——发散思维，使想法变得更好；每次只讨论一个主题；争取想法的数量越多越好；将想法视觉化——画出想法或用关键词呈现出来；在头脑风暴之后，可以将想法整理，便于投票。

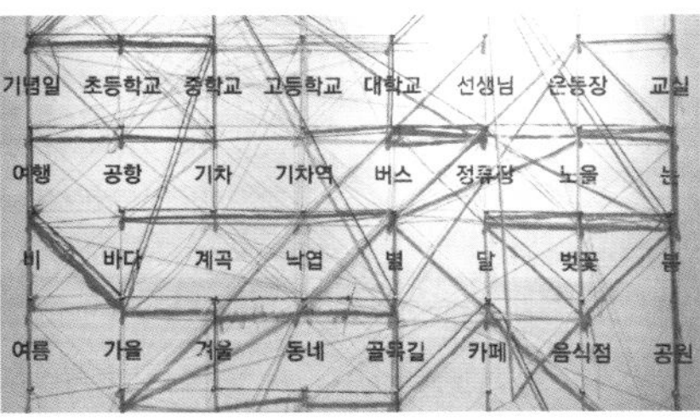

图3-4　运用头脑风暴设计工具可快速产生大量想法

3.2.1.5　筛选样本

是什么：挑选样本可以帮助设计师找到最有效的用户群，以节省时间和预算。

为什么：设计师不可能研究每一个目标用户。因此，在进行一对一访谈和焦点小组研究用户时，挑选样本是第一步。

怎么做：首先通过头脑风暴确定可以影响用户行为的属性特征。然后选择最重要的属性特征，确定一个有效范围内的用户进行研究。

例如，如果为儿童设计自行车，设计师可能需要研究那些在不同情境下骑自行车的儿童。其他共同的属性考虑可能是年龄、种族和社会经济背景，以及情感特征或态度。注意：和尽可能多的人讨论比自己独立分析更有效。参与讨论的人和将得到的问题点在数量上有一个权衡值，通常是一个6~9人的样本。挑选的样本不一定都具有代表性。事实上，与非代表性的用户交谈，往往也会给项目带来灵感及不一样的洞察点。

如果正在研究寻找机会点，选择不同样本，包括极端用户可以帮助设计师得到更多的概念。如果正在研究深入地设计，那么一个更具代表性和更少量的样本更合适。

3.2.1.6 定量调查

是什么：对所选择的样本进行数据调查统计。

为什么：了解统计分析图，并向设计师提供有助于项目研究方向的统计信息。

怎么做：有两种类型的定量调查——综合调查与专案调查。 综合调查是每月定期调查，允许将一系列的问题置于一个共享问卷里，问卷内容要保持多样性。专案调查是专门定制式的调查，允许问尽可能多的问题。

这两者都可以委托一个专门的市场研究机构帮助提供直接满足项目需求的专项研究报告。注意：需要的信息也可能通过网络或者参考书得到。因此，二手资料的研究也同样重要。

3.2.1.7 快速可视化

是什么：快速生成想法草图。

为什么：可视化的想法会使人们更容易理解和沟通，并反过来刺激新的想法。

怎么做：可视化草图想法应在头脑风暴中产生。草图不需要完美，只需有足够的细节沟通想法即可。

3.2.1.8 二手资料研究

是什么：通过网络或书籍调研一系列的关于客户、竞争对手和政治、社会、趋势相关的信息。

为什么：研究和了解设计背景以及最新的相关研究进展对于针对性的执行设计项目至关重要。

怎么做：通过网络搜索、网上图书馆检索或Researchgate提醒服务等，让设计师可以收集到感兴趣领域已发表的最新文章或观点。

3.2.1.9　民族志

是什么：民族志又称人种志学、群体文化学，主要通过实地调查来研究群体，并总结群体行为、信仰和生活方式。

为什么：民族志通过对代表性人群的生活方式、生活体验和产品使用进行深入理解，达到对消费者及产品功能、形态、材料、色彩、使用方式、喜好和购买模式等进行预测的目的。通过观察消费者面对技术、造型和使用时的情绪和态度，识别用户的相似点和差异性，了解用户想购买什么、喜欢什么，从而明确产品应具备的品质，为产品设计提供依据。

怎么做：

①通过对书籍、杂志、网站等各个媒体相关主题资料的收集、分析和归类，提取舆论引导的关键词，对目标群体使用产品的特定活动和背景环境有一个总的理解。

②针对产品使用过程、使用情境和使用态度，通过观察、拍摄、访谈和实地考察等方法，了解使用者的偏好以及如何看待这些产品，并发现特定产品与其生活方式在某些方面行为之间的联系。

③在前期全面、翔实、有效的调查研究之后，确定典型的用户模型，从中发现大量可进行设计创新的具体线索，从而指导后期的设计创作。

民族志是一种定性分析方法，能够获取典型的用户隐性知识特点，适合于生活产品开发设计初期阶段的用户研究。如下六点可帮助设计师完成民族志研究。

①记住民族志不仅是持续地询问问题，重点是还要仔细地聆听被研究者的回答。

②民族志应该专注、深入地研究少数几个目标用户的生活，而不是研究大量用户。

③认真思考要问询什么问题，并且考虑如何将大量数据转化为问题的发现。

④充分地使用视频、照片以及其他视觉材料。

⑤避免从收集的数据中仅仅以列举事实的方式代替讲故事。

⑥将收集的大量数据详细地归纳，并建构联系。

民族志是一个结合了数据收集、解释、呈现的动态过程。通常情况下，在讨论中，鼓励被试者使用自身、非正式的语言词汇。这种测试可以帮助发掘人们的语言、行为、思维与产品、服务的关系。如今，几种不同的民族志研究方法通常使用在产品设计中。包括数码民族志，运用相机、笔记本、网络等来加速数据收集、分析、展示过程；快速民族志是一种预估的方法运用于产品的设计与开发阶段，设计师需要在几小时或者几天就可以得到答案。

3.2.1.10 影子观察法

是什么：影子观察法是将研究者比作一个影子，在一定的预期时间内紧随着观察个体或者小团体的行为。

为什么：这个方法有助于发现设计机遇，以及展示产品如何影响用户行为。

怎么做：像影子一样围绕着用户观察，理解他们一天的行程和活动背景。研究人员将得到丰富且生动的数据。这些研究数据除了用于发掘问题机会点外，也可以为后期相关概念验证提供参考。通过影子观察法撰写一个详细研究报告，有助于设计师了解真实用户需求。在执行影子观察方法时，以下五点值得关注。

①事前准备。花费点时间在组织和观察个体上。如果设计师不知道项目经理、同事的名字，不关注产品生产线、供应商，没有做足功课，那么在影子观察之初就已经失败了。

②用一个精装本和一支笔来记录研究内容。这将确保设计师无论在哪里都可以做笔记。由于背景噪声，录音在这种情况下不太合适。

③尽量多记录。作为一个局外人观察整个组织的规划，人们给你的第一印象等所有重要的相关信息均需要详细记录下来。

④养成每天整理研究日记的习惯。这有利于记录当天的内容，帮助设计师详实地记录研究数据，也有利于记录自己的思考与瞬间即逝的印象。

⑤管理数据。在影子观察之前，决定好将如何记录、管理与分析数据资料。

3.2.2　定义

使用以下方法来回顾和聚焦观点，界定设计项目所面临的主要挑战。

3.2.2.1　焦点小组

是什么：焦点小组成员通常由6~10人组成，由一个负责人主持，历时数个小时讨论。

为什么：它可以帮助设计师得到一个主题的用户反馈和产生大量的想法。

怎么做：通过一系列焦点小组，主持人带领小组挖掘对特定主题的想法。为了建立一个民主、自由、非正式的氛围，焦点小组在讨论前需要做好各种讨论准备。组建焦点小组的目的是让人们自由、非正式地交谈，所以小组成员在一起感到舒适很重要，否则他们会保持安静。选择参加焦点小组的人通常是用户群的一部分。有时需要连接视频来让开发团队观察焦点小组。

3.2.2.2　评价标准

是什么：一种为未来产品开发挑选最佳概念的方法。

为什么：考虑到多个利益相关者的关注不同，统一评价标准便于选择最佳的想法。

怎么做：通过头脑风暴提炼出一套统一的评价标准。这些需要鼓励参与者在做出评估时积极考虑其他利益相关者的意见。例如，如果要选择一个产品设计进入生产环节，可以给如下的每一个想法1~5分的标准：技术可行性（工程团队关注）；成本（财务关注）；概念创新性（设计团队关注）；便携性和尺寸（消费者关注）。根据评价标准为每个概念打分，然后为每个想法算出最终的分数。

3.2.2.3　比较分析

是什么：比较分析可以对相关问题的大量信息进行视觉分类和排序。

为什么：当设计师有很多概念想法时，经常不知道从哪开始。对这些想法的排序和分组，通常是最优先的开始方式。

怎么做：把所有的概念想法写在记事贴上。通过排除低优先级项目，合并解决相近的方案来减少记事贴的数量。依次比较记事贴，将最重要的想法放在列表的顶端。按照重要性依次排序所有的记事贴。例如，如果在选择一辆婴儿车时，设计师想了解最重要的决定影响因素，可以从研究中把所有潜在的考虑因素列出来，然后比较说明以确定最重要的考虑因素。

设计师也可以用这种方法来让用户把他们的关注点放置于重要事情上。例如，“在考虑购买一个新产品时，最重要的考虑因素是什么？”

3.2.2.4 驱动和障碍

是什么：驱动和障碍是一种帮助设计师了解项目下一阶段具体工作的方法。

为什么：使用这种方法可了解人们的看法，针对他们的期望，设计师集中精力解决关键问题。

怎么做：在项目中，汇集不同利益相关者组成小组。通过头脑风暴得出对于该项目成功，参与者认为的激励因素（驱动）和阻碍因素（障碍）。收集想法写到两张分开的纸上，分析设定的项目能不能解决，并确定为了克服障碍，哪个驱动将是最应该被优先解决的。

3.2.2.5 顾客旅程地图

是什么：用户旅程的一种可视化表示方法，通过服务可展示他们不同的交互体验。顾客旅程地图的功能在于为服务构建生动逼真、结构化的使用体验地图。通常会用消费者服务的接触点作为建构“旅程”的架构点，以消费者体验为内容建构起来体验故事。在故事中，可以清楚地看到服务互动的细节，以及随之产生的体验问题点。

为什么：它让设计师可以看到哪些部分的服务工作满足了用户和哪些部分可能需要改善（痛点）。通过旅程图的信息，设计师能同时厘清关于创新的问题点与机会点。而针对特定接触点的信息，则能从个人层面剖析服务体验，作为进一步分析的基础。以结构化服务地图呈现的方式，让设计师能运用图像语言来比较不同的服务体验，同时针对自身提供的服务与竞争对手所提供的服务作快速的比较。

怎么做：关键在于厘清服务与消费者互动的接触点数量。互动的形式有很多种，双方的面对面接触、通过网络的虚拟互动都是与消费者互动的形式。构建顾客旅程地图必须通过使用者洞察，厘清接触点。访谈是建构地图很有效的方式，但也可通过顾客自行建构的资料取得信息，包括微信、微博，这都能从消费者自己叙述中发现建构顾客旅程地图所需的资料。

在厘清接触点后，就要开始将接触点用具体化的方式连接，构建整体的顾客体验。旅程图要以所有人都能懂的方式绘制，但也必须具有足够的信息，能够详述服务中的消费者洞察。这意味着此旅程图必须以各个人物角色为基础，记录顾客在过程中的行为。运用顾客本身提供的资料来建构，这对于服务过程中的情感传达十分重要，而感情因素也是服务旅程的关键要素。详细步骤参见2.3.2。

▲ 3.2.3　发展

使用以下的方法来设计概念，测试产品的可行性。

3.2.3.1　用户画像

是什么：一种设计师所假设的目标用户和视觉再现目标用户类型的方法。

为什么：视觉化的角色简介可在设计过程中激发概念和帮助决策。它也可以在项目中帮助利益相关者论证设计的可行性。

怎么做：基于目标用户群体确定要设计的关键人物角色。设计师可以给角色命名和视觉再现他们的外表和穿着，他们的愿望、行为、生活方式。重要的是要创建典型用户角色画像，这对于撰写用户生活中的典型故事也有帮助。设计师需整合真实用户的行为属性成为最终的用户画像。

3.2.3.2　情景图

是什么：情景图是在一段时间内，用户与产品、服务或环境进行交互的详细场景。

为什么：这个过程帮助沟通并测试用户在可能的使用情景下设计概念的可行

性。这有助于提升服务理念。情景图可让用户了解产品、服务或环境的互动情景，并完善产品或服务。

怎么做：讲述一个富有特征的故事，描述用户使用产品或服务的情景。定义一组将使用产品的用户角色。考虑他们的生活细节、工作、日常活动和他们的态度，确定用户与设计进行互动的关键时刻，然后以一个故事板情景图的形式呈现。为了解用户互动的全部范围，可能需要围绕不同的角色构建3~4个情景，并在每次迭代中提升它们。

设计情境要求设计师不仅要预测未来，也需要提出问题及观点。很多产品设计公司现在通过视频的方式来呈现情景故事，这样可以主观定性受众消费者的反馈。视频的使用有助于避免未来趋势的不足，展示目标用户在未来生活中的场景。

3.2.3.3 角色扮演

是什么：角色扮演意味着当用户与产品、服务或环境互动时，分别扮演什么角色。

为什么：角色扮演可以促使设计师得到更直观反馈，并帮助完善设计。角色扮演可帮助原型与用户在一个服务语境中更好地互动。

怎么做：定义一个将使用该设计的产品、服务或环境的用户角色。提炼出这些用户与之互动的关键时刻，然后角色扮演出来。设计师还可以使用角色扮演作为测试物理原型的方法。

3.2.3.4 服务蓝图

是什么：服务蓝图是一个随着时间推移，详细地视觉再现总体服务的方法，即显示用户的旅程中所有的不同接触点和路径，以及一个保证服务执行的后台运作部分。

为什么：帮助包括参与提供服务的每个人了解他们的角色，确保用户有一个连贯的服务体验。

怎么做：刚开始通过不同的服务阶段来描述用户的行为，包括从开始阶段、使用阶段、到离开阶段的服务过程。通过服务接触点来定义量化服务。这些接触点都可以划分为不同的方式渠道，如面对面或互联网。

以顾客为导向的服务要素被称为“前台”。为“前台”部分识别和定义接触点也需要一些工作。支撑前台的后勤工作人员、后勤系统及它的IT设备被称为“后台”的服务。一个服务蓝图可以让你看到前后阶段之间的互动，确保不同服务元素之间的链接和相互关系保持一致。有时候，可能有一系列不同的产品服务，需要多个服务蓝图。在开发一个服务蓝图研发细节之前，首先进行初步规划对团队工作会更加有效。详细步骤请参见2.3.2。

3.2.3.5　物理原型

是什么：物理原型要建立一个概念模型。早期的模型可以非常简单地测试基本原理，当到了设计的后期阶段，需要更精确的模型来细化造型和功能细节。

为什么：物理原型有助于解决设计概念中未想到的问题。原型让设计师在制作最终样品前，测试设计将如何使用。物理原型也很方便同各利益相关者去沟通设计概念。

怎么做：首先确定要测试哪方面的用户体验，建立一个合适的模型来测试。这将根据项目的发展阶段而有所不同。在早期用一个“快速和简陋”的原型来测试原理。在稍后阶段，可能希望创建“更完整”的原型，以展示详细的造型和功能。例如，首先通过发泡材料快速制作一个粗糙的原型来测试海上救生设备的尺度及使用方式，然后设计师可以通过构建一个“更完整”的物理原型详细测试造型及功能。使用不同的材料建造原型，并与终端用户测试，或通过角色扮演演示如何使用物理原型。

▲ 3.2.4　交付

使用以下方法来完成设计、生产和发布设计项目，并收集反馈意见。

3.2.4.1 阶段测试

是什么：阶段测试要将产品或服务显示到一张曲线图上。

为什么：在批量生产之前便于风险管理。

怎么做：用五个用户组成的小组来测试设计方案。然后尝试50~100人的小组测试。如果发现问题要及时解决，以免影响更多用户，避免了经济损失。即使在双钻石设计模型最后的产出阶段，同样是迭代进行的。

3.2.4.2 最终测试

是什么：最终测试是在生产前最后检查下任何可能的问题，检查产品的标准、法规，进行兼容性测试。

为什么：确保产品解决了应该解决的所有问题。

怎么做：首先检查生产线以确保其功能齐全，也要测试产品在实际环境中的使用情况，而不只是在实验室。

3.2.4.3 评价报告

是什么：评价报告是在生产完成后提交的项目评价报告。

为什么：给未来的项目启发，包括工作方式和方法，还可以证明良好设计对项目成功的影响。

怎么做：进行客户满意度跟踪调查，看看满意度调查结果是否可以运用到新设计中。为方便用户或客户，可以用问卷调研法进行用户使用评价。一个新的设计也可以与其他业务性能指标相结合，如提高销售或增加业务量。还可以使用第三方的测试数据，来比较客户满意度及对于竞争对手的分析。

3.2.4.4 反馈建议

是什么：反馈建议是有关项目问题的反馈或改进建议。

为什么：可以得出新的项目或改进现有项目。

怎么做：通过各种途径收集用户反馈意见。在生产后的反馈中产生的新想法（以及在设计过程中出现的想法），如果决定以后开发，这些建议将会出现在设计过程中。同样地，以记录文档或日志的方式整理成实例库对以后的设计过程也很重要。

3.2.4.5　方法数据库

是什么：方法数据库是在一个数据库内的所有相关设计方法资料的整合。

为什么：可以传承设计和用户体验中的最佳实践方法，为以后设计实践提供方法上的查询与指导。

怎么做：用描述、视频、流程图等方式记录设计过程中使用的方法，通过数据库构建一个网站。可以围绕单独的方法主题，把每个人的经验通过现场或在线讨论整理出来。有时方法数据库只开放给设计师，有时相关组织的每个人都可以访问数据库，这样他们就可以贡献自己的想法和反馈。好的设计方法通过这种方式展示给相关的每个人，这样设计师的工作就显得更有价值。有时一个方法数据库也可以向外部用户开放。通过这种方式分享设计方法，提升了设计在各行各业中的影响力。

例如，Design Kit 是IDEO公司推出的一个以人为中心的设计方法数据库，提供在线设计方法学习与分享，包括了50多种设计方法及案例。该平台已有七万多名会员，每人都可以提出问题并分享想法。

该节介绍了双钻石设计方法模型，包括了第一个“钻石”——确认问题定义和第二个“钻石”——创建解决方案，共包括四个阶段：发现、定义、发展、交付，以及25种设计方法工具，以便于相关人员进行产品服务设计工作。

3.3 AT-ONE设计方法模型

AT-ONE是一种能在产品服务设计流程早期对团队成员有帮助的方法，聚焦于产品与服务的差异性，也能帮助设计师深入了解使用者的体验。

AT-ONE流程以一连串小组讨论的模式进行，每项讨论以英文字母A、T、O、N、E称之。其中每一个字母，分别与服务设计流程中的潜在创新来源有关。AT-ONE中的这些字母所代表的讨论内容，可以为独立的内容，也可以相互连结在一起。参与讨论小组的成员，需要是来自特定领域的专家，以及具有服务设计背景的各个利益相关者。设计人员、商业专家或研究人员，可能会觉得对AT-ONE运用的一些元素熟悉，因为这并不是一个全新的工具，而是整合了最佳商业模式、设计研究的一种工具，是通过以客户为中心的不同元素整合起来，并在设计流程早期加以运用，以发挥其实用性与新颖功能的研究工具。

▲ 3.3.1 A（Actors）：价值创造网络的共同参与者

在过去几年中，最大的变化就在于价值创造方式的大幅改变，越来越多的价值产生于共同合作的网络（Networks of Collaboration），而不是再像过去只有专家才能定义价值。因此，设计师需要找出合作对象，并与其共同创造出满足消费者的顶级体验，用大家耳熟能详的iPod和iPhone来说，就可以看出在推出iTunes等类似服务时，整合各方参与者资源的重要性（包括付款、促销、内容、管理等），成功整合满足消费者所需的各方合作伙伴，对产品能够如此成功有相当重要的贡献。

参与者的概念，来自近期价值网络的发展，被视为价值链中的新兴角色。价值创造网络在服务领域更为常见，其关键在于重新定义来自各方参与者所扮演的角色以及关系，并从中找出值得开发的潜力，并了解如何通过新的方式、新的成员，创造新的价值。其深层的策略目标，就是要创造并强化网络的竞争力，创造更适合消费者所要的服务。在这个阶段要探讨的是将使用者视为价值的共同创造者，更重要的是必须将以企业为中心的思维，转变为以消费者为中心的想法，来定义参与者应该有哪些成员，进而思考通过这些不同的成员如何提高顾客价值。

▲ 3.3.2　T（Touch points）：全盘考量所有的接触点

以查询银行账户余额的方式为例，用户可以到自动取款机上查询，可以打电话询问银行工作人员，也可以打电话到银行语音系统，从智能手机、计算机上查询，还可以查看上一次银行账户明细表。这些可获得账户信息的方式，都是银行和顾客之间的接触点。

通过谨慎思考所有的接触点，可以发现相当多的创新点。例如，通常在一个组织里，不同的接触点会由不同的单位负责。通常我们获得的答案是：组织中不同的单位，专精于不同事物的员工，都拥有不同的说话方式及互动风格。所以，探讨不同接触点的负责人员，也许就能找出不少改进的空间。

服务设计的重点，就在于找出与提供服务关联性最大的接触点，并规划出这些不同接触点，如何提供给消费者一致性的服务——服务设计也必须寻找是否有创造全新的、更有效接触点的机会，借此删除那些成效不佳的接触点，并将所有与品牌讯息以及使用者需求相关的接触点，调整为能让消费者获得相同服务体验的模式。接触点革新的重点，在于消费者经历完整服务历程的整体感受，就如同一条绳子，会在最脆弱的地方断裂一般，消费者服务也可能失败在服务中最弱的一环。

▲ 3.3.3　O（Offering）：服务产品也代表着品牌

服务品牌和产品品牌不同。例如，在选择银行时，即使某家银行有相当特别的财务服务，但从消费者角度来看，它只能提供这些服务给少数人，在这种情况下，银行的服务多样化是相对比较有限的。近几年，服务品牌开始有多元化发展，例如“维珍航空”在同一个品牌下开始提供多样化服务。这两家公司的共同点就是明确定义出公司可以提供给消费者什么，而他们能给消费者的东西，多半都和实体产品关联性不高。

当品牌和服务紧密联结时，服务创新无疑会在各方面对品牌产生影响，决定消费者对服务的认知评价。AT-ONE聚焦于剖析在功能层面、情感层面以及自我表达层面，带给消费者什么样的感受。在计划书中设计师建立起有助于了解品牌DNA的流程模型，然后运用在公司的服务创新上，其中很重要的一部分就在于建立服务的个人特质，将服务以拟人化的方式进行描述。在整理出服务的特质之后，要规划出各个接触点应该如何设计、每个接触点应该有怎么样的互动行为，就变得比较容易了，而这个流程模型也被称为品牌的播音器。

3.3.4 N（Need）：要如何了解顾客想要什么、需要什么、期望什么？

近年来，与顾客访谈的方式逐渐流行起来。几年前，企业都希望取得消费者对服务看法的量化分析数据，这些数字信息当然能提供有价值的数据、漂亮的图表，并感觉一切都在企业的掌握之中，但这样的资料只能回答企业想要知道的问题，而无法挖掘出消费者想要传达的信息，而这两者之间却可能存在极大的差异性。从某种角度来说，在谈到创新的时候，量化资料通常无法提供团队成员真正需要的答案。直接和消费者对话，了解他们心中所想并倾听他们的意见，通常就能发现与传统量化分析结果不同的消费者需求，消费者深层或隐藏起来的需求以及文化趋势，都能从设计师与顾客的对话中获得答案。

在AT-ONE流程中的需求（Need）部分，遵循以使用者为中心设计观点，挖掘顾客的真正需求，用不同的人物带出使用者观点，并运用多种使用者中心的方法获得更多信息，比如面谈、观察、参与设计等。需要注意的是：企业应该先聚焦想了解哪些人的需求？企业对消费者的需求了解多少？又能满足他们到什么程度？在这个阶段，设计师必须充分了解并专注于顾客身上，确认所提供的服务是消费者需要的、想要的、期望得到的，这也许是确保服务能获得成功的最佳途径之一。

▲ 3.3.5 E（Experiences）：让人惊喜且愉悦的体验

“体验”指消费者接受设计师所提供服务时的感受，以及事后保存在消费者记忆中的印象。在AT-ONE流程中的体验阶段，依靠设计师近期对消费者体验服务的了解来建立。现今消费者对于问题不仅希望获得功能性的解决方案，同时也期望用愉悦的方式来解决日常生活中的难题。苹果计算机超过微软，星巴克成为人们最常去购买咖啡的商店，究其原因，不只是因为这些公司提供功能性产品，还因为这些品牌给用户完美的使用体验（图3-5）。

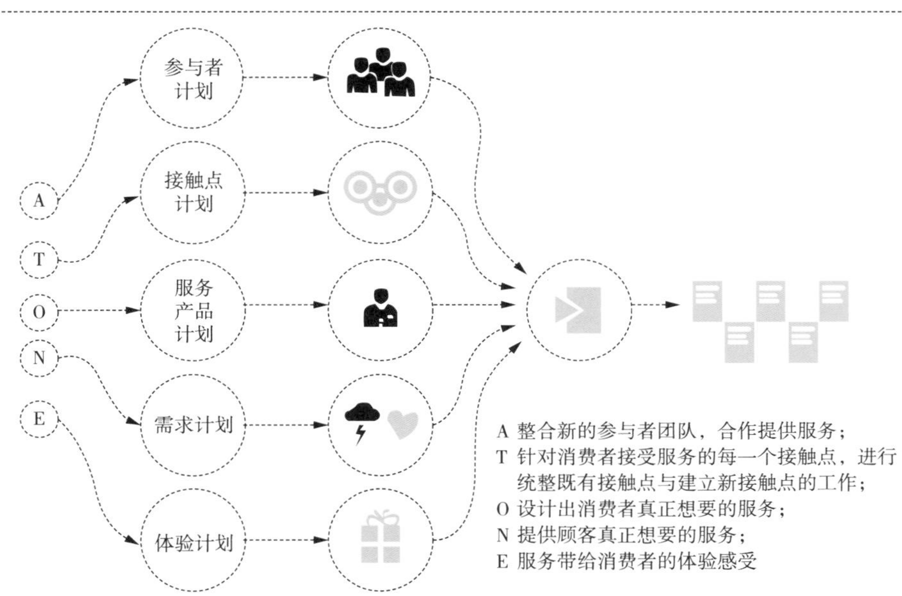

图3-5 AT- ONE 方法模型（图片来源：《这就是服务设计思考！》）

3.4
4P-8D设计方法模型

4P-8D是一种全流程的产品服务系统设计方法模型，是作者在研究了现有200所设计机构基础上，提出的产品服务系统模型。它主要包括了四种基本的产品服务系统类型：研究（R）、设计（D）、技术（T）、市场（M）和11种扩展的产品服务系统类型，包括六种双维产品服务系统类型（RD、RT、RM、DT、DM、TM），四种三维产品服务系统类型（RDT、RDM、RTM、DTM），一种闭环产品服务系统类型（RDTM）。本部分介绍不同类型的产品服务系统设计，分析不同类型产品服务系统设计机构的合作模式。最后，总结相关研究的理论和实践意义。

▲ 3.4.1 四种基本产品服务系统类型与模式

通过对二百余个产品服务设计机构及相关设计业务的调研，本研究定义了四种基本的产品服务系统类型（图3-6）。用户研究、设计研究、市场研究等被归类为“研究导向型”；产品设计、交互设计、服务设计、体验设计等被归类为“设计导向型”；个性化定制、参与式制作、批量化生产等被归类为“技术导向型”；市场营销、展览服务、共创平台和孵化平台等被归类为“市场导向型”。

在研究导向类型中，所有服务内容都与研究相关，通过研究“诊断”出用户、设计、市场方面的问题。因此，服务模式主要与“如何诊断问题”相关。在设计导向类型中，所有服务内容都与设计相关，目的是设计服务、产品、交互或体验提案，因此服务模式主要是关于“如何设计提案”。在技术导向类型中，个性化定制、参与式制作、批量化生产都是与技术实现相关，因此，服务模式主要是“如何布局生产”。在市场导向类型中，所有服务内容都与销售产品或服务相关，因此模式主要是“如何展示产品或服务”。接下来将对四种基本的产品服务系统类型与模式进行详细分析，如表3-2所示。

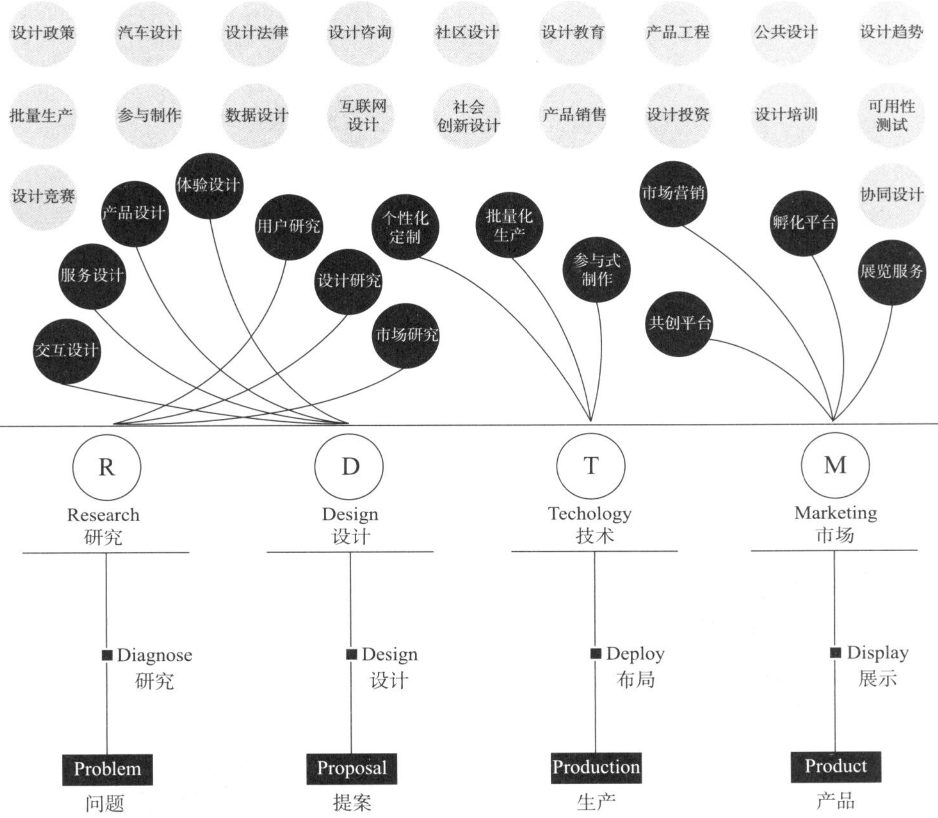

图3-6　产品服务系统的基本类型与模式

表3-2　产品服务系统的类型、内容与模式

服务类型	研究导向	设计导向	技术导向	市场导向
服务内容	用户研究 设计研究 市场研究	产品设计 交互设计 服务设计 体验设计	个性化定制 参与式制作 批量化生产	市场营销 展览服务 共创平台 孵化平台
服务模式	如何诊断问题	如何设计提案	如何布局生产	如何展示产品服务

3.4.1.1 类型1：研究导向

获得2001年诺贝尔奖的蒂姆·亨特（Tim Hunter）博士认为：研究的目的是创造新事物。在研究中首要的任务是找到合适的问题。

“研究”是一个通过收集和分析指定变量程度的一组方法和程序，以此来找到研究问题答案的一个框架。“研究”是在整体的设计过程中的一系列思考和决策，几乎所有的利益相关者和因素都应该作为一个系统来进行研究以达到一个明确的目标。

研究是产品服务系统设计的起点，可供企业或机构采用去发现问题并为后续设计提供支持。在以往的研究中，与产品服务相关的研究包括用户研究、设计研究和市场研究，以上研究在企业产品服务开发中发挥了重要作用。设计、市场和技术是企业创新的三个关键要素。在本研究中，研究成为了四个关键因素之一。

（1）用户研究

用户研究侧重于通过研究方法、任务分析来理解用户行为、需求和动机。该研究旨在通过结合实验和观察的研究方法来提高产品或服务的可用性，以协助产品或服务的设计、开发和改进。在产品服务设计和优化的整个阶段中，用户研究员需要与设计师、工程师和程序员等保持合作。

（2）设计研究

设计研究起初侧重于研究设计过程和元素，然后旨在优化设计过程和元素。设计研究的内容包括产品的造型、色彩、材料、结构、表面处理、技术分析和产品策略。一些设计机构专注于设计研究，例如，“桥中”的主要业务是为跨国企业提供本土化研究策略和为国内企业提供国际化研究策略。在机构和大学中也有一些研究部门提供设计咨询研究，例如，“海派时尚设计与价值创造知识服务平台”每年为企业提供各种类型的设计趋势、社会趋势和时尚趋势。社会趋势包括资源、能源、环境、老龄化等社会问题；时尚趋势包括造型、色彩、材质的趋势等。

（3）市场研究

市场研究是将生产者、客户和最终用户链接到营销人员的一系列流程中来定义市场营销问题点与机会点；生成、完善和评估市场营销活动；调查营销情况；并将营销的理解提升为一个过程［冈拉克（Gundlach）和威尔基（Wilkie）］。市场研究主要包括产品调查、竞品分析、品牌研究、产品运营策略研究等。本研究发现，有许多研究机构专门从事品牌研究、市场分析相关的研究，提供市场战略或建立孵化平台。

在类型1研究导向中，产品服务设计机构主要提供用户研究、产品研究、市场研究，并致力于诊断发现问题。在发现问题的过程中，研究模式是一个“诊断问题”的过程。

3.4.1.2　类型2：设计导向

设计是关于一个产品、系统、服务的创造过程。设计在不同领域（即产品、服务、交互、体验等）具有不同的内涵。关注到设计对象的审美、功能、经济和社会政治维度以及设计过程是设计导向的主要因素，也包括研究、思考、建模、交互优化和重新设计。与此同时，许多种类的对象包括服装、图形界面、品牌、服务、交互以及设计的过程或模型都能被设计。随着信息与互联网时代趋势，许多设计机构服务内容已经从产品设计转向体验设计、服务设计和交互设计。

（1）产品设计

产品设计主要是创造一种可以销售给客户的新产品。在系统的方法中，产品设计师构思概念和评估想法，然后在真实的环境中将概念转化为产品。产品设计师的角色是将艺术、科学和技术相结合为顾客创造新产品。在本研究中，许多具有五年以上经验的产品设计师建立了自己的设计机构，产品设计是机构的主要服务。客户一般都有明确的设计方向，设计师不仅可以为服务接收者提供产品设计服务，还可以提供关于产品设计的结构、材料的相关知识服务。

（2）服务设计

服务设计是一项规划和组织人员、基础设施、交流和服务的活动，以便提升服务品质以及服务提供者与接收者之间的交互。服务设计目的是依据客户的需求和服务人员的能力建立实用的设计服务。如果采用一个成功的服务设计方法，客户将获得友好的服务，从而增强服务提供者的可持续性和竞争力。基于上述目的，来自不同学科的方法和工具，包括人类学［塞格尔斯特罗姆（Segelstrom）等人］、信息和管理科学［莫瑞里（Morelli）］、交互设计［霍姆利德（Holmlid）］均被采用到服务设计中。在互联网时代，越来越多的设计机构提供服务设计，涉及交互模型、体验流程、环境体验、移动APP、区块链。服务设计在现代行业中发挥着越来越重要的作用。

（3）体验设计

体验设计是设计产品、流程、服务、活动、旅程和环境的活动，侧重于用户体验品质和文化相关解决方案。作为一门新兴学科，体验设计整合了来自其他学科的知识，包括认知心理学、感性工学、语言学、建筑与环境设计、产品设计、戏剧学、信息设计、人类学、品牌战略、交互设计、服务设计和设计思维等。许多体验设计机构主要关注用户体验、创造用户价值、提供交互设计、产品创新、服务策略、业务咨询服务。

（4）交互设计

交互设计是设计交互式产品、环境、系统和服务的实践创造活动。交互设计不仅适用于数字产品，还适用于物理（非数字）产品，并探索用户如何与产品交互。交互设计的常见主题包括人机交互和软件开发。交互设计不是分析现在已有的事物，而是综合和想象事物未来的可能性。在过去十年中，交互设计迎来了黄金时代，大量设计专业毕业生从事交互设计。随着互联网、物联网、人工智能技术的发展，交互设计将成为未来设计的主要方向之一。

在类型2设计导向中，此类产品服务设计机构能提供产品设计、服务设计、体验设计和交互设计服务。内容与世界设计组织（WDO）在2015年对工业设计的定义内容相近。虽然这些设计存在一些方向上和设计内容上的差异，设计师（作为服务提供者）在设计实践中具有相似性。在设计实践过程中，设计师的设计过程是“设计提案”的过程。

3.4.1.3 类型3：技术导向

技术是用于生产商品或服务的技能、方法和过程的集合。随着工业和信息革命的发展，技术实现手段发生了很大变化，个性化和用户参与越来越受到重视。在体验经济时代，技术已经从传统的大规模批量化生产转向个性化定制、参与式制作。

（1）个性化定制

个性化定制包括为特殊的用户个体或群体去定制产品或服务。个性化被企业采用去提升顾客满意度、营销宣传、品牌推广和改进网站服务。个性化定制意味着用户参与产品的生产过程，并且他们按照自己要求与设计师沟通。最终，用户可以获得个性化、定制的产品或服务。在这项研究中，有许多设计服务机构专门提供个性化的定制服务。用户和其他利益相关者可以参与皮革、服装、陶瓷、玻璃、金属首饰、木材等的设计制作。他们大多是小型的专业工作室。

（2）参与式制作

参与式制作是一种让所有利益相关者（如员工、合伙人、客户、终端用户）积极参与设计和制作过程的方法，以确保结果能够满足其需求，并提高用户满意度。参与式制作是一种侧重于制作过程和程序的方法。最近，研究人员发现在共同设计和制作环境中，设计师与他人合作时可以创造更多创新的概念和想法［米歇尔（Mitchell）等人］。参与式设计和制作已在不同规模的许多环境中使用。在一些设计工作室（陶瓷、玻璃、皮革等）中，设计师可在用户参与制作中获益更多，而不仅是销售产品。在设计机构中，参与式设计和制作已经成为获取用户知识、增强用户体验和满意度的常用方法。在研究阶段，研究人员可以了解用户参与的真实需求；在设计阶段，设计师可以与用户实现协同设计；在技术实现阶段，在参与式制作的支持下，用户不仅可以获得产品、服务，还可以在制作过程中学习技术知识和经验。

（3）批量化生产

批量化生产是产品或服务设计概念的实现过程。在实施过程中，工程师将设计者或用户的设计和要求转换成可行的解决方案。生产过程是设计与产品服务之间的桥梁。工程师对材料、工艺和工程技术的了解是该过程的核心能力。在上海，一些设计机构可提供3D打印技术支持的设计和制作服务；一些机构可提供CNC技术支持的物理模型生产服务；一些公司可提供注塑、吸塑、吹塑、铸造、钣金加工等设计实施服务。随着3D打印技术的发展，原有的批量生产模型逐渐转变为小批量、个性化和参与性。生产过程正变得简便而友好。

在类型3技术导向中，产品服务设计机构主要提供个性化定制、参与式制作和批量化生产服务。虽然这些内容不同——个性化定制注重个性化用户需求，参与式制作注重的是用户体验，批量化生产主要是大规模生产。服务提供者的工作具有相关性，都是在为布局生产准备。在技术过程中，服务提供者的工作是“布局生产”。

3.4.1.4　类型4：市场导向

营销是对交换关系的研究和管理［亨特（Hunt）］。美国营销协会将营销定义为创建、沟通、输出和交换产品的活动、机构和流程，这在最大程度上为消费者、客户、合作伙伴和社会增加了价值。营销旨在创造、保持和满足顾客。营销是企业管理的主要组成部分之一，客户是活动的关键因素。在本研究中，市场营销、展览服务、共创平台和孵化平台被归类为市场导向，因为这些活动与向客户展示产品或服务有关。

（1）市场营销

市场营销是一个组织学科，侧重于营销导向、营销资源和活动的实践应用。市场营销策略涉及实施计划“四策略”，具体包括产品策略、价格策略、空间策略和促销策略。市场营销是实现用户产品和服务中重要的一个阶段。主要任务是为客户提供良好的服务，以便实现从产品到商品的平稳过渡。随着互联网时代的发展，消费市场出现了许多通过互联网为客户提供优质产品的电子商务品牌。许多服务工作室提供各种服务模式，例如“互联网+实体店”模式。

（2）展览服务

展览服务是一个从概念到三维的展览设计服务过程，利用创新、创造性和实用的解决方案来应对在三维空间中如何“讲述故事”的挑战。展览服务是一个协作过程，整合了建筑学、视觉设计、工程学、数字媒体、照明、室内设计等学科，以解释信息、吸引用户，并提升他们对产品理解的观众体验或服务。该过程涉及两个阶段：第一阶段确立主题方向，并开发创造性和适当的设计解决方案，以实现展览的解释和沟通目标。第二阶段采用技术专业知识将设计的视觉语言转换成详细的工程文档，为安装展览提供所有需要的规范文件。在商业展览设计中，设计机构主要向消费者提供如何充分展示品牌文化和产品的服务。展览设计是品牌产品与顾客之间的桥梁，为消费者提供良好的体验，以实现产品销售提升的目标。

（3）共创平台

共创平台符合用户创新、开放式创新、协同创新和万众创新的趋势。共创平台的特点如下：

①开放的和低成本的。它向所有公共团体开放。在共创平台中，部分服务是免费的，部分服务需要费用（会员服务费用）。它为企业家提供了相对低成本的成长环境。

②合作。通过沙龙、培训、比赛等方式促进企业家之间的沟通。共同创造平台可以促进企业家的互助和资源共享。

③便利化。通过提供场地，组织活动来分享产品和服务的想法。此外，它还可以为新设计机构提供便利，如金融服务、商业登记、法律、补贴申请等，帮助机构迅速发展。

经过多年的发展，国内外的共同创作平台已经发展成为一个成熟的阶段。Fab Lab、Hackspace、TechShop、Makerspace和其他类似的共创平台自10年前开始逐渐形成，并对科技创新产生了深远的影响。随着中国经济的发展，北京、杭州、上海、深圳等地出现了越来越多的共创平台。

（4）孵化平台

“孵化器”一词是指人工孵化蛋的专用设备，它首次在服务经济中被采用，以帮助中小型机构成功销售产品。在中国，企业孵化器被称为高科技创新服务中心，主要为中小型机构提供物理空间和基础设施，并提供一系列服务支持，从而降低企业风险和设置成本，提高创业成功率。太火鸟是中国最具影响力的智能硬件孵化平台之一，致力于产品创新过程的构建，帮助设计师实现商业价值，寻找创新性概念。太火鸟的孵化平台支持概念界定、投融资、质量、硬件和软件体验、营销渠道，以在创意生态系统中创造良好的智能硬件产品。

随着设计机构的发展，大型设计集团在研究、设计、工程技术和市场方面拥有丰富的资源，并逐步建立了孵化平台，支持设计团队和优秀的设计理念。例如，木马设计公司依靠强大的工业资源和设计能力，为全产业链提供设计服务。在设计方面，设计团队提供全方位的设计服务，如产品集成策略、品牌和体验等；在供应链方面，可以通过硬件和软件开发来提供整个供应链质量资源的生产；在市场营销方面，国内外权威平台的整合为产品成功销售提供了契机；在销售平台方面，集成线上和线下销售平台为产品销售提供持久稳定的销售渠道；在孵化平台方面，共创空间、投资支持以及业务指导和培训为创业团队的发展提供了支持。在此类产品和服务中，市场营销、展览服务、共创平台和孵化平台的主要目的是向消费者销售或展示产品服务，实现产品价值。这种类型的平台不仅提供转化服务，还为设计师的成长和成功提供了支持。它是通过产品展示实现销售。

在类型4市场导向中，产品服务设计机构主要提供市场营销、展览服务、共创平台、孵化平台等服务。虽然这些内容不同，但是市场人员的工作方式均是与展示产品或服务有关，是“向客户展示产品（服务）”的过程。

基于产品服务设计机构的产品服务系统的基本类型可分为研究导向、设计导向、技术导向、市场导向四大类。每种类型的产品服务系统都有自己的业务内容。例如，研究导向的类型以用户研究、设计研究、市场研究为主；设计导向的类型以产品设计、交互设计、服务设计、体验设计为主；技术导向的类型以个性化定制、参与式设计、批量化生产为主；市场导向的类型以市场营销、展览服务、共创平台、孵化平台为主。研究导向的服务是专注于诊断问题，设计导向的服务是专注于设计提案，技术导向的服务是专注于布局生产，市场导向的服务是专注于展示产品（服务）。

以上四种基本服务类型是设计机构提供的单维服务，这四项服务类型包括了产品服务设计全过程的四个阶段，类似于英国设计委员会提出的双钻石设计模型。随着技术的发展，许多设计服务将被整合。这意味着许多公司不仅提供单维服务，而且逐步提供两个或更多的设计服务。如下，从四种单维服务模式自动生成了六种双维服务模式。

3.4.2　六种双维产品服务系统类型与模式

我们可以发现，四种类型的产品服务系统，即研究导向（R）、设计导向（D）、技术导向（T）、市场导向（M），是产品服务开发过程的不同阶段。因此，每种类型都可以被称为单维服务。任意两种单维服务组合可以生成六种类型的双维服务，即MR（市场–研究导向），RD（研究–设计导向），DT（设计–技术导向），TM（技术–市场导向），DM（设计–市场导向），RT（研究–技术导向），如图3–7所示。

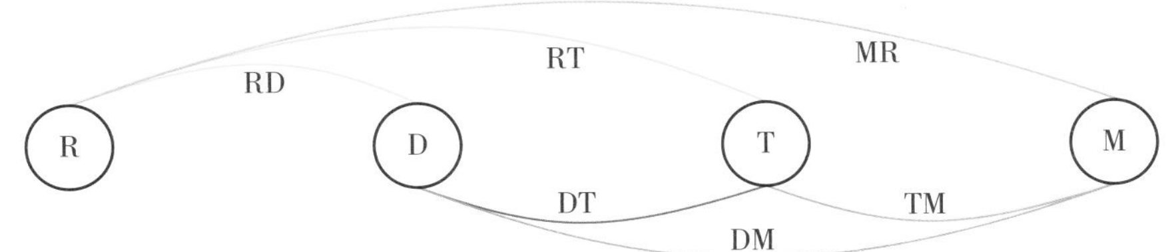

图3–7　双维服务中的产品服务系统类型

3.4.2.1 类型5：MR（市场-研究导向）

MR双维服务（图3-8）可以提供市场和研究相关的服务，与单维服务（市场或研究）相比，双维服务的优势在于营销员的数据可以直接与研究员共享。在这种双维服务中，有两个服务提供者，即营销员与研究员。营销员可以发现产品展示（销售）过程中的问题和机会，然后研究员可以直接诊断（研究）问题。

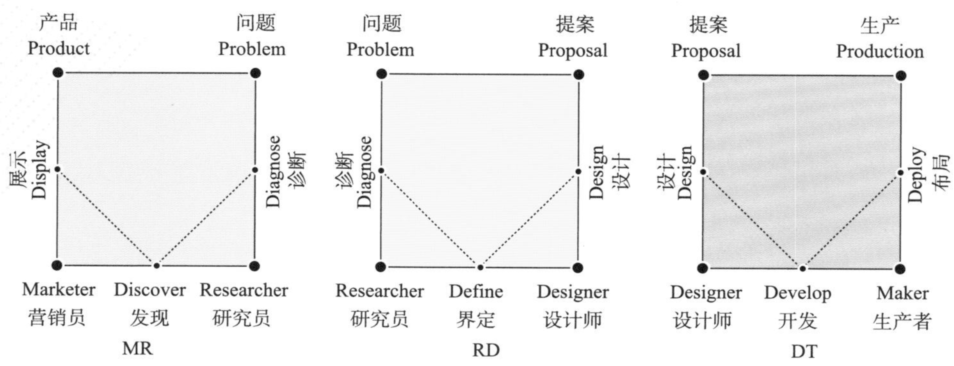

图3-8 双维服务中产品服务系统模式1

3.4.2.2 类型6：RD（研究-设计导向）

RD双维服务主要提供研究和设计相关的服务，与单维的研究或设计服务相比，双维服务的优势在于研究员的用户研究、市场研究、产品研究等相关研究数据，可以直接发送给设计师，根据研究问题去设计相关产品或服务提案。在这种双维服务中，有两个服务提供者（研究员和设计师）。研究员可以诊断（研究）问题，并为设计师界定设计任务，设计师根据界定的任务设计提案。

3.4.2.3 类型7：DT（设计-技术导向）

DT双维服务主要提供设计和技术相关的服务，与单维设计或技术服务相比，这种双维服务的优势在于设计和技术可以紧密连接。无论是产品设计、交互设计，还是服务设计、体验设计，提案设计完后，转交给生产者进行工程开发。生产者会给出大规模生产或个性化定制的方案。在这种双维服务中，有两个服务提供者（设计者和生产者）。设计师可以设计提案，并为生产者开发更多细节，然后由生产者将布局工程转化后进行生产。

3.4.2.4 类型8：TM（技术－市场导向）

TM双维服务（图3–9）主要提供技术和市场相关的服务。无论是个性化定制还是批量生产，最终产品都可以通过产品展示直接交付给市场人员在网上或实体商店进行销售。在这种双维服务中，有两个服务提供者（生产者和销售者）。生产者可以布局生产，然后交付给营销员，营销员通过展示及销售产品以获取利润。

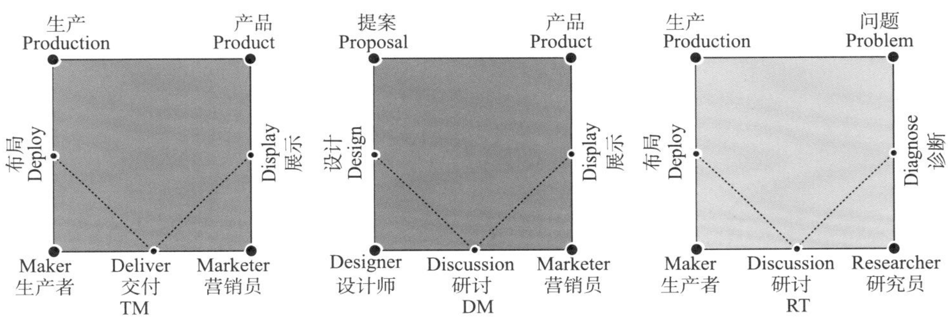

图3–9 双维服务中产品服务系统模式2

3.4.2.5 类型9：DM（设计－市场导向）

DM双维服务主要提供设计和市场相关的服务。在这种双维服务中，有两个服务提供者（设计师和营销员）。设计师可以设计提案，并与营销员直接沟通分析讨论，待产品生产后，营销员随后负责展示和销售产品。

3.4.2.6 类型10：RT（研究－技术导向）

RT双维服务主要提供研究和技术相关的服务。在这种双维服务中，有两个服务提供者（研究员和生产者）。研究员可以诊断问题，并直接与生产者分析，然后生产者开发和设计新技术。在本研究中，这类机构主要是研究所或大学的研究中心。

在本节中，基于四种类型的单维服务得出了六种类型的双维服务。随着设计机构的发展，一些中型设计机构可以提供三维服务设计模式。根据自由组合原则，四种类型的单维服务可以生成四种类型的三维服务。下一节将会讨论三维设计服务模式。

3.4.3 四种三维产品服务系统类型与模式

自由组合三种基本类型的产品服务系统，可以生成四种类型的三维服务，包括RDM（研究－设计－市场），RDT（研究－设计－技术），DTM（设计－技术－市场），RTM（研究－技术－市场），如图3-10所示。

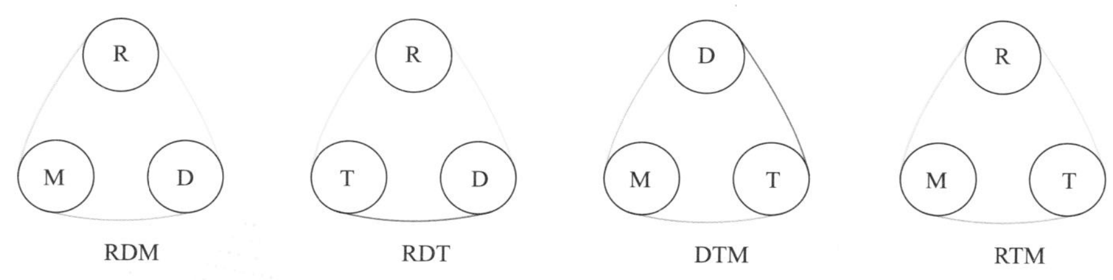

图3-10 三维服务中的产品服务系统类型

3.4.3.1 类型11：RDM（研究－设计－市场导向）

RDM三维服务（图3-11）主要涉及研究、设计和市场相关的业务。在这种三维服务中，有三个服务提供者（研究员、设计师和营销员）可以提供诊断问题、设计提案和展示产品以供销售的服务。一般的工作流程模式包括研究员诊断问题，并为设计师界定设计任务；设计师设计提案，然后与营销员分析，并尝试寻找外部工程团队合作将设计文件转成工程，以支持生产；营销员宣传产品以供销售，并将发现的机会或问题汇报给研究员。

3.4.3.2 类型12：RDT（研究－设计－技术导向）

RDT三维服务（图3-12）主要提供研究、设计和技术相关的业务。在这种三维服务中，有三个服务提供者（研究员、设计师、生产者），他们可以提供诊断问题、设计提案和布局生产的服务。一般的工作模式与流程包括研究员诊断问题，并为设计师界定设计任务；设计师设计提案，并向工程师（生产者）汇报提案的设计细节；工程师（生产者）将设计文件转为工程文件，并布局生产，工程师可以与研究人员分析研究设计方向，然后提供给其他市场营销服务平台展示产品进行销售。

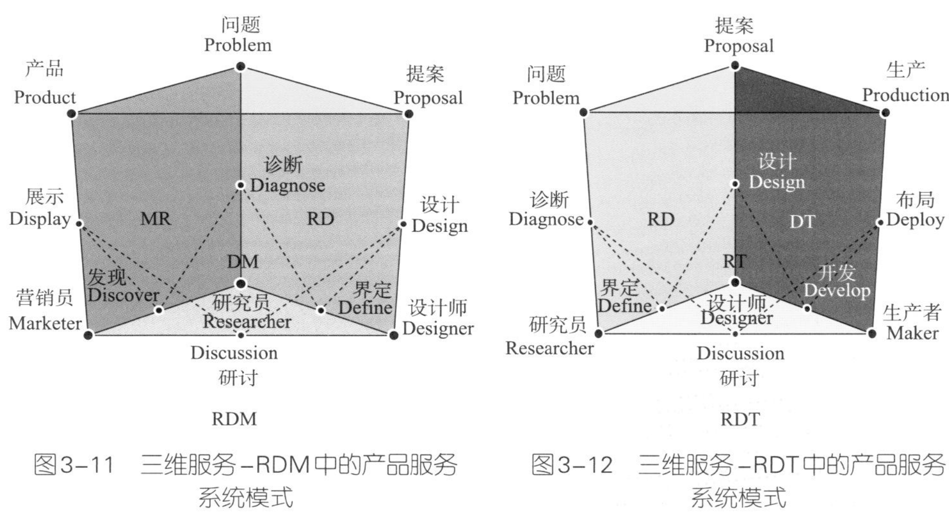

图3-11　三维服务-RDM中的产品服务系统模式

图3-12　三维服务-RDT中的产品服务系统模式

3.4.3.3　类型13：DTM（设计-技术-市场导向）

DTM三维服务（图3-13）主要提供设计、技术、市场相关的业务。有三个服务提供者（设计师、生产者、营销员），他们可以提供设计提案、工程生产和展示销售产品的服务。一般的工作流程模式包括设计者设计提案，并向工程师（生产者）汇报设计提案细节；工程师（生产者）将设计文件转化成工程文件，并为生产进行布局，最终产品交付给营销员；营销员负责向客户宣传、展示、销售产品。营销员可以与设计师分析如何为客户提供更好的服务。

3.4.3.4　类型14：RTM（研究-技术-市场导向）

RTM三维服务（图3-14）主要提供研究、技术和市场相关的服务。在这种三维服务中，有三个服务提供者（研究员、生产者、营销员），他们可以提供诊断问题、工程生产和展示销售产品的服务。虽然在这种服务系统中没有设计师，但可以与设计机构合作，以实现提供完整产品服务的目标。

一般的工作流程模式包括研究员诊断产品、用户和市场的问题，然后界定设计任务；寻求设计机构的设计支持；当收到从设计机构开发的提案时，工程师（生产者）随后与研究员和设计师分析该提案，并转化成工程文件，布局生产细节，然后将产品交付给营销员；营销员负责宣传、展示产品以销售给客户；同时，提供反馈给研究员进行产品改进或新产品开发的机会。在本研究中，这类产品服务设计机构有研究、生产和营销部门，而没有设计部门。

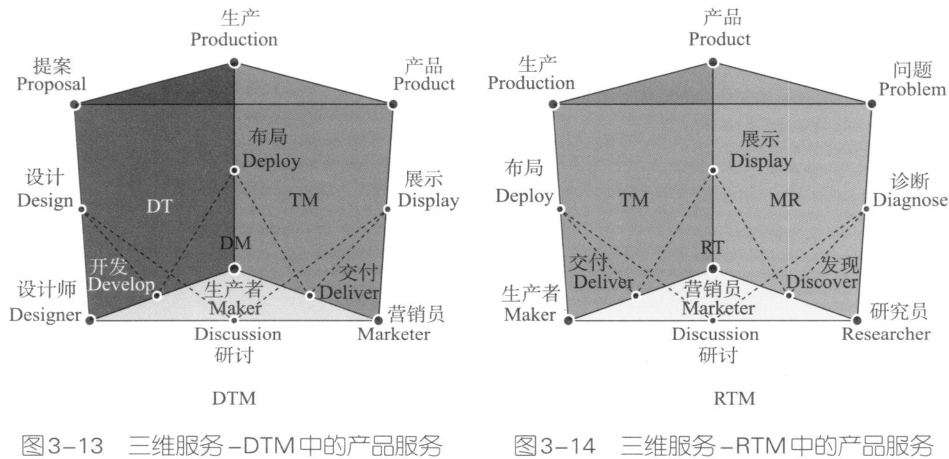

图3-13　三维服务-DTM中的产品服务系统模式

图3-14　三维服务-RTM中的产品服务系统模式

在本节中，研究了基于四种类型的单维服务而生成的四种三维服务的类型与模式。随着设计机构的进一步发展，许多设计集团开始从事全流程服务设计模型，以提供完整的设计服务。

3.4.4　一种闭环产品服务系统类型与模式

随着设计规模的扩大，设计机构可以提供四种类型的单维服务——RDTM（研究-设计-技术-市场）（图3-15），这意味着设计机构可以在整个设计过程提供全流程闭环产品服务系统设计。

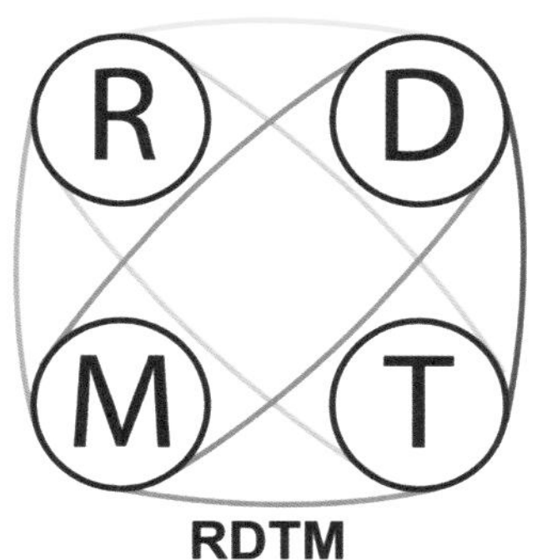

图3-15 全流程闭环服务中的产品服务系统类型

类型15 RDTM（研究-设计-技术-市场导向）的产品服务设计包括四种基本类型的产品服务系统，即研究、设计、技术和市场。如图3-16所示，服务提供者包括研究员、设计师、工程师（生产者）和营销员。服务流程包括8D：发现（Discover）、诊断（Diagnose）、界定（Define）、设计（Design）、开发（Develop）、布局（Deploy）、交付（Deliver）和展示（Display）。产品服务系统设计是为了解决4P：问题（Problem）、提案（Proposal）、生产（Production）、产品（Product）。最后，所有服务主要指向服务接收者，即用户或顾客。

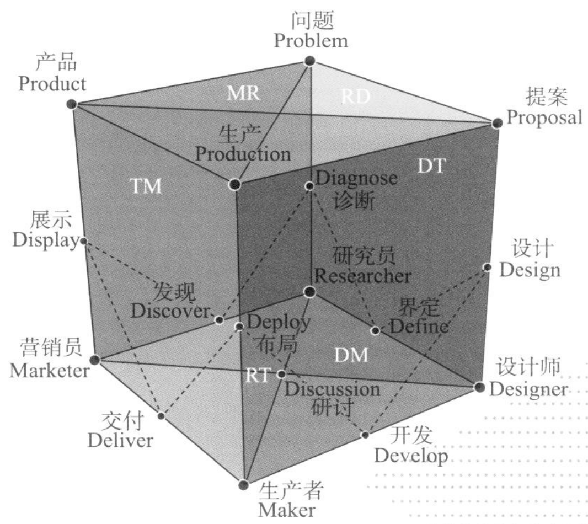

图3-16 全流程闭环服务中的产品服务系统模式

这类产品服务设计机构通常是大型设计机构。这是一个完整的产品服务系统设计模式，包含了产品服务系统设计过程的所有阶段。这是许多设计服务公司的理想发展模式：从单维设计服务，到双维设计服务，再到三维设计服务，最终发展到全流程闭环设计服务。

通过对以上15种不同类型与模式的产品服务设计介绍发现：不同类型的产品服务设计机构可以互相合作，以便为客户提供更专业、更完整的体验服务。产品服务系统类型中的合作模式将在下一部分分析。

3.4.5　产品服务系统类型间的合作模式

如图3-17所示，本研究介绍了四种基本类型的产品服务系统，分别是研究导向（R）、设计导向（D）、技术导向（T）、市场导向（M）；并生成六种类型的双维服务，分别是RD（研究－设计）、DT（设计－技术）、TM（技术－市场）、DM（设计－市场）、RT（研究－技术）、MR（市场－研究）；四种类型的三维服务，即RDM（研究－设计－市场）、RDT（研究－设计－技术）、DTM（设计－技术－市场）、RTM（研究－技术－市场）；一种全流程闭环产品服务系统，即RDTM（研究－设计－技术－市场）。

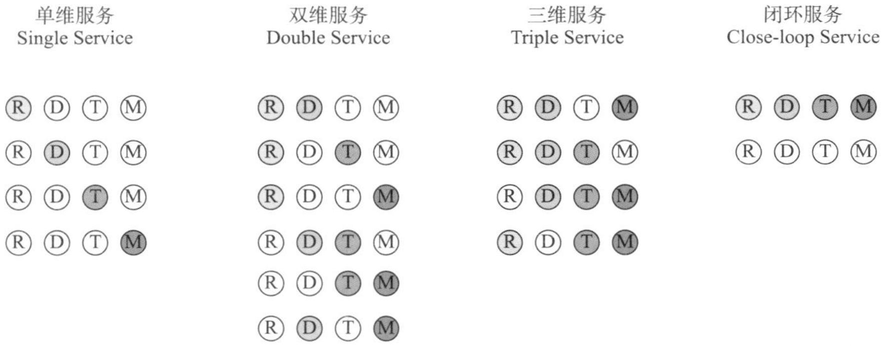

单维服务 Single Service　双维服务 Double Service　三维服务 Triple Service　闭环服务 Close-loop Service

图3-17　产品服务系统类型

如图3–18所示，为了提供完整的产品服务系统设计，几种不同类型的产品服务设计机构可以相互合作。例如，金世坤（Kim）等为大型企业、中小型企业之间的合作提供了10个政策提案的共赢合作模式。

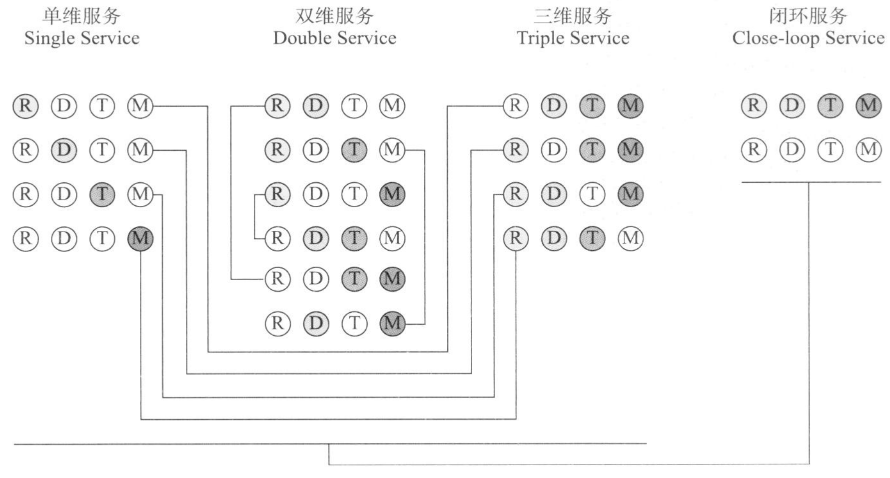

图3–18 产品服务系统类型间的合作模式

单维服务设计机构可与三维服务设计机构合作，如机构R可与机构DTM合作；机构D可与机构RTM合作；机构T可以与机构RDM合作；机构M可以与机构RDT合作。

双维服务设计机构可与双维服务设计机构合作。例如，机构RD可以与机构TM合作，机构RT可以与机构DM合作，机构RM可以与机构DT合作。

全流程闭环产品服务设计机构不仅提供全流程产品服务设计，还可以提供共创平台和孵化平台。通过这种方式，单维服务、双维服务和三维服务设计机构可以在平台上与闭环服务设计机构合作，实现产品服务系统设计机构之间的协同共赢。

如图3–19所示，这是产品服务系统的总体框架，包括设计机构中产品服务系统的类型和模式，以及从单维服务到闭环服务的产品服务设计机构的层次转变。

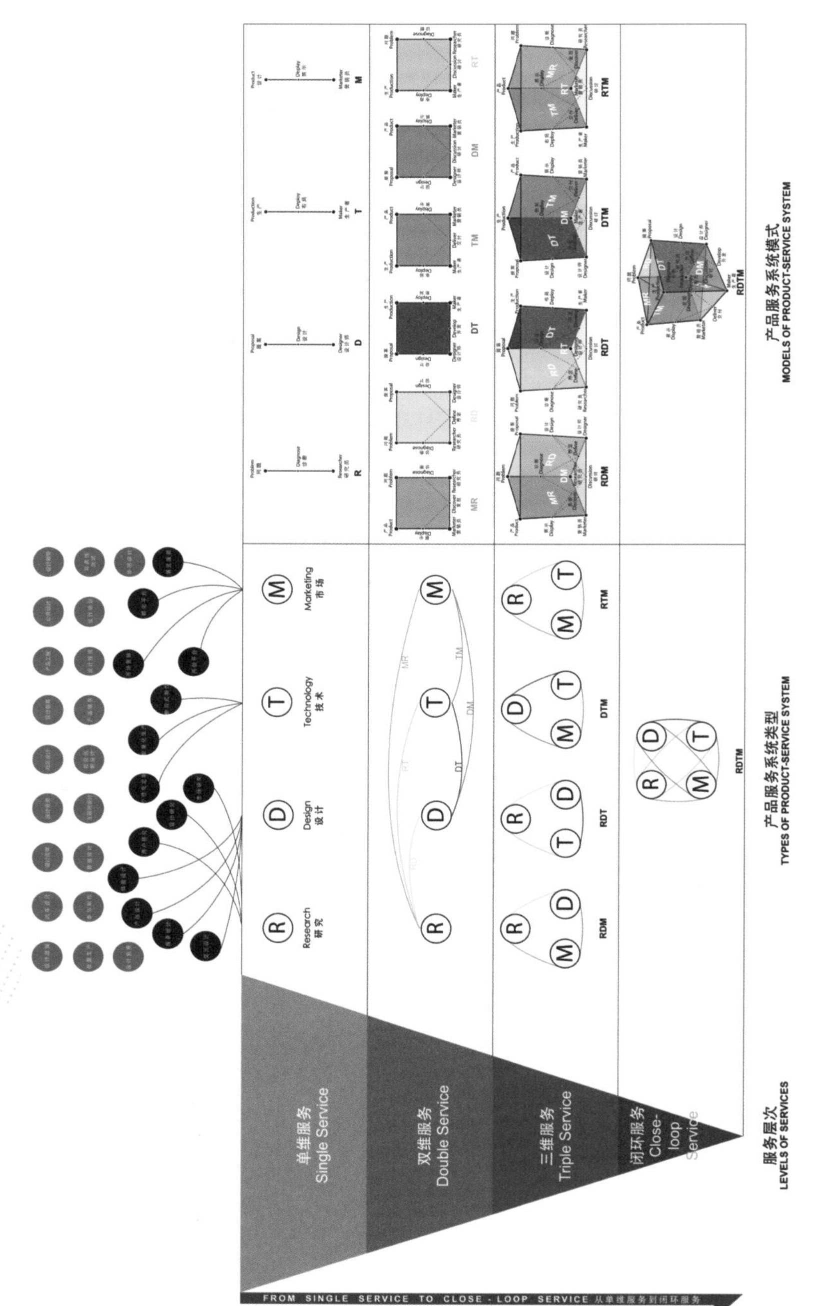

图3-19 产品服务系统的类型和模式

3.4.6　理论与实践意义

3.4.6.1　理论意义

本研究结果的理论贡献有四个方面。

第一，本研究首次尝试从创新过程的角度研究设计机构中的产品服务系统类型。产品与服务之间的关系是以往产品服务系统设计研究的重点，例如：图克将产品服务设计分为三种类型，包括产品导向、使用导向和结果导向。这在理解产品服务系统概念方面发挥了积极作用。从产品服务系统创新设计流程的角度，本研究发现，产品服务系统有四个基本的产品服务类型，分别是研究导向、设计导向、技术导向、市场导向，以及11种扩展的产品服务类型。这在学术上具有积极意义。

第二，本研究的另一个贡献是，根据产品服务系统的类型对产品服务系统设计模式进行了分类研究。英国设计委员会提供了双钻石设计模型，包括四个步骤（发现、定义、开发、交付）。本研究对该过程进行了改进，并提出了4P-8D产品服务系统设计模型（图3-20），4P包括问题、提案、生产、产品，8D包括：发现、诊断、界定、设计、开发、布局、交付和展示。该设计模型可以进一步丰富产品服务设计过程，为产品服务系统设计模式的研究提供一定的参考价值。

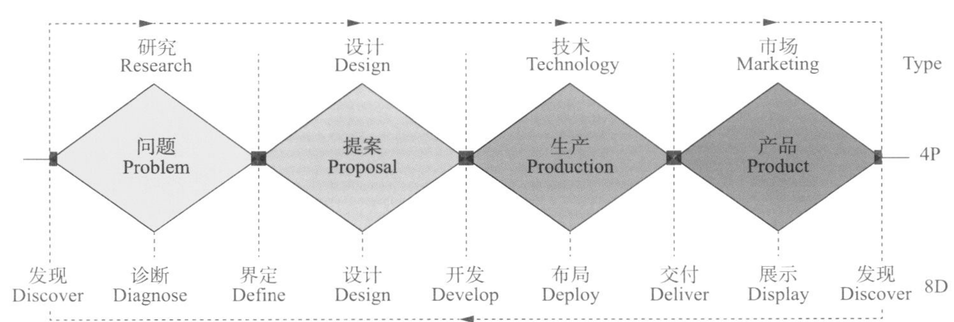

图3-20　产品服务系统设计模式（4P-8D）

第三，本研究结果表明，小型设计工作室主要基于单维服务，如R（研究导向）、D（设计导向）、T（技术导向）、M（市场导向）。中型设计机构主要基于双维或三维服务，如六种双维服务：RD（研究–设计）、DT（设计–技术）、TM（技术–市场）、DM（设计–市场）、RT（研究–技术）、MR（市场–研究），以及四种三维服务：RDM（研究–设计–市场）、RDT（研究–设计–技术）、DTM（设计–技术–市场）、RTM（研究–技术–市场）。大型设计集团可以提供RDTM（研究–设计–技术–市场）的全流程闭环产品服务系统业务。随着设计公司的发展，产品服务系统在设计机构中的类型和模式是动态变化的，可以从单维服务转变为双维服务、三维服务或闭环服务。

第四，研究发现，为了提供良好的设计服务，小型设计工作室和中型设计机构可以互相合作，以达到优势互补的目的。大型设计集团可以提供孵化平台和共创平台，实现与中型机构和小型设计工作室的合作和资源共享。虽然以前的研究也提到了协同设计的相关方法，但在类型分类方面，它们如何协同合作尚未被研究。

3.4.6.2 实践意义

在“大众创业、万众创新”的时代背景下，产品服务设计机构可以保证产品和服务的品质，有利于设计产业的升级和区域经济的发展。除了理论贡献外，本研究还有如下几点实践价值，主要体现在以下四个方面。

第一，产品服务设计机构可以根据自身特点、知识背景、人员构成等选择合适的产品服务系统类型和模式。如今，政府鼓励大学毕业生和新锐设计师创新创业，但年轻的设计师缺少产品服务设计机构的实践经验。这项研究可帮助新锐设计师了解产品服务设计机构的情况，并为其创新、创业提供参考。

第二，各种类型的产品服务设计机构都有其独特的产品服务系统设计模式。目前，一些产品服务系统设计机构面临着同质化和缺乏核心竞争力的问题。产品服务系统设计类型与模式研究可以帮助他们进一步丰富基于整体模式的服务模式，增强核心竞争力，并为消费者提供个性化服务。

第三，合作已成为服务设计机构中非常重要的因素。随着互联网的发展，不同类型的产品服务设计机构的合作变得越来越方便。同时，创意园区和孵化平台的建立为各设计服务机构之间的沟通提供了机会和平台。这有助于形成完整的产品服务设计产业链，为消费者提供系统化的设计服务。然而并非所有设计机构都能提供全流程闭环设计服务，在这种情况下，与其他设计机构合作或许是一种合适的路径。

第四，在从小型设计工作室到大型设计集团的发展过程中，有必要结合自身的资源进行发展，而不是盲目扩大规模。市场上已经有小型、中型和大型的产品服务设计机构，而且并非所有机构都适合发展成大型设计集团。服务设计机构应结合自身背景，选择适合的产品服务系统设计类型和模式。本研究为产品服务设计机构的发展提供了参考。

4

第四章 积极体验设计

4.1 设计驱动情感

以用户为中心的设计理念使体验与情感成为设计过程中的重要关注点。不同设计类别中，无论是产品、服务，还是交互、活动，其目的均是满足用户个体需求，带来积极的用户情感体验。设计驱动情感是以用户为中心设计的重要方向之一，其主要包括产品驱动、行为驱动、交互驱动、意义驱动、自我驱动五个方面（图4-1），从有形到无形，由外在客体驱动到内在主体驱动，介绍了设计驱动用户积极体验与情感的路径。

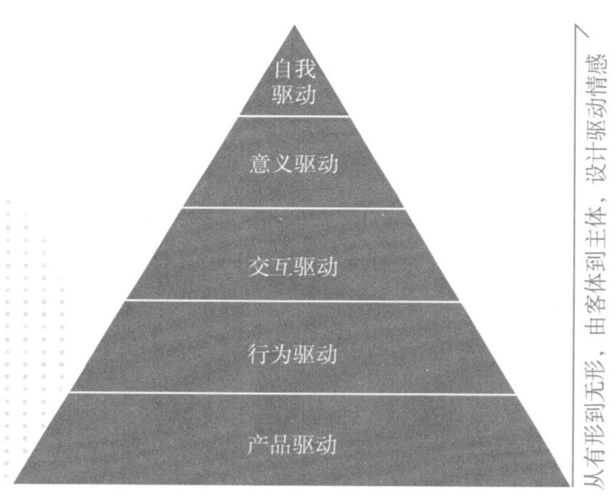

图4-1　设计驱动情感

（1）产品驱动情感

感知产品本身可以驱动用户情感——用户通过视、听、触、味、嗅觉感知产品。在此情况下，情感是由产品外观引起的。广义上讲“外观”不仅包括视觉外观，还包括品尝味道、触觉质量、听觉声音等。例如，用户可以因产品漂亮造型而喜欢；可以对产品完美工艺感到惊艳；可以对产品柔软触感而着迷。在此层面，产品通过本身物理属性给用户愉悦的感知体验，以驱动用户情感。

（2）行为驱动情感

产品是用来促进各种行为活动的载体，以驱动用户积极的情感。在此种情况下产品是“完成某事”的工具。用户会在行为活动体验过程中产生情感。此处的情感不针对产品，但是产品起到了一定载体作用。例如，孩子们可以享受绘画的过程（绘画用具作为载体），或者用户对一次户外旅行留下美好回忆（旅行用品作为载体）。

（3）交互驱动情感

与产品交互可以驱动积极的用户情感，其目的是满足用户需求或实现目标，例如，听一首悦耳的音乐、做一顿丰盛的晚餐等。产品在与用户的互动过程中，刺激用户产生丰富的情感。在交互过程中，产品可能易于使用或富有挑战性。例如，通过体验出乎意料地易于使用的产品来体验快乐，或者通过操作完成复杂产品而感到无比自豪。

（4）意义驱动情感

与产品相关联的人、故事体验可驱动用户情感，例如，用户喜欢一款新产品，是由于喜欢产品的设计师（情感对象是设计师），或者因为产品让用户想起自己的亲人（情感对象是亲人）。在这种情况下，产品代表了无形价值或信仰：有些产品是有意设计的，如纪念品、护身符等；有些产品不是有意设计，而是在用户—产品交互过程中获得的象征意义，如爷爷留下来的一件家具作为亲人礼物或继承品。

（5）自我驱动情感

产品作为彰显身份的对象，用户自我驱动情感。用户在与其他人互动中交换产品（如礼物），并且用户使用与拥有的产品是彰显社会身份的一部分。正如贝尔克（Belk）提出：产品是所有者的延伸，它们影响个体的自我认知以及个体如何被他人感知。人们对自己是谁，别人如何看待他们充满好奇，因此也关心他们所使用的产品对自己身份的影响。例如，一件路易威登的箱包是时尚与奢侈的代名词，拥有保时捷跑车能使人看起来成功、自由。

4.2 用户体验地图与触点信息分析

为了提升产品服务设计质量与效率，设计师在产品开发过程中需以可靠的用户需求信息为依据。用户体验可有效挖掘用户数据，使设计结果满足其个性化需求。本研究在用户体验基础上，运用数据可视化技术，提出用户体验地图模型，结合数据统计，并通过关键触点信息分析对用户体验地图进行补充解释。

4.2.1 相关概念

（1）用户体验地图

学者卡斯南（Kaasinen）等将用户体验定义为个体在一定环境中对产品、服务或系统的整体感受。诺瓦克（Novak）等人认为地图是人类体验活动的重要工具。因为地图是通过时间、参与者、环境、体验对象来构建信息的。郑（Zheng）等人认为在分析知识过程中，地图可以加深设计师对用户需求信息的理解。马奎兹（Marquez）等人提出体验地图可对用户触点进行信息可视化，这种方式是对各触点信息进行提取分析的有效途径。李（Lee）等人认为用户体验地图是建立在数据模型、分析和可视化基础之上的。

（2）接触点

接触点是构建完整用户体验地图的交互节点。邓成连将接触点界定为具体有形的对象以构成用户使用服务时的整体体验，英国国家议会定义接触点为组合服务整体体验的有形物或互动。库玛（Kumar）认为在用户体验地图中，用户满意度高或者低的关键触点需补充信息，并进行进一步分析，以挖掘用户的潜在需求。因此，在用户体验地图中，对关键触点的用户主观信息提取分析，可作为对用户体验地图的有效补充。

因此，体验地图是对用户体验活动的信息可视化，有助于挖掘用户参与体验及设计活动的需求信息，而触点是构建数据可视化地图的关键点。基于以上研究，提出如下假设：通过用户体验地图可视化技术，结合关键触点信息分析，构建方法模型，可实现对用户行为的客观捕捉与用户认知的主观补充，以准确获取用户需求信息。

4.2.2　实验设计

本研究以某运动品牌线上网站（NIKE ID）为平台，以篮球鞋为设计对象，通过邀请参与者使用平台服务系统，完成定制鞋子的过程。网络服务平台提供“篮球鞋”产品要素信息，如鞋身、鞋腰、挡泥罩、标识、内衬、鞋带、鞋带孔、气垫、中底、中底泼墨、外底、文字或标志。参与者根据喜好，随机挑选鞋子全部或部分设计要素，以参与定制用户专属鞋子。由软件Screen Cap对用户在线定制设计过程进行实时拍摄记录，并在测试结束后对用户关键触点反馈信息通过音频记录。

（1）调研对象

30位被试均为喜欢篮球运动的在校学生，且均来自上海地区某一高校。所有被试均在过去一个月内，在网上至少购买过一次篮球鞋。为了尽可能将用户定制设计中的其他影响变量（如测试时间、空间、计算机网速、用户心情等）保持不变，所有参与者测试时间段为上午9:00～11:00，均在同一个封闭空间内的同一台计算机上依次操作，并要求用户在测试前十分钟到达测试地点准备，达到让被试以平静的心情参与测试的目的。由于本文主要测试设计决策所用时间与设计要素之间的相关性，本研究对于触点所用的时间没有限制。

(2)测量方法

本测试通过在线购买篮球鞋的路径记录实现，这为用户体验地图绘制提供依据。马奎兹指出体验设计研究中的关键点是：触点和类别、用户体验的时间记录。

①触点代表定制设计中系统与用户的交互节点。在本研究中，触点定位为产品要素，包括鞋身、鞋腰、标识、内衬等类别。

②用户体验以时间为单位进行记录，用户体验过程也是完成设计任务的过程。

如图4-2所示为用户体验地图与触点信息分析模型框架，由四部分组成：触点和设计类别、用户体验的时间记录、用户体验地图可视化、关键触点信息补充。

在触点和设计类别中：N*i*代表第*i*个被试；TP*ij*代表第*i*个被试选择第*j*双篮球鞋；TC*ijk*代表第*i*个被试选择第*j*双篮球鞋的第*k*个设计要素类别。

在用户体验的时间记录中：SC*im*代表第*i*个被试花费*m*秒钟；双圆环代表用

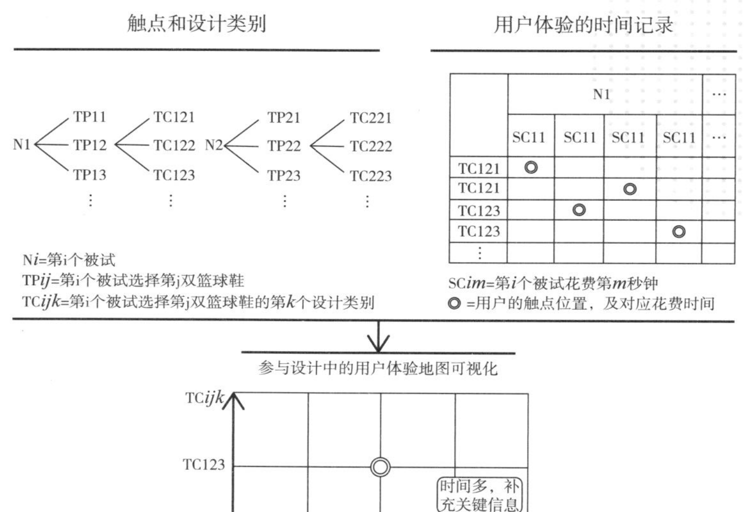

图4-2 用户体验地图与触点信息分析模型框架

户的触点位置并对应所花费的时间。

在用户体验地图可视化中：浅色线为辅助线，用于辅助圆环进行定位。二维地图建立于坐标位置基础上，横坐标X轴表示时间花费，纵坐标Y轴表示篮球鞋设计要素类别。

在关键触点信息补充中：用户体验结束后，针对花费时间最多与花费时间最少的类别，要收集关键触点反馈意见进行分析。

（3）操作过程

在实验设计之前，被试首先浏览品牌网站，以熟悉产品设计类别选项。实验设计中的具体测试过程如下。

第一，以某品牌特定款式的篮球鞋为目标，被试需进行如下操作：

①登录网站，并选择篮球鞋款式。为便于统计分析，要求被试者从网络服务平台菜单中选择特定款式篮球鞋。

②改变篮球鞋设计要素类别开始测试。被试可以根据个人喜好来改变鞋子要素，以满足被试者个性化需求。当被试者做出选择时，软件Screen Cap进行计算机屏幕同步追踪记录，以捕捉每位被试者操作过程。屏幕捕捉软件以被试者点击“编辑设计”开始计时，以被试者点击“加入购物车”完成计时。由于每个设计要素页面不同，因此，用户在每个页面上停留时间视为单一设计要素花费时间，此环节没有时间限制。

③将网上定制的篮球鞋提交到购物车后，结束网上测试。

第二，结合用户体验数据，根据库玛对用户体验地图关键触点信息补充方法，针对每个被试花费的最少时间点和最多时间点补充反馈意见，记录并汇总整理分析。

4.2.3　结果分析

（1）用户体验地图分析

如图4-3所示，为某一位被试网上参与设计过程中的设计类别时间记录。地图所示的时间代表了用户注意力停留时间。如图4–3所示，被试总计花费244秒，“鞋身”是该被试消耗时间（57秒）最多的要素，而消耗时间（7秒）最少的是“中底”。通过补充关键触点信息可知：被试在“鞋身”操作时，认为鞋身的颜色决定了鞋子的整体色调，是最重要的部分，因此消耗最多时间；“中底”颜色因可选项太少而消耗较少时间。

图4–4所示为30位被试参与设计体验地图汇总，由图可知：设计要素“鞋身”“鞋腰”和“文字或标志”等在整个体验过程中花费时间相对较多且离散度高；而设计要素“中底”和“气垫”则花费时间相对较少且离散度低。

表4–1中的触点时间花费均值可补充说明图4–4中的时间花费信息。由表4–1中30位被试对触点时间花费均值可知：文字或标志（35.71s）、鞋身（26.09s）、中底泼墨（25.80s）、鞋腰（24.27s）、挡泥罩（23.74s）、鞋带（23.03s）平均花费时间排名相对较高；而中底（15.81s）、气垫（12.75s）平均花费时间排名较低。

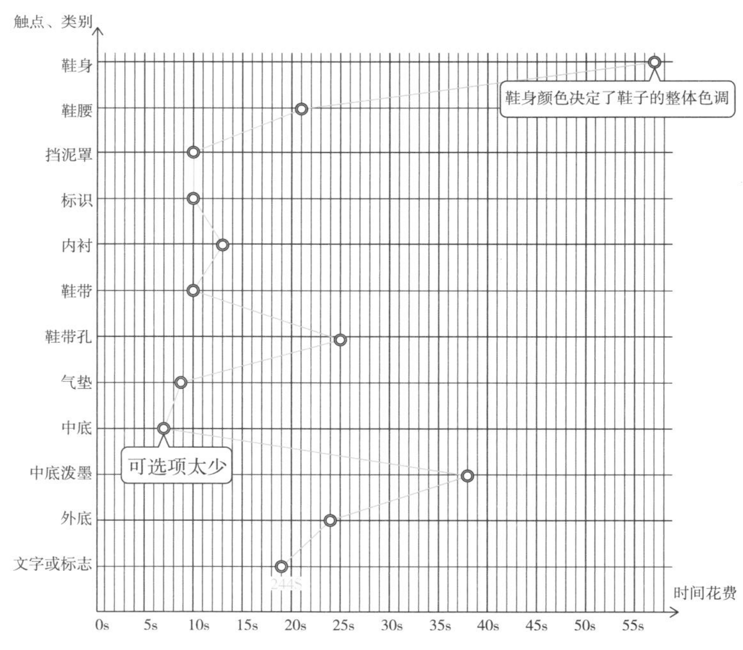

图4–3　某一位被试的体验地图

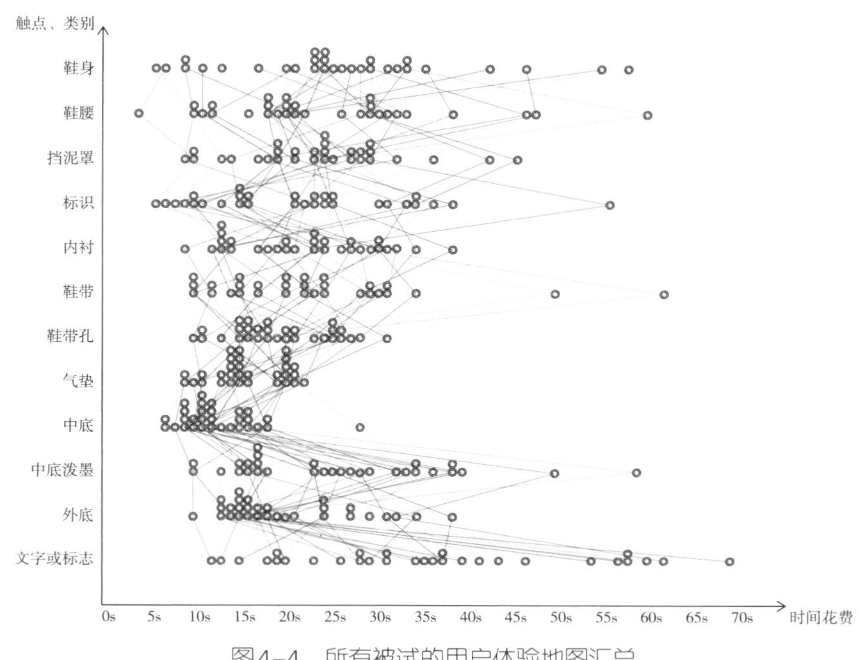

图4-4　所有被试的用户体验地图汇总

表4-1　触点时间花费均值

排序	触点、类别	时间均值（s）	排序	触点、类别	时间均值（s）
01	文字或标识	35.71	07	内衬	22.15
02	鞋身	26.09	08	标识	21.65
03	中底泼墨	25.80	09	外底	19.99
04	鞋腰	24.27	10	鞋带孔	19.51
05	挡泥罩	23.74	11	中底	15.81
06	鞋带	23.03	12	气垫	12.75

表4-2中的触点时间花费标准差可补充说明图4-4中的离散度信息。标准差主要用于概率统计中的分布程度测量，这能反映一个数据集的离散程度。标准差的排序如表4-2所示：文字或标志（15.72）、鞋身（12.59）、鞋腰（12.13）的标准差值相对较大，表示其离散度高；而气垫（3.92）、中底（4.19）的标准差值相对较小，表示其离散度低。

表4-2 触点时间花费标准差

排序	触点、类别	标准差值	排序	触点、类别	标准差值
01	文字或标识	15.72	07	挡泥罩	8.42
02	鞋身	12.59	08	内衬	7.63
03	鞋腰	12.13	09	外底	7.40
04	中底泼墨	11.52	10	鞋带孔	5.47
05	标识	11.31	11	中底	4.19
06	鞋带	11.20	12	气垫	3.92

（2）触点信息分析

该部分主要针对每个被试个体在用户体验过程中，触点花费时间最多与最少的点补充关键信息，然后进行信息汇总提取，以解释说明用户体验地图中的触点时间花费均值与标准差值（表4-3）。

在均值中，排名较高的触点类别及反馈原因依次为：a. 文字或标志（思考输入内容花了较长时间；无法输入中文，降低体验满意度；包括输入内容与选择颜色两部分等）；b. 鞋身（鞋身的颜色决定了鞋子整体颜色，要谨慎思考；由于初次定制体验，需要时间熟悉操作界面）；c. 中底泼墨（配色选择太多，但是多数被试最终选择了纯色）。

排名较低触点类别及反馈原因依次为：a. 中底（配色少、材质单一；选择性少）；b. 气垫（对气垫有固有印象，不需要思考）。

表4-3 触点信息分析

触点、类别	被试编号	耗时最少触点信息提取	被试编号	耗时最多触点信息提取
鞋身	10；28	有明确颜色偏好	01；07	鞋身决定鞋子色调 刚开始操作，界面不熟
鞋腰	10；20	有明确颜色偏好	08；25	鞋身视觉中心，较难搭配颜色
挡泥罩	05；14	根据上面颜色搭配对比产生	12；26；30	颜色多，该部位易脏，选色时考虑耐脏性 个性化，较难搭配颜色

续表

触点、类别	被试编号	耗时最少触点信息提取	被试编号	耗时最多触点信息提取
标识	07；24；25	有明确颜色偏好 与上面颜色对比	20	材质比较上花费时间
内衬	18	灰色耐脏，常识		
鞋带			09；13；14	颜色选择太多，但利于点缀鞋子色彩
鞋带孔			11	纠结于点缀细节
气垫	04；13	对气垫有固有印象		
中底	01；02；03；06；08；12；15；17；19；21；22；23；26；27；29	配色少，选择性少		
中底泼墨	30	喜欢纯色，固有印象	21	配色选择多，选花了
外底	09；16	有明确色彩偏好	19；22	配色多，既考虑耐脏也考虑配色和谐
文字或标识			02；03；04；05；06；10；15；16；17；18；23；24；27；28；29	标志从整体上与其他要素区别，显个性 输入英文消耗了时间 纠结于文字还是标志 标志显经典、大气，拼音像山寨 既然定制，应用拼音 没有中文及个性字体

在标准差值中，触点类别离散度高的原因是：文字或标志、鞋身、鞋腰等要素作为体现鞋子个性化的主要部分，每个被试测试时会产生较大差异；触点类别离散度低的原因是：中底、气垫等要素的可选项太少或者对其已产生了固有印象（例如，多数被试对气垫的固有印象是透明色），因此离散度较低。此触点信息分析补充并解释了用户体验地图的结果。

4.2.4 讨论

用户体验地图可视化的构建便于挖掘用户在定制设计中的潜在需求。对网络服务平台中产品设计类别的点击次数及停留时间，体现了用户的需求关注点。正如被试在设计体验及信息反馈方面主要关注点为鞋身等主要部分，这与金等人的研究发现存在一致性。另外，研究结果表明，用户体验地图通过对触点和用户路径进行可视化，这与马奎兹等人所进行的用户体验理解度研究方法有一致性。研究还发现部分被试在没有专业人员指导的情况下较难对产品的颜色搭配做出决策，这在图4–4体验地图及表4–3中得到了验证。

关键触点信息分析便于准确理解用户的体验痛点。触点信息分析的优势在于可对用户体验可视化地图进行补充解释。金等人认为用户自己提供的产品设计信息有助于完善设计服务过程。在本案例中，表4–3中的触点信息分析可对图4–4中的用户体验地图的触点均值与标准差值进行解释，并指导下一步的设计优化。如：对时间花费均值大、标准差值大的触点类别可提供设计参考图，以帮助较难自己做出决策的被试选择；对时间花费均值小、标准差值小的触点类别可尝试进一步开发设计的可能性，以丰富用户的设计选择。

因此，利用软件跟踪记录，针对定制设计中用户体验数据可视化，通过数据均值与标准差值分析，结合关键触点信息补充，可优化用户体验地图模型。

4.2.5 结论

这里的研究创新点包括：在理论层面，为了提取用户设计需求，本节构建了用户体验地图与触点信息分析相结合的方法模型；在实践层面，此方法模型可用于在线定制产品，以提升用户体验，并得到了验证。

其研究局限性体现在：本节在其他影响变量（测试时间、空间、硬件设备、用户情绪等）不变的情况下，进行了用户体验时间与设计要素两个变量的比较研究。如果可对用户多因素、跨通道的交叉感知与设计要素进行综合研究，其结果将更为理想。

4.3 共享产品服务与用户体验地图

长期以来人们对产品服务中用户体验的普遍认知是：如果产品设计得好，那么用户的体验就比较好。然而，随着共享经济的发展，原有的用户体验逻辑与模型在共享产品服务设计中已经无法得到真实客观的结论。比如，顾客每次使用“滴滴打车”的体验会受到许多因素影响，如价格浮动、车辆状况、司机态度、顺风车中有其他顾客等。大量不确定因素使每次打车的体验均不同，因此几乎不可能将传统的用户体验地图方法运用于共享经济下的共享产品服务设计。本节旨在针对共享经济背景下用户体验的浮动性来构建更有针对性的动态用户体验设计方法。

4.3.1 共享经济下的用户体验

约瑟夫·派恩和詹姆斯·吉尔摩在《体验经济》一书中对“体验经济”的理想特征进行了描述：体验已是超越产品和服务的一种经济模式，而且体验不但适用于现实世界，也适用于虚拟空间，未来创造价值的最大机会在于营造“体验”。

用户体验是指用户在使用一个产品或服务之前、使用期间和使用之后的整体感受，包括情感、信仰、认知印象、生理心理反应、行为等各个方面。在以人为中心的理念指导下，设计师设计产品或服务的主要目的也在于提升用户体验（高颖、许晓峰）。

共享经济是指通过建立个体间直接交换商品与服务的系统平台，形成分享人力和物力资源的社会经济体系。通过共享平台，人们一方面可以根据个人需求预订并使用房间、汽车、船舶等各种服务，另一方面也可通过共享自身闲置物品获取回报。

在共享经济下，传统用户体验测量方法发生了变化。因为即使同一个产品，不同用户每次体验也会不同。美国实用主义哲学家约翰·杜威（John Dewey）的体验理论指出了用户体验的复杂性、不确定性和混乱性，因此用户体验不能仅仅孤立地关注那些暂时性体验片段的形成，更需关注用户整体体验（孙利、吴俭涛）。这主要体现在：第一，同一个用户在不同时间段使用同一产品服务时，会产生体验上的差异；第二，在同一时间段，不同的用户使用同一种产品服务时，也会产生体验上的差异；第三，同样的服务因为外界因素产生的不确定性，比如刮风下雨等，也会对用户的体验产生直接的影响。

4.3.2 产品服务设计

产品服务设计可以被界定为有形的产品与无形服务结合的设计，以此来解决特定用户的需求［贝伦德（Behrend）］。2008年，由国际设计研究协会主持出版的《设计词典》给服务设计下的定义是：服务设计从客户的角度来讲，服务必须是有用、可用的以及好用的；从服务提供者来讲，服务必须是有效、高效以及与众不同的［埃尔霍夫（Erlhoff），马歇尔（Marshall）］。

产品服务设计的共性关键点是：用户为先+追踪体验流程+涉及所有接触点+致力于打造完美的用户体验。因此，产品服务设计可理解为从利益相关者（客户、服务提供者等）的角度出发，并以提升用户体验为目的，而提出的系统与流程的产品或服务设计可被称为产品服务设计［图克，蒂什内尔（Tischner）］。产品服务设计是在融合了多个学科知识背景下所提出的跨学科概念，其研究和方法很多源于相近学科，如产品设计、交互设计、营销管理学科中的用户体验地图、定性定量调研、统计分析等，详见本书2.2。

4.3.3　共享产品服务设计中的用户体验方法

作为一个多学科交融的产品服务设计，用户体验地图（图4–5）是一种研究用户真实体验的方法。设计师将实际场景中的用户体验全过程绘制成图，通过这种方式来关注体验，揭示利益相关者之间的关系，并且梳理已有的知识，将复杂的信息以清晰的图示可视化地表现出来，是用户体验研究和服务设计的一种方法［维杰（Vijay）］。这个方法通过将用户的整个体验过程分为几个部分来捕捉对问题的关注点，获取改良或者创新的机会点。如图4–5所示，用户所有活动可以归类群组为几个大的活动组，如阶段n–1，阶段n，阶段n+1，将其中的问题和关注点在地图中标注出来以利于发现用户需求及机会点。具体步骤可分为七步：第一步，罗列所有的用户活动行为；第二步，将所有的活动归为n类活动；第三步，将归类的活动作为节点显示在一条时间轴上，构成一个流程图，同时，在归类活动内列出相关的子活动，并用箭头来显示链接节点的方向；第四步，发现活动中的问题点，并提取痛点；第五步，用附加信息补充地图（调研中用户满意度高或低的节点，需要用额外的信息补充旅行地图）；第六步，发现机会点（作为一个团队研究整个用户体验地图，根据研究发现展开讨论，发现机会点）；第七步，总结机会点（用提取的机会点总结用户体验地图）。

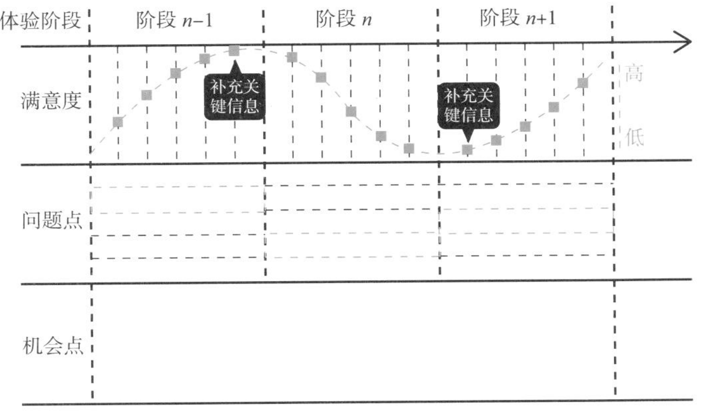

图4–5　用户体验地图

通过该方法，设计师需要利益相关者，包括服务接受方、服务提供方、设计师等参与协同设计，将整个活动过程中所有的用户行为列出，通过可视化方法得到用户体验地图中的问题点与机会点。以上模型分析方法较适合普通产品或者服务的体验分析，客户每次使用这种服务或产品得到的体验基本相近。此用户体验地图在传统经济形态下是一种良好的研究方法。但是，在共享经济环境下，单向的满意度调研无法真实反映用户对该产品服务的满意度，它还受时间、空间、产品损耗、用户层次等多元因素的制约。因此，在共享经济下，需要对这种方法加以修正与改进。

为了设计出更适合共享产品服务设计的用户体验地图，作者对地图做了一些优化。第一，单次体验改多次体验。由于用户每次使用体验可能都不相同，作者将原先针对单个用户只收集一次改为针对单个用户多次收集体验数据。第二，建立满意度浮动指数。由于每次使用的满意度并不相同，因此将原有的满意度平均值改为满意度浮动值从而判定某阶段的不稳定性。再结合满意度的平均值的高低，判定具体的问题点。第三，增加补充关键信息点位置更改。原有模型中只针对满意度的高和低进行补充信息的获取，而共享模式下更需要获取的是满意度浮动较大事项等信息，从而对其使用体验的差异进行深层次说明。如图4-6所示，在新的动态满意度量表中：蓝色线代表总体满意均值；绿色代表每个流程的用户满意值，对高满意度与低满意度补充关键信息；红色代表变异系数的大小，结合离群点对满意度高浮动值与满意度低浮动值补充关键信息。

在这个改进模型中，不仅需要衡量用户满意度的具体数值，更需要测量出每次使用时满意度评价的差异。作者主要采取两个指标对满意度差异进行测量。首先，采用变异系数（Coefficient of Variation，CoV），CoV指标常被应用于［艾布尼（Abney），凯洛（Kello），巴拉苏·布拉马尼亚姆（Balasubramaniam）］组织行为与个人行为的研究。其基本逻辑是以均值为基础，根据多次测量的标准差判定变异程度的大小。CoV越大代表多次测量的差异越大，反之则代表差异小，评价结果具有共通的认知。用户体验地图需要分为多个阶段，因此CoV公式为：

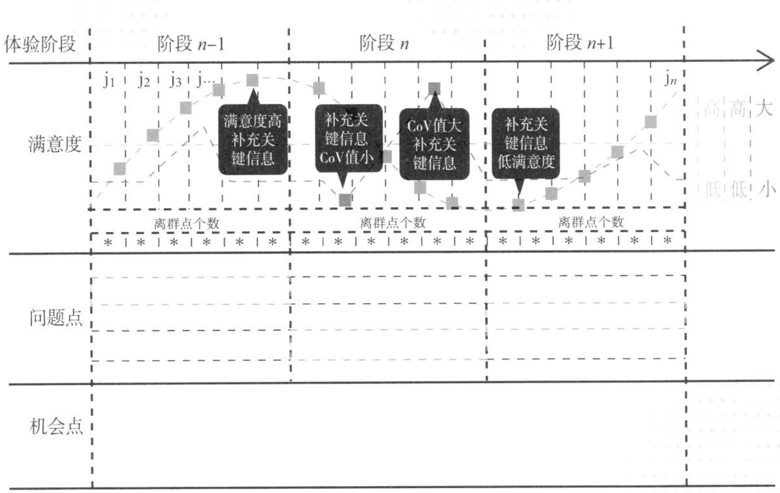

图4-6　动态用户体验地图

$$\mathrm{CoV}_j=\frac{\sqrt{\dfrac{\Sigma_1^i\left(x_{ij}-\bar{x}_j\right)^2}{n_i-1}}}{\bar{x}_j},j=1,2,3,\cdots,n$$

其中j代表了每一个阶段中特定的某一个过程。i则代表了该过程中评分的样本数量。由于共享产品的使用过程可能发生变化，因此i的值在j处理水平上有一定的变化，无法用固定的数值取代。

其次考虑到补充信息的收集，需要在特定的高变异值中收集，因此需要测量出离散个体的位置。作者采用的方法是用离群点（Outlier）对个体作出辨别。离群点的判定公式为：

$$t_j=\frac{x_{ij}-\bar{x}_j}{s_j}$$

在此i和j的表述与先前公式一致，通常的判定标准是t_j小于–2或者大于+2为离群点，要进行补充信息收集。选择“2”作为判定标准的原因是：如果在正态分布下，两个标准差涵盖了以均值为中心95%以上的样本，5%的显著性水平符合实证研究的数据分析惯例。

4.3.4 “共享单车”案例分析

以共享经济下的“共享单车”产品服务设计体验为例。“摩拜单车”摒弃了传统公共自行车固定的车桩，允许用户将单车随意停放在路边任何有政府画线的停放区域，用户只需将单车合上车锁，即完成操作。这种租车模式不但通过自行车解决了城市最后一公里的交通难题，同时利用GPS定位、智能锁等科技手段解决了传统公共自行车必须要停靠在固定停车位的问题，更大程度上优化了公共自行车服务，提升了共享单车体验。

操作完成“共享单车”的服务流程包括两部分（图4-7），第一部分是手机下载APP并完成注册：扫描二维码，下载APP—手机验证（输入手机号+验证码）—押金充值—实名认证（姓名+身份证）—注册完成。第二部分是使用“共享单车”的方法：发现周边的单车—扫描二维码，开锁—开锁骑走—骑车上路—结束用车—客户服务。

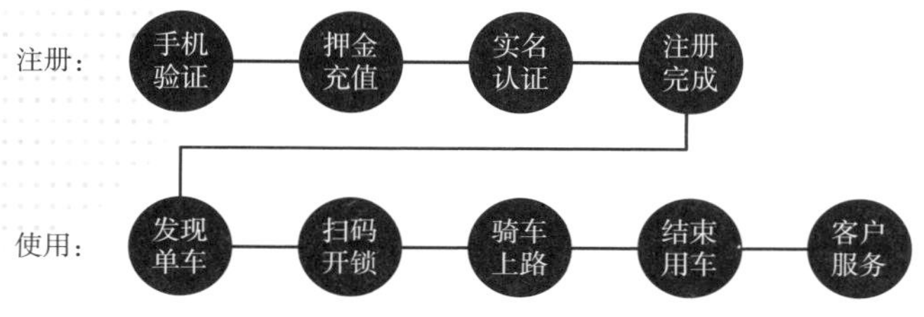

图4-7 “共享单车”体验流程

这是共享经济时代下互联网结合公共自行车的一款典型产品。相比较私家自行车，“共享单车”提供的是通过共享产品+服务的模式，提高自行车利用率，节省用户及社会成本，提升用户生活体验。为了准确得到目标用户对“共享单车”的体验评价，为后续产品服务设计提供参考，研究者采用了新型的动态用户体验地图法进行设计研究。本阶段的研究数据来源于32位参与者，总共使用频次达到了98次，见表4-4。

调研通过追踪新用户体验从注册到租车整个流程，并收集用户体验过程中问题点、机会点与满意点。通过对每个体验节点的满意度打分，测量出使用过程中不同阶段存在的差异，主观评价采取了9分量表，从1分最低代表“非常不满意”到9分最高代表“非常满意”。收集到数据后，将其整理并计算变异值，得到了每个流程中存在的差异指标和均值指标。由于样本的可追述性和“共享单车”详细完整的行程记录，作者可以获取样本用户单次使用差异的具体情况，尤其是不良体验的环境变量。

表4–4　问卷参与者的基本统计量

统计内容	统计结果
参与者	n=32
性别	男性=15(46.88%);女性=17(53.12%)
年龄	平均值=28.47;标准差=6.32
学历	本科及以上60%;硕士及以上15%
类型	学生=18(56.25%);社会从业人员=14(43.75%)

具体结果如图4–8所示。其中蓝色虚线代表了传统的总体满意度值，但总体平均值的方法无法对具体使用过程进一步度量和解释。绿色虚线代表了每次使用过程中具体的满意度分值，这就提供了用户体验改进的指导和建议。红色虚线代表了每次体验过程满意度变异值的大小，这意味着对于每个步骤来说，除了获知满意度的指标外，还可以获知每个用户的体验差异情况。离群点个数则说明了在此过程中，是否存在极好或者极差的用户体验。

以手机“扫码开锁”阶段的“开锁过程”为例，通过总体满意度均值、该过程满意度分值、该过程变异值和离群点用户反馈的分析可以得到三项该过程使用体验信息。第一，开锁过程满意度分值是5.2，低于总体满意度平均值7.1，说明开锁过程的使用感受不好，并拉低了总体满意度。第二，该过程变异值为0.41，比较大的变异值说明此过程中的体验不稳定——有时开锁非常顺利，而有时会有各种不便。第三，该过程有两个相同的低分值离群点（t=–2.03）。通过对样本用户的回访采集

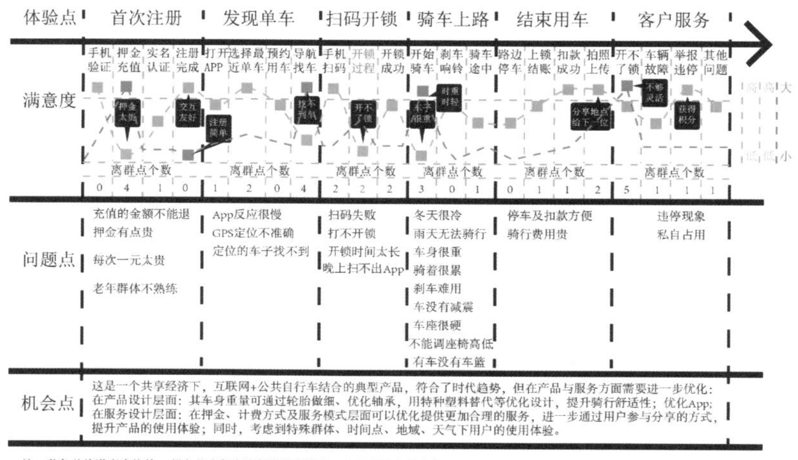

图4-8 “共享单车”动态用户体验地图

获知：一位用户反馈是一直显示在开锁过程中，但是始终无法完成开锁而导致手机界面死机；另一位用户反馈是系统反应太慢，无法扫码开锁，人离开后却开锁成功被其他人骑走并产生了费用。通过对这些具体数据的分析，设计师就可以在动态变异体验基础上提取出更有效的关键问题点，并发现改进机会点。

通过以上设计研究及实践，将新的研究模型应用于“共享单车”的产品服务设计研究，可以收集动态的、变异的共享自行车用户体验，并对其中的问题点准确提取，形成设计机会点，便于进一步的产品服务设计完善。

4.3.5 结论

在共享产品服务设计中，对用户体验地图模型的研究可有助于提升用户使用产品及服务的体验。本节创新点主要体现在三个方面：第一，指出了普通产品与共享产品服务在用户体验层面的差异性；第二，基于原有用户体验地图单一性缺陷，改进了共享产品服务设计用户体验地图模型；第三，提供了影响用户体验地图关键变量选取的方法，为共享产品服务设计研究提供更高效的实验数据支撑。

4.4 主观幸福感提升与积极体验设计

设计体现在人们日常衣、食、住、行等方面，计算机、手机、互联网等产品使人们生活品质逐渐提高，然而这种物质财富的迅速增长似乎并没有提升人们的主观幸福感。据研究表明，现有的设计只提升了用户10%的幸福感［柳博米尔斯基（Lyubomirsky）］，这一研究结果与设计师的设计愿景形成了强烈反差。本节主要探讨一种提升用户主观幸福感的积极设计模型。

4.4.1 主观幸福感

幸福感是一种心理体验，它既是对生活客观条件以及所处状态的一种事实判断，又是对于生活主观感知和满足程度的一种价值判断。前者属于客观幸福感，后者属于主观幸福感，两者既相对独立，又相互影响。客观幸福感是对外在生活条件的客观事实体验；主观幸福感是在生活满意基础上产生的一种积极的心理体验［迪纳（Diener），奥仕（Oishi），卢卡斯（Lucas）］。

学者哈森扎尔提出：幸福感可通过赋予用户一种积极体验来获取。他将影响积极体验的要素细分为六类（表4-5）：自主性、技能性、相关性、流行性、刺激性、安全性。所涉及的体验要素，均源自用户日常行为特征的内在心理动机。

表4-5 积极体验设计需求列表

需求	描述
自主性	用户行为源自自身的内心驱动，而不是来自外在的压力或指示

续表

需求	描述
技能性	用户能够轻松地掌握某种技能或能力，而不是感到无能
相关性	与那些关心自己的人有经常的亲密接触，而不是感到孤独
流行性	感觉自己是受关注、被尊重、并可影响别人的，而不是感觉自己无关紧要
刺激性	感觉自己得到了很多享受与快乐，而不是感到无聊
安全性	感觉到安全及可掌控自己的生活，而不是生活充满不确定性及危险性

主观幸福感是一种积极的心理体验。通常情况下，体验与产品是不可分割的，体验是个体在与产品的交互过程中体现出来的有意义且积极的感受。因此，如果以提升主观幸福感为设计目标，设计师应将主要设计资源从设计产品转移到创造体验中。哈森扎尔提出：主观幸福感设计方法为人们提供更多机会去从事积极的、有意义的设计体验。这种体验可满足用户内在心理需求，通过产品设计可将体验需求可视化。其设计过程包括了两部分：首先观察用户行为，其中包括使用的产品、用户的行为、背后的意义，从而发现用户的体验动机，并依据心理需求列表优化设计中的一个或几个新体验；其次，研究如何通过设计将积极体验可视化为产品或者服务，来创建和塑造这种体验。

4.4.2 积极设计

积极设计建立在积极心理学基础之上，积极设计目标在于通过创造、改良产品或服务，有意识地增加人们主观幸福感，从而长期影响人们的生活。积极设计可通过设计有价值的体验来积极地促进主观幸福感提升（波赫迈耶）。

德斯梅特提出了通过积极设计提升个人主观幸福感的评价方法，包括主观幸福感的三个层次（图4-9）：为愉悦而设计、为个人意义而设计、为美德而设计。每个层次都代表着积极设计的一个目标，并层层深入，只有明确满足了三个层次的积极设计才是促进人类繁荣的好设计。

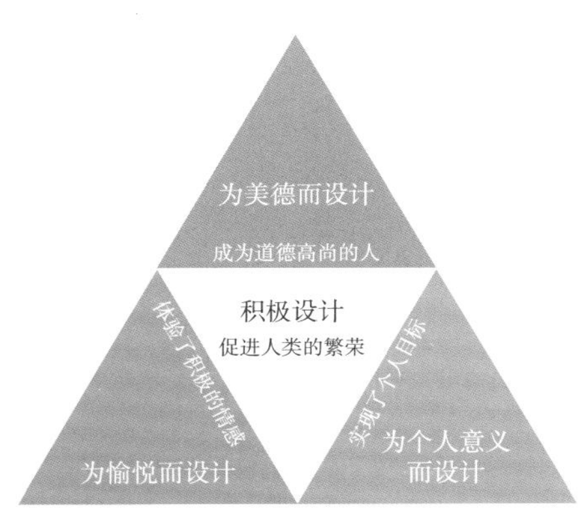

图4-9　积极设计框架［图片来源：德斯梅特（Desmet），（P.M.A.）］

积极设计框架结合了主观幸福感的三个关键部分。每一部分均可独立影响着主观幸福感，积极设计位于三个部分的中间交叉点。快乐是主观幸福感的一个重要组成部分，积极的幸福设计超越了单纯快乐，其终极目的是人类繁荣。积极设计需要对图4-9中的三个层次进行考虑，这意味着设计过程或结果不但使用户体验了积极情感（为愉悦而设计），而且实现了个人意义（为个人意义而设计），使其成为道德高尚的人（为美德而设计），能提升主观幸福感的设计才是积极设计。

（1）为愉悦而设计

第一个层次以享受片刻快乐体验为目的，即一个人通过快乐体验实现主观幸福感。设计产品服务可增加积极体验或减少消极体验，如一款好的耳机可以提升个体的音乐积极体验，并减少对他人声音干扰的消极体验。同时，设计过程也可作为直接的愉悦来源，如用户可通过制作海派剪纸的过程来体验掌握一门技艺带来的快乐。通过以上方法框架可以使设计者能够刺激或生成积极的情感体验。

（2）为个人意义而设计

第二个层次以实现个人意义为目的。此重点不是短暂的愉悦体验，而是个人一段时间内的目标及愿望达成，如通过自己努力取得了毕业文凭，或成为一名优秀设计师等。个人意义可以从对过去成就的认可或对未来目标的达成中实现。基于这一点，产品服务可以是人们用来实现这一目标的载体。例如，时间管理类手机应用程序可促进用户良好学习生活习惯的养成。

（3）为美德而设计

第三个层次以提升美德为目的。此专注点提升到了道德层面，例如个人的行为不但有利于个体自身，还要有利于他人及生活环境。美德是一种理想化的个人价值观，设计本身不但可支持人们行为变成一种美德，例如社区互助养老设施的设计可帮助幸福老龄化目标的实现；设计本身还可以刺激不道德的行为，例如，使用污染的材料或者刺激不可持续的快速消费。如果通过积极设计达到本层次目标，可使用户成为有高尚道德的人。

上述三种设计层次中的每一种都可单独地提升用户主观幸福感。如果用户只追求愉悦享乐，而不去追求意义与道德，那么用户可能成为享乐主义者，而无法实现真正幸福。同样，只关注未来长期目标，而没有时间体验短暂快乐，可能会使人变得焦虑、生活变得无趣。如果积极设计满足了上述三个层次评估标准，那么积极设计便可以促进人类繁荣。

4.4.3 方法模型

德斯梅特基于用户幸福体验，将设计过程总结为三步：理解（理解用户的关注点）、想象（想象目标用户体验，制定目标产品特征）、创造（建立体验模型、评估目标用户体验）。本节在用户体验地图基础上，结合用户主观幸福感的影响因子，以及积极设计的三个关键层次，构建一个相对系统的积极设计模型，如图4-10所示，具体包括四个体验过程，即观察体验、分析体验、塑造体验、评估体验。

（1）观察体验

体验可以理解为“一段插曲，一段时间里经历过的景象、声音、感觉、行为……”相关信息紧密结合在一起，存储在记忆中重温，并传达给他人。一个体验是一个故事，可以从一个行为、一段对话开始［卡什（Cash）］。

观察体验是设计研究过程的第一步，有助于充分了解用户，捕捉用户需求信息，为设计提供指导。用户体验地图是一种研究用户真实体验的方法。设计师将实际场景中的用户体验全过程绘制成图，通过这种方式来关注体验，揭示利益相

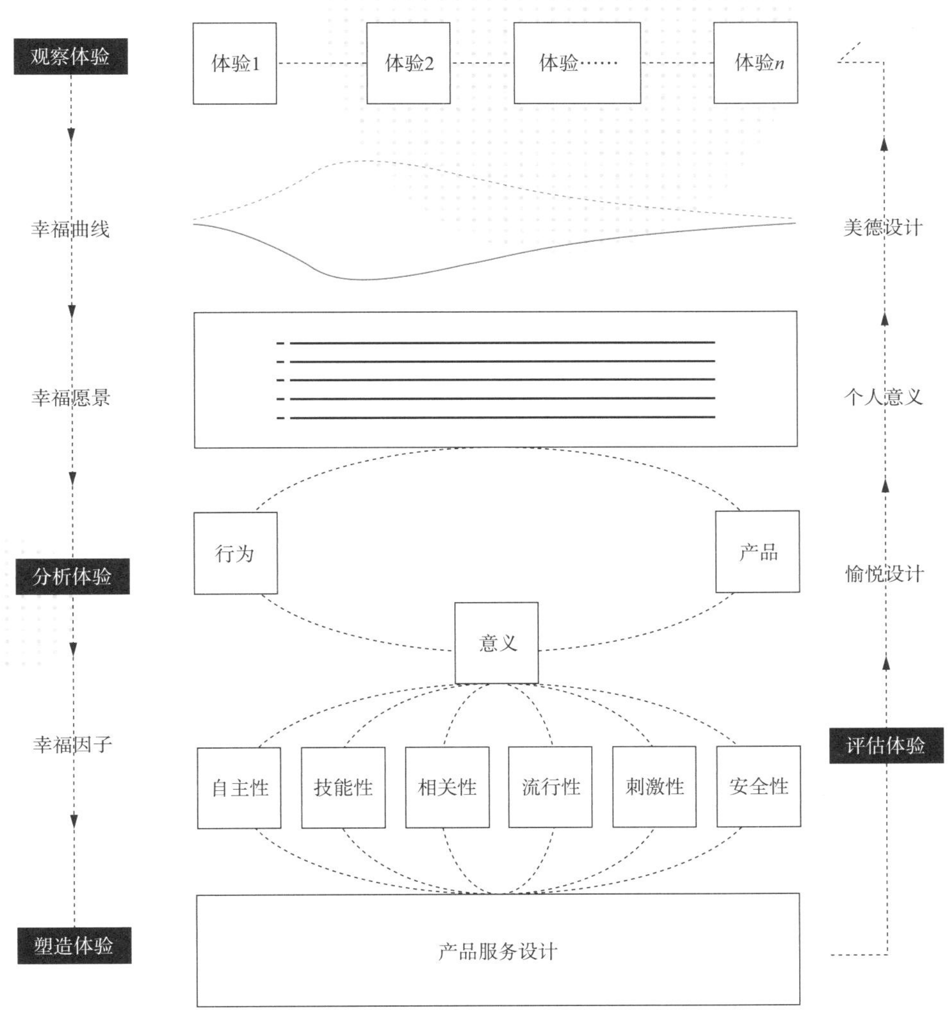

图4-10　提升主观幸福感的积极设计模型

关者之间的关系，并且梳理已有知识，将复杂信息以清晰的图示可视化地表现出来，并对触点进行分析。如图4–10所示，观察用户一天24小时的日常行为，然后选取印象深刻的日常，并运用体验地图的方式，将体验过程量化为不同的阶段。“幸福曲线”可视化有助于了解体验片段中每个阶段的体验满意度。基于幸福曲线，让用户以感性化词汇描述“幸福愿景”，即用户理想的体验过程是怎样的。（注：基于主观幸福感愿景描述不是让用户发现问题、分析问题、解决问题，而是让用户描述理想愿景、新的可能性）。

（2）分析体验

如图4–10所示，首先，分析用户的“幸福愿景”，运用肖夫提出的行为、意义、产品三要素，提取满足用户幸福愿景的体验行为、所用产品、动机意义；然后，根据用户的动机意义与主观幸福感积极体验设计“幸福因子”，包括自主性、技能性、相关性、流行性、刺激性、安全性，以确定用户动机背后的一个或多个幸福因子。通过以上分析体验，主要用于界定哪种体验可以被可视化为产品或服务。

（3）塑造体验

卡梅拉（Camere）将体验设计的过程细分为五部分：产品愿景描述、概念探索、表达方式选择、感官探索、感官评估。在此阶段，产品服务设计目的是通过设计，将抽象的感性词汇赋予到产品服务的造型、色彩、材料、结构、功能中，通过设计转化为可视化的产品或服务。然而，在可视化体验过程中，设计师会受到很多制约因素影响。例如，市场需求、品牌语言、目标愿景、技术限制、生产成本、人机要求、竞品分析等。在塑造体验阶段，设计师需要平衡以上外部因素以塑造积极用户体验。

（4）评估体验

如图4–10所示，运用积极设计的三个层次，即为愉悦而设计、为个人意义而设计、为美德而设计，作为主观幸福感提升的标准来评估体验结果。如果结果对愉悦设计产生积极影响，而对另外任意一个层次产生消极影响，那么其将不符合积极设计标准。如果结果对一个层次产生积极影响，而不对其他任意一个层次产生消极影响，其结果符合积极设计标准。如果结果对三个层次均产生积极影响，那么此设计是理想的积极设计，并有助于人类的繁荣。

以上提升主观幸福感的积极设计模型是在哈森扎尔提出的主观幸福感的积极体验要素与德斯梅特提出的积极设计评价标准下，在笔者之前研究成果基础上，以用户体验地图为基础而生成的。以下将通过实践案例应用来验证该模型的有效性。

4.4.4　应用案例

2017年以来，作者研究团队以“为幸福而设计”主题，进行了多次与设计工作坊的研讨，提取了积极设计方法模型，产生了系列化的设计作品。如下是团队成员完成的一款儿童照明陪伴产品的设计案例。

（1）设计背景

据英国2012年一项调查显示：在黑暗条件下，40%的人害怕独自在房间内活动。其中，10%的人极度害怕晚上去洗手间。对黑暗的恐惧会影响睡眠、降低生活品质。

（2）案例描述

JELLYFISH是面向“黑暗恐惧”儿童而设计的一款照明陪伴产品（图4–11）。该产品基于磁悬浮与语音交互技术，实现语音唤醒、悬浮移动、智能引导、温暖陪伴等情感交互功能，以提升儿童在黑暗中的安全感与幸福感。该产品可根据儿童需求在黑暗空间内自如移动来照亮前方，好似一只在深海中遨游的小水母。儿童不但可将水母当作玩具抱在怀里陪伴入睡，还可通过对话唤醒水母点亮夜晚；水母可自动悬浮于地面，并根据儿童的指令移动到指定位置。

（3）案例分析

本案例设计过程中，利用了积极设计模型（图4–12），在观察体验阶段，设计师运用了影子观察法，观察并细分了小朋友一天的行为体验；通过绘制“幸福曲线”，发现小朋友在晚上的幸福指数不高，然后让小朋友将“幸福曲线”不高的晚上行为情感化描述其“幸福愿景”（*我希望有很多好朋友，晚上我的好朋友可以和我一起玩耍，一起睡觉，一起去厕所……我们永远开心地在一起*）。

在分析体验阶段，通过对幸福愿景信息提取，其体验行为是“陪伴玩耍、睡觉、去厕所”；所用产品为“一个陪伴朋友”；动机意义是“安全感、相关性”。

在塑造体验阶段，设计师设计了一款名为JELLYFISH的儿童陪伴移动照明产品。运用语音交互技术实现语音唤醒、温暖陪伴，增加儿童在黑夜里的安全感；运用磁悬浮技术实现悬浮移动、智能引导增加儿童在晚上的相关性。

在评估体验阶段，安全感与相关性的设计不但提升了儿童第一层次的愉悦感；而且降低了儿童成长过程中“黑暗恐惧症”的发生概率，这是符合第二层次个人意义的设计；同时，该设计关注儿童群体的成长心理，也是一款满足第三层次的符合道德的设计。

图4–11　JELLYFISH儿童照明陪伴产品（设计：胡逸楠）

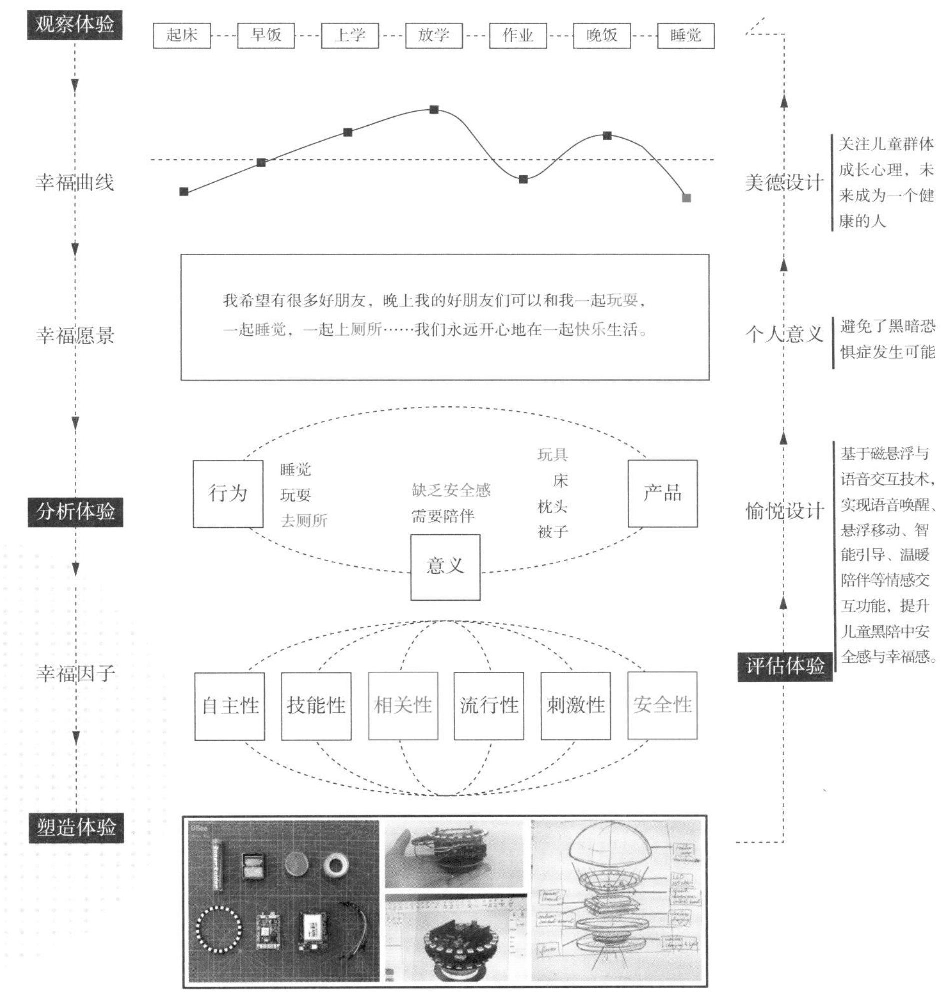

图4-12 儿童照明陪伴产品的积极设计模型

4.4.5 结论

在物质生活不断丰富的今天，如何满足消费者精神需求与主观幸福感提升已成为设计师关注的重点。本节创新之处体现在：从提升用户主观幸福感角度入手，基于积极体验的需求列表影响因子与积极设计的三个评估层次，以用户体验地图为基础，提出了一种提升用户主观幸福感的积极设计模型，即通过观察体验、分析体验、塑造体验、评估体验，来提升用户主观幸福感，并以儿童陪伴移动照明产品设计为例验证了设计模型的有效性。

4.5 自我控制困境驱动积极体验设计

设想如下情景：面对一桌美食，小丽既想通过控制饮食来减肥，但又无法抵挡住美食诱惑；明天就要开学，小明既想完成作业，但又想在足球场玩一会；早上闹钟响了，小李既想起床去上班，但又想在床上赖一会儿。以上情景中的主人公正面临一个自我控制困境——长期目标实现与短暂欲望诱惑之间的冲突。

以上困境涉及体验多少与先后之间的平衡。奥兹卡拉曼利认为个体的主观幸福感受其所经历的积极与消极情绪，以及生活整体满意度影响。通过对思维、情绪、行为等过程调节，以平衡长期目标实现与短期欲望诱惑之间的困境是提升个体主观幸福感的基础。本节目的在于通过积极体验设计路径促进用户在面临长期目标和短期欲望冲突困境时进行自我调整，以鼓励用户追求长期目标，提升主观幸福感。

4.5.1 积极体验

积极体验源自积极心理学。这是一种利用心理学现有实验方法与测量手段，研究幸福要素与追求美好生活策略的心理学，其关注重点是人性中的善良与美德等积极方面（李金珍，王文忠，施建农）。目前，关于积极心理学的研究热点主要集中于积极体验、积极个性特征、积极心理过程对生理健康影响等方面。其中，积极体验主要研究用户的主观幸福感。

基于用户主观幸福感的提升，德斯梅特提出了“积极设计”这一术语，将其作为对个体主观幸福感产生积极影响的设计研究、方法、路径的总称，并提出了一种积极设计层次框架，由三个部分组成：快乐（实现愉悦体验）、意义（实现长期目标）以及美德（实现人生价值）。这一框架强调积极设计需考虑三个要素，同时避免以上要素之间冲突，包括长期目标和短期愉悦之间的冲突。积极设计不仅要赋予用户短暂快乐，同时也能促进用户长期目标的实现。

如2.4.1所述，积极设计是一项可能性驱动的正向价值创造活动，通过创新的产品、服务、系统为个人、社区提供愉悦且有意义的交互体验，以提升个人幸福、社区繁荣，并构建美好未来。积极体验设计将积极心理学研究的幸福要素与策略转化为可操作性的设计方法。换言之，在人与产品或服务的交互过程中，可通过设计行为刺激用户有意义的积极体验，以促进主观幸福感的提升。例如，蚂蚁森林是支付宝为用户设计的一款公益产品。用户通过完成步行、地铁出行、网上缴费等环保行为获取绿色能量，用来种植一棵虚拟树。待虚拟树长大后，相关公益组织会帮助用户在沙漠种下一棵实体树。该产品通过激励用户选择绿色行为来为环境保护贡献力量，以收获参与公益的积极体验与幸福感。

4.5.2 自我控制困境

（1）理论背景

在心理学中，个体内在的冲突困境代表着人类体验的多样性与复杂性，是一种被广泛研究的心理现象。希内尔（Giner）从个体情感的角度来分析自我控制困境，区分了享乐情绪（如自由、兴奋）和自我反思情绪（如内疚、羞愧），并将同时感知到这两种情绪作为自我控制困境的标准。例如，周末在家时，一个人既想沉浸在自己的游戏世界里，又因反思不能陪伴家人而感到内疚。此时，主人公感受着自我娱乐与他人陪伴之间的自我控制困境。菲什巴赫（Fishbach）认为，在一个同时存在长期目标和短期欲望的自我控制困境环境中，选择任一目标都可能导致冲突发生。基于此，自我控制困境的关键特征可定义为：个体同时至少存在两种可供选择的需求冲突，但只能选择其中一种通过自我控制执行。

（2）设计框架

自我控制是个体在困境中心理能动性的重要表现，具有多维度、多层次的复杂特性。伯克维茨（Berkowitz）认为解决自我控制困境可由抵制诱惑、控制冲动和延迟满足三种方式完成。尽管自我控制困境在心理学领域得到了广泛研究，但尚未提供关于控制困境整体性、情景化的具体设计框架。为将心理学中的相关研究成果引入设计学中，奥兹卡拉曼利对相关文献进行了整合，提出了自我控制困境的三个要素：认知层面上的冲突目标、情感层面上的混合情绪、行为层面上的互斥选择。图4-13提供了这种结构化的设计框架。在冲突目标中，认清用户选择短期欲望（长期目标）的背后动机、基本目标，并作出相关陈述；在混合情绪中，用户实现不同目标时，分别会获得哪些积极（消极）情绪；在互斥选择中，用户最终会做出何种选择？此设计框架能够针对用户长期目标与短期欲望之间的自我控制困境提供详尽的分析定义。

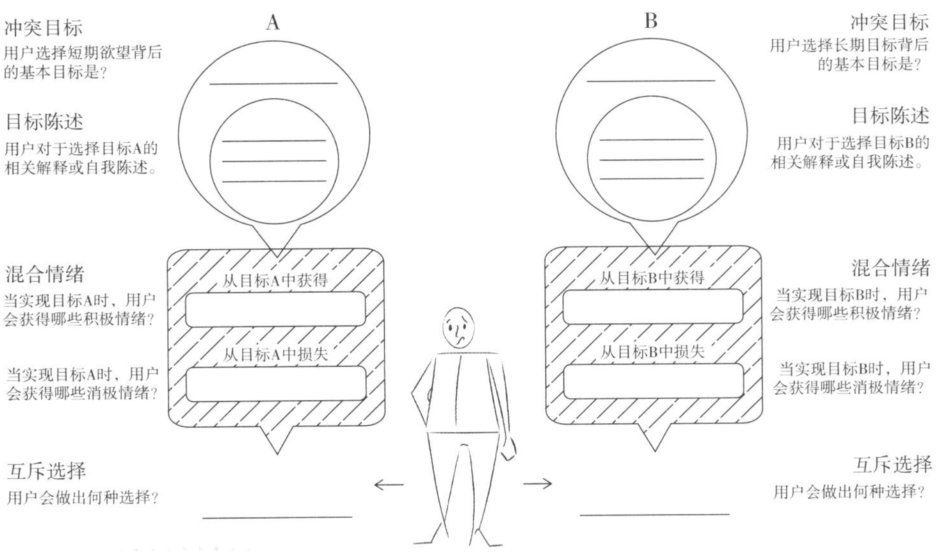

图4-13 自我控制困境设计框架（图片来源：奥兹卡拉曼利）

（3）设计策略

菲什巴赫在反作用控制理论中提到：用户能够预测困境可能带来的后果，并使用个人策略来控制困境，包括自我惩罚或奖励、抵制诱惑或刺激长期目标等。奥兹卡拉曼利在此基础上，提出了针对自我控制困境的三种设计策略：可视化新信息、创造障碍和激励以及自我惩罚和奖励。“可视化新信息”为用户追求长期目标提供新的可能路径；“创造障碍”增加了满足即时欲望所需的过程，而“创造激励因素”为用户追求长期目标增加了激励要素；“自我惩罚”使用户因仅满足眼前的欲望而沮丧，“自我奖励”使追求长期目标的过程变得更加令人愉悦。以上通过“降低”或“增加”两种策略来解决自我控制困境，即降低短期欲望诱惑强度的设计策略——“损失可视化”“创造障碍”和“自我惩罚”；增加长期目标实现强度的设计策略——“收益可视化”“创造激励”和“自我奖励”。

4.5.3 积极体验设计路径

心理学者们将自我控制困境策略定义为个体用来解决长期目标与短期欲望之间冲突的心理活动或行为系统模式。奥兹卡拉曼利等人的设计策略是在积极情绪与消极情绪并存的基础上提出的。当长期目标与短期欲望发生冲突时，设计路径旨在激励用户追求长期目标的行为，但采取降低短期欲望诱惑强度的设计路径会产生消极的情绪体验。因此，本节在奥兹卡拉曼利等人提出的设计策略基础上，在激励用户积极情绪、降低用户消极情绪前提下，提出了基于积极体验的解决自我控制困境的设计优化路径，包括了增加积极体验点、可视化长期目标、困境自我反思这三个积极体验设计路径（图4-14）。

（1）增加积极体验点

自我控制困境的热（冷）分析表明，短期欲望受热（情绪）知识系统控制，而长期目标受冷（认知）知识系统控制。热知识的享乐情绪比冷知识的反思认知

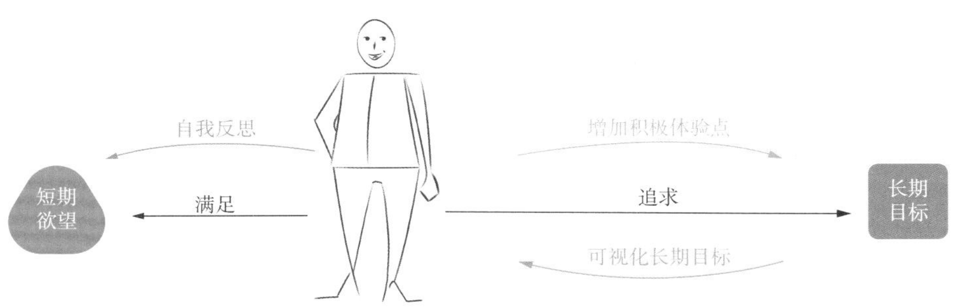

图4-14 基于积极体验的自我控制困境设计路径

情绪更容易、更快出现。用户在追求长期目标的过程中，受短期欲望热情绪的影响，可能会忽视对长期目标的追求。因此，在用户追求长期目标实现的过程中，设计者将长期目标细分化、增加每个子目标的积极体验点，以保持对长期目标追求的动力是有必要的。

（2）可视化长期目标

长期目标可视化包括长期目标整体流程的可视化，以及实现长期目标预期成果的可视化。通过可视化流程，使长期目标可以通过分阶段的方式实现，帮助用户可预见长期目标中每个阶段的实现以及长期目标的完成情况；可视化预期成果是运用视觉可视化的手段，呈现给用户可视化的预期成果，以激励用户实现长期目标。

（3）困境自我反思

短期欲望能够给个体带来即时快乐体验，但有些快乐体验并不利于个体长期目标的实现，即短期的欲望与长期目标具有不一致性。在此情景下，短期快乐诱惑是对长期目标实现的现实挑战。因此，消除或减少与长期目标实现中不一致的短期诱惑，可促进个体长期目标的实现，但要通过设计干预过度抑制短期欲望可能会让个体产生的消极情绪。分析短期欲望与长期目标，可通过积极暗示的手段来刺激个体自我反思，以提升对短期欲望与长期目标的消极与积极结果的认知，从而鼓励个体实现对长期目标的追求。

4.5.4　案例分析

笔者从专业设计师与设计专业学生两个维度分别对该设计路径进行案例分析，以验证该方法路径的有效性与可行性。第一，笔者选取具有十年以上工作经验的设计师一名，按照发现困境、分析困境、解决困境、分析讨论的过程进行设计实验并进行有效性分析；第二，选取30名设计专业大三学生，分成9个小组，每组3~4人，生成90余款设计概念，并筛选30个概念深入设计；第三，让参与学生从方法创造性、新颖性、实用性、易懂性角度进行打分，以对不同设计路径进行可行性评估。

4.5.4.1　设计师设计实践案例

（1）发现困境

拖延是一种普遍存在的现象，调查显示约75%的大学生认为自己有时拖延，50%认为自己一直拖延。严重的拖延症会对个体的身心健康带来消极影响，如自责、后悔等。设计师以大学生消极拖延与积极学习之间的困境为案例，在自我控制困境驱动的积极体验设计路径指导下提出一款设计案例，以验证积极体验设计路径的有效性。

（2）分析困境

运用测试卡片和半结构化的非正式访谈，同参与者讨论其当前所面临困境，以及在困境中的冲突目标、混合情绪、互斥选择，并通过设计框架将其可视化。结果如图4–15所示，参与者当前面临着消极拖延和积极学习之间的自我控制困境。一方面，选择消极拖延可以在短时间内享受悠闲生活（短暂获益），但从个人长期发展角度存在一定风险（潜在损失）；另一方面，选择积极学习可以提升自身能力（潜在获益），但将花费更多的时间和精力（短暂损失）。因此，参与者选择消极拖延将会导致短暂获益（刺激、轻松、自由）与长期损失（后悔、自责、失望）；选择积极学习将会导致短暂损失（枯燥、焦虑、疲惫）与长期获益（骄傲、自信、充实）。

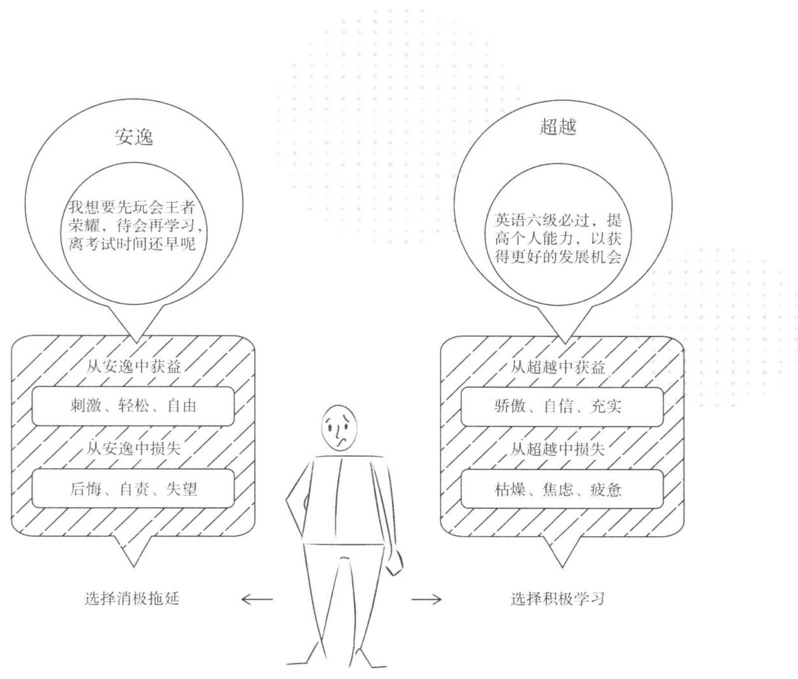

图4-15　消极拖延与积极学习间的自我控制困境分析框架

（3）解决困境

图4-16是一款为解决用户消极拖延与积极学习之间的自我控制困境而设计的手机应用程序——“碎片拾光”。该应用程序可帮助用户将碎片化时间整合起来积极学习，以实现长期目标。此应用程序主要交互流程包括以下四点。

①点击图4-16（1）“程序页面”中的“碎片拾光”图标，进入图4-16（2）中的程序“加载页面”，该页面可视化了用户长期目标的预期成果；约两秒钟后进入图4-16（3）中的“添加目标”页面，用户可按加号键添加学习目标；在该页面下有三个功能图标：打卡、周报、标签。

②用户点击“打卡”图标，进入图4-16（4）所示的“今日打卡”页面；每个子学习任务完成后，小红旗将自动插到对应任务的山头上以示意打卡成功；完成一整天的学习任务后，点击“今日打卡”页面顶部的右侧箭头，进入图4-16（5）所示的“目标进程”页面，以可视化长期目标进程。

③完成一周任务后，点击“周报”图标进入图4-16（6）所示的“我的周报”

页面，该程序提供了“个人分析”［图4–16（7）］与“好友PK”［图4–16（8）］两个功能页面，以自我反思过去一周的学习状态。

④点击“标签”图标，程序会显示图4–16（9）所示的“个性标签”页面，用户可进行相关个性化设置；设置完成后，程序会根据用户喜好呈现图4–16（10）所示的“个性屏保”及当下目标，通过增加用户视觉体验的方式激励用户超越自我。

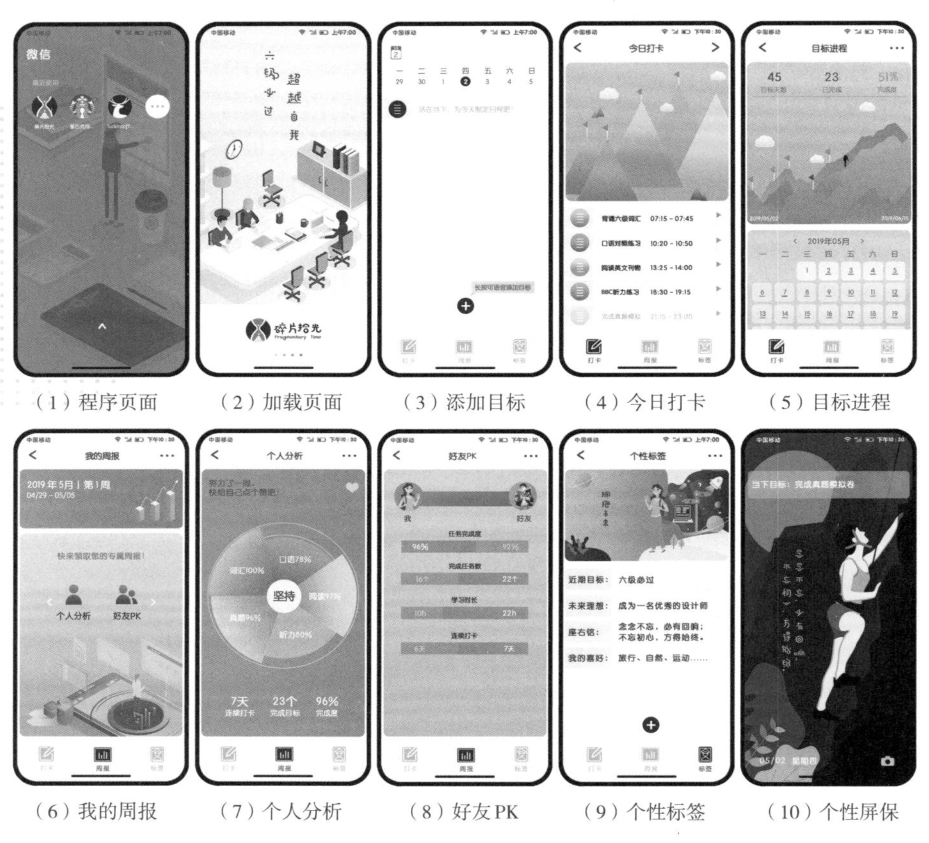

（1）程序页面　（2）加载页面　（3）添加目标　（4）今日打卡　（5）目标进程

（6）我的周报　（7）个人分析　（8）好友PK　（9）个性标签　（10）个性屏保

图4–16　自我控制困境驱动的积极体验设计案例——“碎片拾光”

（4）分析讨论

以上困境案例设计中，设计师通过自我控制困境驱动的积极体验设计路径，提出了整合碎片化时间以鼓励用户积极学习的“碎片拾光”应用程序。通过该程序的打卡、周报、标签等交互页面设计，解释了可视化长期目标、困境自我反思、增加积极体验点三个积极体验设计路径的应用方法，以帮助用户在自我控制困境下，积极完成长期目标。其功能页面与积极体验设计路径的相关性分析讨论如图4–17所示。

图4–17 “碎片拾光”中的积极体验设计路径分析讨论

①可视化长期目标。

将长期目标结果与过程可视化，可激励用户追求长期目标。如图4–17所示，该设计中有两个页面运用了可视化长期目标的设计路径：a. 加载页面：用户点击程序图标后，进入加载页面［图4–16（2）］，此页面可视化了用户的长期目标，如“六级必过，超越自我”，激励用户开启美好一天；b. 目标进程：用户完成今日打卡后，系统进入长期目标进程页面［图4–16（5）］，以显示今天任务对长期目标完成所作的贡献。用户每完成一天任务，就像登山一样向前进了一步。当完成所有任务后，意味着用户爬到了山顶。在本设计中，通过“加载页面”来可视化长期目标结果，通过“目标进程”来可视化长期目标的完成情况，以激励用户积极学习。

②增加积极体验点。

在制定长期目标后，需要增加积极体验点，来抵消短期欲望带来的消极影响，从而保持追求长期目标的动力。如图4–17所示，该设计中有两个页面使用了增加积极体验点的设计路径：a. 今日打卡：在“今日打卡”页面［图4–16（4）］中依据用户添加任务数量显示了相应的山头，用户每完成一项子任务，对应的小红旗会插到山头上，每日所有任务完成后，会给用户一种红旗飘飘的成功愉悦体验；b. 个性屏保：在“个性标签”页面上，用户可设置个性化的近期目标、未来理想、座右铭、个人喜好等标签，系统会根据以上标签自动生成相关的个性屏保以及当下目标［图4–16（10）］，以增加用户的积极视觉体验，激励用户坚持目标。

③困境自我反思。

用户对过去行为展开个人分析或好友比较，可反思自己的优势与不足，以鼓励用户做出更加积极的决策。如图4–17所示，该设计中有两个页面采用了困境自我反思的设计路径：a. 个人分析：在“我的周报”页面里，用户可选择“个人分析”图标，以得出自己过去一周的学习情况［图4–16（7）］，反思个人获益与损失；b. 好友PK：用户还可选择“好友PK”图标，以得出自己过去一周与好友相比较的学习状况［图4–16（8）］，以激励自己更加努力。应用程序不会干预用户决策，无论“个人分析”还是“好友PK”，所有数据仅作为参考，引发用户自我反思，以激励其提出有益于自己的积极建议。

4.5.4.2 学生设计实践案例

本次设计实验采用工作坊的形式，实验时间为八周。在发现困境阶段，九组参与者定义了九个生活中的自我控制困境主题，分别是“啃老VS自立”“冲动VS理智”“约饭VS锻炼”“享受当下VS积极奋斗”“一个人的自由VS两个人的生活”“爆肝VS自律”“放纵VS自律”“家里蹲VS出去浪”“舒适VS突破”。经过分析困境与解决困境，每组参与者对增加积极体验点、可视化长期目标、困境自我反思三个路径各生成三个概念想法。然后，针对每个路径筛选一个最优概念进行深入设计，最终，基于每个主题的每个路径深化一个设计方案，合计产生三个设计方案。

最终，30名参与者利用三个设计路径，对九组困境主题，共生成30个设计概念。图4-18是作者随机选取的三组设计主题，简要说明如下：

图4-18（1）所示，分析困境发现：目标用户长大后面临着“啃老”（选择消极享乐）和“自立”（选择积极奋斗）之间的自我控制困境。解决困境的方法：一套“职场舒压抗抑郁操”增加积极体验点——工作之余，通过夸张的形体动作和朗朗上口的歌词进行积极心理暗示，肯定自己的努力，使自己对未来有所期待，增加自立的愉悦；一款“自立要素泡泡膜”可视化长期目标——当满足某一关键要素便可戳破对应泡泡，在底部晕开色彩。当所有条件都满足时，泡泡膜呈七彩状态并留白“开启你的自立人生”；一款“奶嘴仙人掌盆栽”刺激自我反思——看到这一抹怡然时，却惊觉奶嘴有刺，暗示成年后啃老做法不妥，达到自我反思的效果。

如图4-18（2）所示，分析困境发现：当情侣间争吵时，面临着“冲动”（选择放纵情绪）和“理智”（选择管理情绪）之间的自我控制困境。解决困境的方法：一款“情绪输入法”增加积极体验点——将因心情不好发送伤人的话转换为赞美的话，既舒缓了自己心中的压抑，又给对方积极关怀体验；一款“情绪记录APP”可视化长期目标——通过设定目标为打怪形式，帮助自己记录每次情绪管理，最终成为自律的人；一款“针对冲动”设计的自我反思水壶——以水为载体，通过水壶内水温的变化让对方感知到自己的心情变化，从而反思自身行为。

如图4-18（3）所示，分析困境发现：目标用户经常面临着“约饭”（选择聚会）和“锻炼”（选择锻炼）之间的自我控制困境。解决困境的方法：一款“趣味鞋履”设计增加积极体验点——随着运动次数增加，鞋面本身可改变颜色，增加运动乐趣；一款“智能跑步机”设计可视化长期目标——根据不同运动强度，屏幕上呈现对应未来状态，如越努力奔跑，就会看到越完美的自己；一个“酒杯设计”让用户自我反思——当酒倒得越来越多时，基于折射原理，杯底倒影人脸会随着酒的高度越来越胖，提醒用户反思自我，注意饮酒健康。

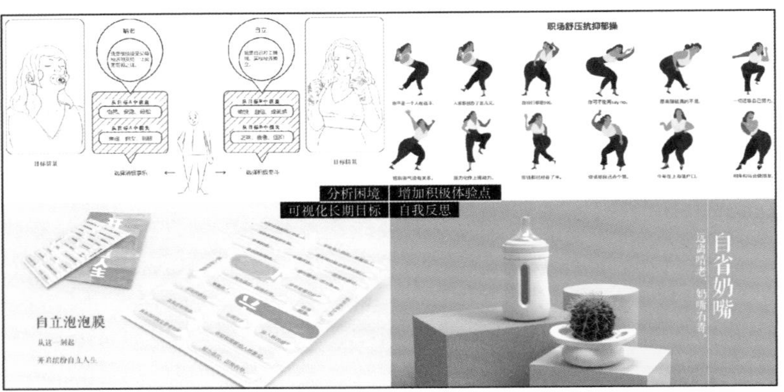

（1）实验设计案例——“啃老VS自立”

（2）实验设计案例——“冲动VS理智”

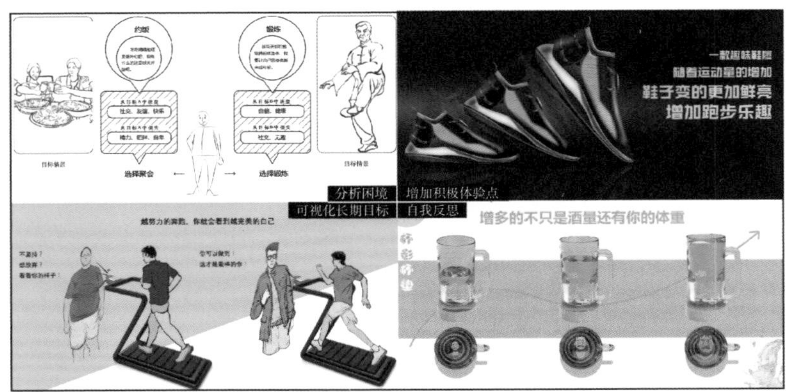

（3）实验设计案例——“约饭VS锻炼”

图4-18　工作坊的三个设计案例

从设计结果可知，参与者能较好地掌握该设计方法，并针对自我控制困境，从不同设计路径提出相关设计方案。为了进一步测试参与者对该方法的认知度与接受度，作者进行了进一步问卷调研，数据分析结果如表4–6所示。

表4–6是由30位参与设计实践的参与者打分统计得出的统计结果表明：增加积极体验点在方法实用性（5.967）与易懂性（6.167）的均值较高，说明该设计路径比较实用，同时较容易被参与者理解掌握；可视化长期目标在方法创造性方面均值（5.933）较高，说明参与者对可视化长期目标产生的创造性结果比较满意；该方法在实用性方面的标准差（1.149）较高，说明在实用性方面不同参与者对其认知不同；困境自我反思在方法新颖性方面均值（5.733）较高，说明参与者认为从困境自我反思的视角出发进行设计的思路比较新颖；在易懂性方面标准差（1.179）较高，说明参与者对困境自我反思理解有偏差，导致标准差偏大。三个设计路径的均值较高，说明了该设计路径的可行性。

表4–6 设计路径评价分析

	方法创造性		方法新颖性		方法实用性		方法易懂性	
	均值	标准差	均值	标准差	均值	标准差	均值	标准差
增加积极体验点	5.833	0.913	5.533	1.306	5.967	0.928	6.167	1.147
可视化长期目标	5.933	0.740	5.400	1.037	5.300	1.149	5.333	1.061
困境自我反思	5.633	1.098	5.733	1.388	5.633	1.033	5.300	1.179

4.5.5 结论

本节基于积极体验与自我控制困境理论，提出了一种自我控制困境驱动的积极体验设计路径，即增加积极体验点、可视化长期目标、困境自我反思。作者从专业设计师视角，以用户的积极学习与消极延迟困境为例进行了“碎片拾光”应用程序的设计，并验证该方法的有效性；对30名设计专业学生以工作坊形式，让其掌握并实验该设计路径，产生了大量结果，并通过问卷调研验证该设计路径的可行性。本节通过探讨在长期目标实现与短期欲望诱惑发生冲突时，支持采用积极设计路径给用户带来积极设计体验，以提升用户的主观幸福感。

4.6 可能性驱动的积极体验设计

目前，产品设计、交互设计、工业设计主要关注的是问题驱动的设计方法［鲁森伯格（Roozenburg），伊克尔（Eekels）］。它将设计理解为一种解决问题的活动，即通过设计使对象变得更易用、更美观、更安全或更环保，其设计愿景是通过设计来解决问题使世界变得更美好。然而，这种问题驱动设计有一个隐含的概念，哈森扎尔将其称为人类技术使用的“病态模型”。问题驱动的设计关注“治愈疾病”，也就是说，通过设计消除普遍存在的问题，而不是直接关注什么使用户变得快乐。本书通过对可能性驱动下的积极体验设计路径的研究，来提升用户的快乐体验及主观幸福感的实现。

4.6.1 积极体验设计

积极体验源于积极心理学，这是一门使人生活更有意义，并促进人类繁荣（包括生命个体、关系、制度、文化）的科学，是一门研究幸福要素和支持追求美好生活策略的学科。积极心理学关注幸福及美好生活，思考什么才是人生的最大价值，研究那些对美好生活影响最大的因素［波得森（Peterson）］。积极体验设计是通过设计的干预行为，在人与产品或者服务的交互过程中，给人一种快乐、积极的体验。这种体验不仅有利于个体，同时有利于环境或社区的繁荣；不仅满足于短暂的快乐，还对个体发展产生长期的积极影响。

德斯梅特提出：积极设计是将积极体验转化为可行的设计方案，为人类的繁荣提供创新设计机会。除了尽量减少不愉快的体验，积极设计还可以通过唤起积极体验将主观幸福作为目标。代尔夫特积极设计研究所提出了积极设计的五项原则。

①创造可能性。积极设计帮助预测及实现乐观的未来，它不仅减少人们的问题，还为人们提供了提升幸福的机会。

②支持人类繁荣。积极设计使人振奋，它赋能和激励人们发掘自身才能，强化人与人之间的关系，并为社区作贡献。

③实现有意义活动。积极设计鼓励人们平衡快乐与美德，鼓励人们从事有意义的活动，这些活动源自他们内在的幸福价值观。

④拥有丰富体验。积极设计影响了人生的完整体验，除了短期的愉悦外，它还着重于持久的体验。

⑤承担社会责任。积极设计的目的、意图及结果对个人、社区、社会的短期、长期影响负有责任感。

本节将从创造可能性原则出发，首先比较分析问题驱动与可能性驱动的概念、路径、案例。

4.6.2 问题驱动与可能性驱动

有的设计是基于现实挑战，解决当下问题；而有的设计是面向未来，引领幸福生活。问题驱动与可能性驱动两者根本在于其出发点的不同：问题驱动专注于当前状态，而可能性驱动专注于未来状态。

（1）问题驱动设计

问题驱动设计的思维逻辑通常是提出问题、分析问题、解决问题。德斯梅特将问题驱动的设计描述为仅仅是一种“让恶魔入睡”的设计。弗里达将人们的价值观和需求比作“沉睡的恶魔”，只有当外界环境对人们实际构成威胁时才被唤醒，导致出现像恐惧和愤怒等负面情绪。例如，人们直到面对匪徒抢劫（导致恐惧）时，才会意识到安全的重要性；人们直到发现不能完成某项工作（导致无能为力）时，才意识到技能的重要性。日常生活中，人们会遇到各种“唤醒恶魔”的情形，其购买和使用的很多产品也是为了让唤醒的“恶魔入睡”。但是，解决了当下的问题往往会产生新的问题。

事实上，问题驱动的设计通常是一个永无止境的故事。问题驱动的设计路径如图4–19所示，是基于现实挑战，设计解决问题，出现新问题，解决新问题，再出现问题，再解决问题……以此循环下去。问题驱动设计的一个例子是当下手机通信设备的发展使得人与人之间的物理距离感被打破了，用户可轻易地与远在他乡的亲人沟通联系，并实现实时视频通话。然而，意想不到的问题是人与人之间的情感距离却变得越来越远了，无论在地铁上、餐桌上还是客厅里，每个人都在面对着自己的手机，而面对面的情感沟通变得越来越困难，使得人与人之间的心理距离变得越来越远。此案例说明了解决问题不一定会使生活变得越来越美好，新设计也会带来新的问题。

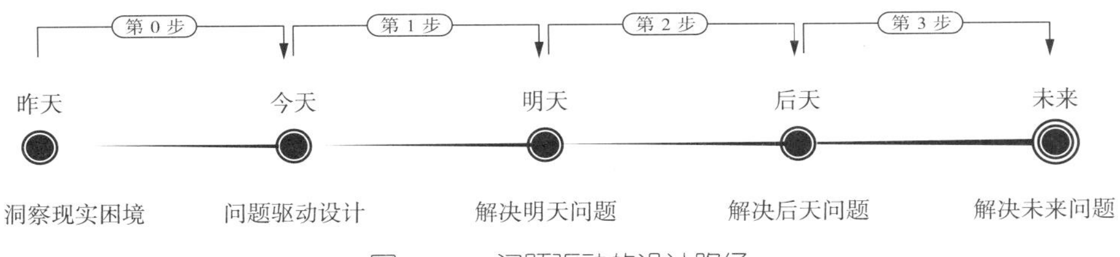

图4–19 问题驱动的设计路径

（2）可能性驱动设计

可能性驱动设计的思维逻辑是立足当下，面向未来，提出新的设计可能性。可能性驱动设计的终极目的是人类幸福，而当下研究幸福通常有两个视角：享乐主义、幸福主义。德西和莱恩（Ryan & Deci）提出享乐主义专注于短暂的快乐体验，以及避免不愉悦的体验；而幸福主义专注于通过有意义的活动和自我驱动实现人生长期的幸福。可能性驱动设计不但有助于当下的快乐体验设计（享乐主义设计），即通过创造令人愉快活动的体验，设计出直接带来快乐的产品或服务；还有助于未来美好生活设计（幸福主义设计），即面向有意义的行为设计，并帮助人们实现长期目标［皮亚和雅科（Pia & Jarkko）］。

可能性驱动设计首先着眼于未来的幸福生活，然后思考快乐体验的可能性。

如图4-20所示为可能性驱动的设计路径。可能性驱动的一个案例是腿部修复术。传统上，假肢是在技术使用的“病态模型”中发展起来的，因为拥有两条完整腿被认为是正常的。因此，安装假肢的目的往往是完全模仿正常人的腿。基于可能性驱动的设计思路使奥索（Össur）设计了一款革命性的碳纤维假肢——猎豹脚，它没有模仿正常人的腿，而是试图提出更多的可能性。猎豹脚使得残疾人员比正常人行走更加便利，通过新的可能性提升腿部残疾人员的自信心与幸福感。

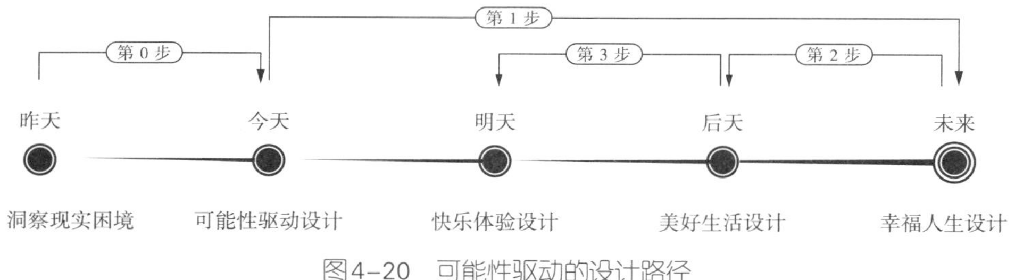

图4-20 可能性驱动的设计路径

问题驱动与可能性驱动设计的区别如表4-7所示，问题驱动设计解决的是当下问题，偏重于改良性设计和短暂性问题，通常也会带来新的问题，其主要目的是消除目前的障碍或困难；而可能性驱动设计面向的是未来可能性，主要提出创新性的设计方案，其设计是为了人们长期目标的实现以及人类的繁荣与幸福。

表4-7 问题驱动与可能性驱动的设计比较

驱动类型	问题驱动	可能性驱动
面向时代	现在当下	未来生活
设计方向	解决问题	提出可能
设计程度	改良为主	创新为主
设计效果	短暂时刻	长期影响
设计目的	消除困难	人生幸福

4.6.3　可能性驱动设计方法

可能性驱动设计首先基于现实挑战，面向未来幸福人生设计目标，然后为美好生活设计可能性，最后在遵循未来幸福人生目标与美好生活的前提下，为当下困境提出快乐体验设计的可能性。可能性驱动的设计方法是在积极体验设计原则背景下，在问题驱动与可能性驱动比较分析的基础上提出的，具体应由洞察现实困境、幸福人生设计、美好生活设计、快乐体验设计等阶段和洞察困境、思考愿景、界定困境、解决困境、验证困境等过程组成（图4–21）。

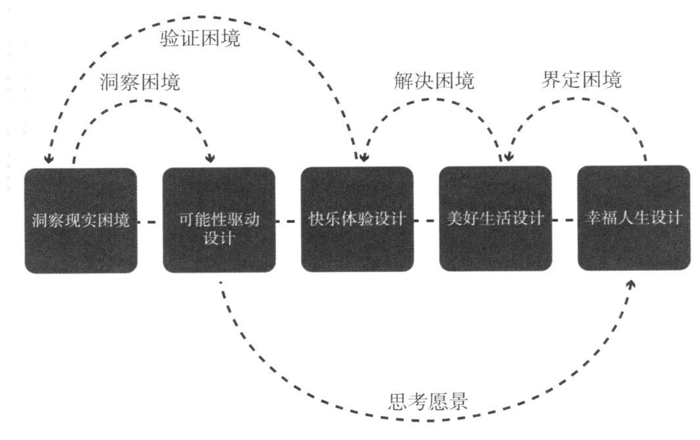

图4–21　可能性驱动的设计方法

第一步，洞察现实困境：基于现实的困境，思考困境背后的逻辑关系与用户真实动机，找出困境的根源所在。可能性驱动设计的困境不是基于表象的，而是表象背后的深层次思考。同时，对用户行为背后的动机要清晰提取，才能为可能性设计奠定坚实的设计基础。例如，用户早上起床困难，多定几个闹钟是问题驱动的解决方案，而不是可能性驱动的解决方案。可能性驱动下，分析现实挑战是待在温暖的被窝这一短暂诱惑与坚持起床奋斗这一长期目标之间的困境导致的。

第二步，幸福人生设计：可能性驱动设计首先思考设计的终极目的是什么？德斯梅特的研究证明，设计的终极目的是人类的繁荣，幸福人生的实现。可能性设计首先面向的是未来，为未来的幸福人生设定目标。幸福人生设计用于激励和说服人们在日常生活中有清晰的长期目标。因此，其目的不只是提供愉快的体验，更重要的是提高用户的长期目标奋斗意识，使用户认识到自己有能力制定和实现有意义的生活目标，作为长期幸福的源泉。

第三步，美好生活设计：基于幸福人生设计的终极目标，界定中期的愿望。其设计重点也不是片刻的愉悦体验，而是激励个体通过一段时间内的努力而实现中期目标的行为设计。此处的设计可以是一件产品、一个服务或者一个活动，总之是通过设计的行为干预帮助用户实现中期目标。可能性驱动的设计区别于问题驱动设计的关键在于可能性驱动的设计不是解决当下问题，而是基于现实挑战，提出新的可能性为美好生活与幸福人生而设计。

第四步，快乐体验设计：通过可能性驱动设计也可以达到享受快乐时刻的目的。实现快乐的途径方法有很多种，解决了生活中的困境会让人快乐，设计中的温暖细节会让人快乐，甚至帮助别人这一行为也会使自己快乐。在可能性驱动的设计中，快乐体验设计重点不在于解决日常生活中显而易见的问题，而是寻找日常快乐体验的新的可能性。这种可能性是建立在遵循幸福人生设计和美好生活设计目标实现的基础之上的快乐体验设计，这也是作为验证困境的评价标准。

4.6.4 设计案例与结果分析

（1）设计背景

作者与德国博朗设计总监杜文武在过去几年里进行了多次的设计工作交流，探讨如何通过设计提升用户的主观幸福感，设计团队产生了一系列研究成果。为提升游戏爱好者刺激感而设计的CYCLONE娱乐清洁产品（图4-22）就是其中之一。

（2）案例描述

这是一款为游戏爱好者设计的娱乐清洁产品。该产品运用游戏化的方式，整合手机游戏、AR、吸尘器、视频遥控功能于一体来实现地面清扫的目的。通过将打扫卫生的过程游戏化以刺激用户享受清理卫生的过程，来达到提升用户主观幸福感的目的。

图4-22　娱乐清洁产品设计案例（设计：鹿可妮）

（3）结果分析（图4-23）

洞察现实困境：通过前期研究洞察现实困境，游戏爱好者通常由于沉迷游戏，而忘记了生活中的其他事物，如打扫卫生等，导致生活混乱不堪。本次设计最终将设计挑战总结为沉迷游戏与美好生活之间的困境。

幸福人生设计：在可能性驱动设计理念下，设计师没有直接思考如何通过设计梳理游戏爱好者的生活轨迹，或者如何为游戏爱好者设计一款约束生活规律的产品；而是思考在智能化社会趋势下，游戏爱好者未来愿景会是什么样的。例如，基于物联网等大趋势，游戏爱好者期望的未来是娱乐人生，这对目标用户来说是幸福的终极目标。

美好生活设计：基于以上娱乐人生的目标，对于如何为游戏爱好者的美好生活设计，设计师界定了生活娱乐化、社交娱乐化、工作娱乐化、学习娱乐化等方向，通过娱乐化的方式介入游戏爱好者的工作、学习、生活、社交等各领域，以实现游戏爱好者对美好生活的追求。

快乐体验设计：设计师从生活娱乐化的角度入手，将快乐的体验设计介入现有的清洁产品中，对现有产品娱乐化的可能性进行设计创作，提出了此款娱乐清洁产品的概念。该产品终端的摄像头可将遥控收集到的视频数据转化成手机AR游戏；将地面上的灰尘与垃圾识别为游戏中的敌人；通过集合点数、奖杯、升级等游戏激励机制（图4-22），将日常打扫卫生的行为娱乐化，刺激用户投入更多热情清扫卫生，以给用户的生活带来快乐体验。

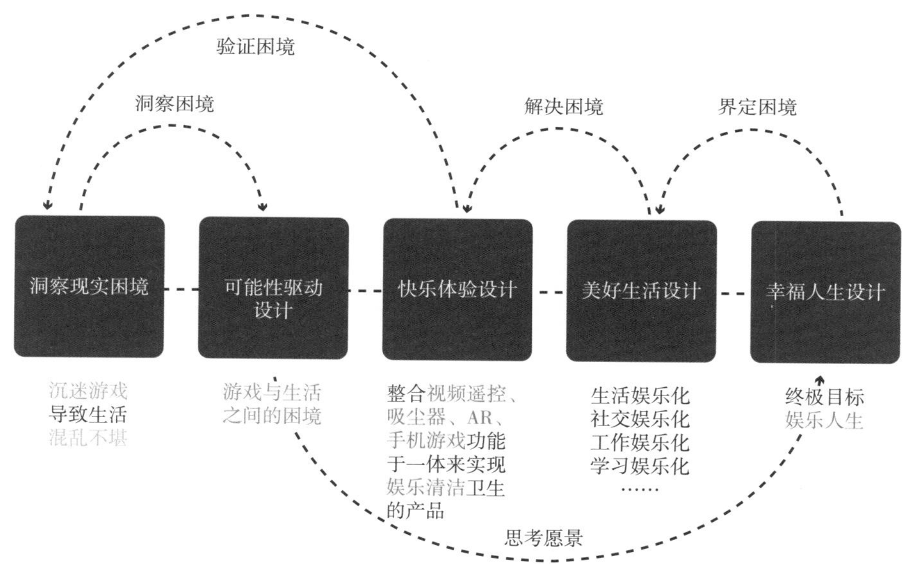

图4-23　可能性驱动的娱乐清洁产品设计结果分析

4.6.5 结论

本节提出了可能性驱动的积极体验设计方法。相比较问题驱动设计是以解决问题为导向，可能性驱动设计方法是立足当下，面向未来，提出新的可能性，以实现幸福人生、美好生活、快乐体验为目标。可能性驱动的设计，既满足了享乐主义设计，又符合了幸福主义的设计理念。设计案例验证了可能性驱动设计方法的可行性，即通过洞察困境、思考愿景、界定困境、解决困境、验证困境的过程来展开洞察现实困境、幸福人生设计、美好生活设计、快乐体验设计。

4.7 积极体验概念设计画布

近年来，积极体验在心理学、教育学等领域已展开广泛研究。在设计学领域，用户的关注视角逐渐从产品的美感、功能，转向了人与产品交互所产生的积极体验。作者前文已提出了相关的设计方法，例如，可能性驱动的积极设计、提升主观幸福感的积极设计、自我控制困境驱动积极体验设计等。以上研究对积极体验设计方法探索具有一定价值，但是基于积极体验的概念产生过程的相关研究仍不够具体而深入。本节旨在以用户积极体验为导向，构建一个标准化、通用化的产品概念生成画布，以帮助设计师在该画布指引下，捕捉用户积极需求，从事积极体验设计实践。

4.7.1 积极体验设计

积极体验设计是在体验设计基础上，将心理学中的积极心理学与设计学中的积极设计相结合，而提出的系列设计方法。从心理学角度，积极体验是对生活中积极事物体验后，产生的幸福感与满足感。从设计学角度，学者哈森扎尔提出，积极设计是以日常事物为基础，设计一种有意义的实践活动，通过满足用户心理需求以提升其主观幸福感。因此，积极体验设计的最终目的是提升人的主观幸福感。

主观幸福感的提升，需要积极、有意义、有道德的体验。当体验成为“一段经历”，事件本身即是这段经历的主要内容。事件是由时间、地点、人物、原因、经过、结果等构成的实践活动。学者肖夫将其概括为实践活动三要素：意义、技能、材料。意义象征价值、目标和动机；技能象征能力、知识、技术；材料代表使用工具、物理环境及辅助设施。三者之间相互作用、相互影响着用户的主观幸福感。

因此，积极体验设计是以用户体验设计为基础，在特定时空背景下，以产品、服务、系统为载体，设计一种愉悦的、有意义的、有道德的体验，以提升用户的主观幸福感，并有助于人类繁荣的设计。

4.7.2　概念设计画布

画布作为一种工具，最早是由亚历山大·奥斯特瓦尔德（Alexander Osterwalder）提出的一种商业模型画布，之后被应用于设计学领域。例如，在可持续设计方面，学者科兹洛斯基（Kozlowski）等人提出了基于可持续设计的时尚设计可视化画布；在系统设计方面，卡佩莱文（Capelleveen）等人提出了一种方便易懂的推荐系统设计画布；在社区设计方面，维斯（Weiss）提出了一个从捕捉信息到决策，再到群众反馈的公共设计画布。由此可知，设计画布是一种以视觉形式表达、按特定要素布局、易于理解的信息收集工具，可将需求信息进行收集、整理、分析、设计。

因此，概念设计画布是一种方便设计师收集、整理用户日常信息，以帮助生成对用户有价值的概念想法的工具。概念设计画布应由多个模块组成，每个模块之间紧密相关，并有相应提示信息。工作人员可根据画布上的提示信息依次完成画布内容，有助于生成概念设计。在概念设计画布应用方面，学者克拉帕利希（Klapperich）提出了积极实践画布（Positive Practice Canvas），目的是为幸福驱动的设计收集灵感。该画布是将社会实践活动与心理需求结合。画布包括六部分：概要、实践、意义、需求、技能、材料。该画布以日常活动为出发点，收集愉悦及有意义的故事，从中提取设计因子，塑造理想化的实践活动，以提升用户体验。该方法将传统开源的用户访谈法整理成标准化的半结构化访谈法，使设计师能够根据通用化的框架，收集有关设计实践信息，来激发设计创作，为用户构建有意义的实践活动。但在应用过程中仍有不足之处，例如，对受访者：文中提出的自主性、相关性、流行性、技能性、刺激性、安全性等幸福要素的词汇表达较学术，用户较难理解其内涵，导致用户无法准确描述其内在积极需求；对设计师：该画布尚没有形成系统、严谨的设计路径，不便于设计师快速、准确将实践活动转换成积极体验设计。

4.7.3 积极体验概念设计画布

（1）画布构建

积极体验概念设计画布是以提升用户积极体验为目的，以概念设计画布为工具，提取用户概念故事，以生成积极设计概念的方法。本文在易于用户理解与设计师快速掌握的前提下，将积极情绪粒度与积极实践画布相结合，提出了基于积极体验的概念设计画布优化模型，包括了个人简介、积极情绪、意义、技能、材料、概念故事六部分，如图4-24所示。

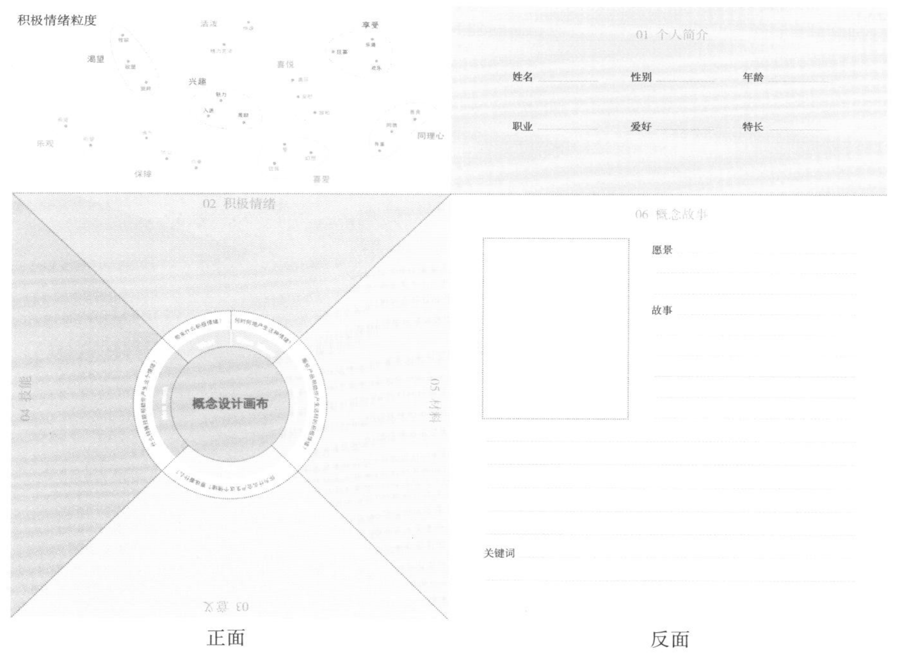

图4-24 积极体验概念设计画布

①个人简介：用户个人情况的基本介绍，使设计师对用户背景有一个初步了解，有助于设计画布的展开。

②积极情绪：是指个体在内外部因素刺激下，心理需求得到满足而产生积极的、具有正效价值的情绪。在将主观幸福感提升作为设计目标时，心理需求满足是必要条件，积极情绪是在该条件下产生的结果反馈。画布中积极情绪采用了德斯梅特提出的积极情绪粒度卡，包括九大类共25个积极情绪粒度：渴望（欲望、崇拜、性欲）、乐观（希望、盼望）、活泼（惊讶、精力充沛）、享受（乐趣、欢乐、狂喜）、同理心（善良、同情、尊重）、喜爱（钦佩、爱、幻想）、兴趣（入迷、魅力、激励）、喜悦（满足、安慰、放松）、确保（勇气、信心、自豪）。如图4–25所示，每张卡片上的内容包括情绪标签、表现行为和诱发条件，旨在帮助用户更容易理解25种积极情绪，从而选出在相应设计背景下用户所希望产生的积极情绪。积极情绪选择的目的是将它作为整个访谈的引导，直接而快速地将用户带入特定的情感体验中，从而明确传达出自己愿景。这有助于设计师精准掌握设计意图，促进积极体验设计的概念生成。

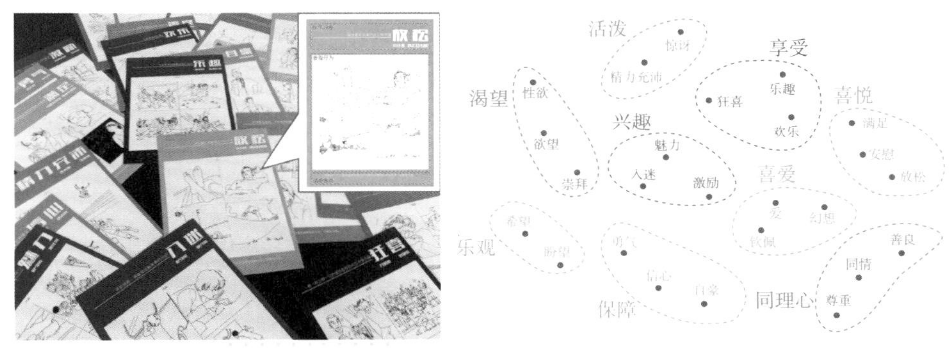

图4–25　积极情绪粒度卡

③意义：是用户体验中对事物的积极认知与感受。通过对积极情绪选择后，了解用户积极情绪背后的价值、动机，使用户表达对设计对象的想象与期望，以此来作为概念设计的愿景与目标。例如，对于学习这一行为，有人的意义是激励挑战，而有人的意义是自我满足。

④技能：是用户体验中的行为能力。指用户所拥有的某种特殊技能可帮助用户产生积极情绪，并以此为设计对象进行功能设定。例如，有人认为弹钢琴可产生积极情绪，而有人选择了踢足球。

⑤材料：是用户体验中的物理载体。通过了解什么产品可帮助用户产生积极情绪，来设计物理材料。主要收集用户在特定积极情绪下喜爱的产品、色彩、材料等，运用到设计对象的表达中以增加积极体验。

⑥概念故事：通常需要对用户访谈结果整理分析，再通过描述愿景、构建积极故事、提取关键词进行梳理总结，以此作为积极体验概念设计的灵感来源。

（2）使用步骤

画布实施之前，按照图4-26所示的折叠过程，依次从a到g将画布折叠好。在实施过程中，按照图4-26所示的答题顺序，依次从问题1到问题6顺序作答，如下所示：

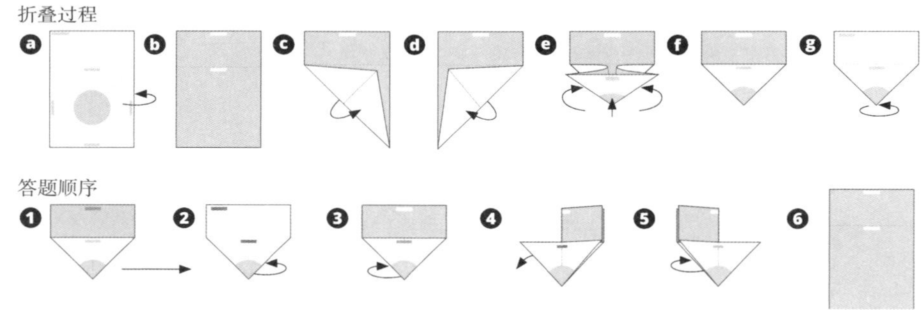

图4-26　概念设计画布使用步骤

第一步，个人简介：填写用户基本信息，包含姓名、性别、年龄、职业、爱好、特长等。

第二步，积极情绪：运用积极情绪粒度卡，让用户选择“在相应设计主题下所希望产生的积极情绪”以及“何时何地产生这样的情绪？”

第三步，意义方面：回答“你为什么会产生这种情绪？意味着什么？”

第四步，技能方面：回答“什么特殊技能帮助你产生这种积极情绪？”

第五步，材料方面：回答“哪些产品帮助你产生这种情绪？”

第六步，概念故事：基于以上五点问题，由设计师对访谈结果从愿景、故事、关键词三方面进行总结描述。以上问题在图4–24中的积极体验概念设计画布上均有体现。

4.7.4 设计实践与结果分析

4.7.4.1 设计实践

（1）设计任务

本课题以上海晨光文具设计为实践基础，儿童水彩笔为设计案例，运用积极体验概念设计画布，以半结构化访谈方式收集和记录调研信息，并生成设计概念，旨在设计有助于儿童成长、具有积极体验的水彩笔，并验证概念设计画布可行性。

（2）参与对象

筛选中国某地区中产家庭6~8岁孩子为研究对象。这符合该产品设定的目标用户，将绘画作为一种兴趣爱好，以拓展视野、提高审美，锻炼创意想象力。该研究中，将小明作为参与对象，通过孩子与家长、设计师协同完成调研工作。

（3）工具地点

调研工具由一张积极体验概念设计画布和25张积极情绪粒度卡组成。调研地点在某市中心儿童画室。轻松、快乐的画室氛围可轻易地将用户带入绘画体验氛围中。这有助于增加调研结果的真实性。

（4）调研过程

开始之前，设计师和家长沟通调研框架内容及注意事项，孩子则有半小时进行自由绘画创作，目的是让他们熟悉环境与流程，有助于顺畅地带入调研情境中。调研开始，在设计师指导下，家长对画布折叠，折叠过程如图4–27所示，然后按照答题顺序依次作答。在此期间，家长和孩子协作完成概念设计画布中的前五步访谈内容，孩子不懂的问题由家长帮助解释或通过日常家长对孩子的观察进行作答。前五步完成后，设计师可针对问题进一步补充提问，有助于信息完整性。第六步则由设计师对其访谈信息进行愿景、故事、关键词的总结描述，并与受访者沟通，确保表述的准确性。调研过程情景如图4-28所示。

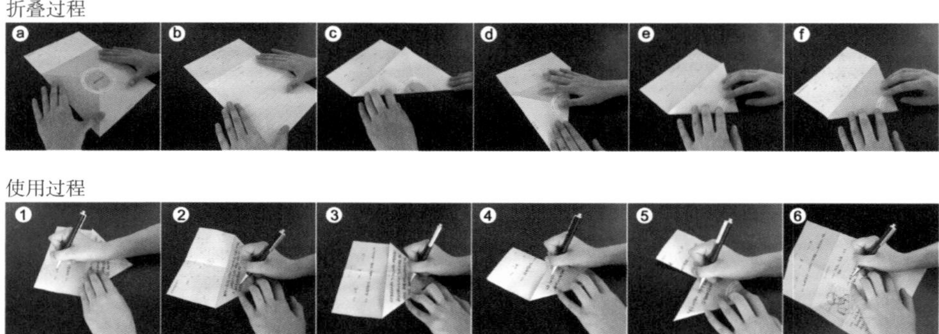

图4-27 儿童水彩笔概念设计画布使用过程

图4-28 儿童水彩笔的概念设计画布使用场景

调研结束后，设计师梳理了概念设计画布的六部分内容。其中，根据前五步内容（个人简介、积极情绪、意义、技能、材料）整理出人物画像，将第六步内容用故事板的方式可视化概念故事，并设计出概念产品——积木水彩笔，如图4-29所示。

图4–29　人物画像、概念故事、概念设计

4.7.4.2　设计结果分析

（1）概念设计

如图4–29所示，这是一款儿童积木水彩笔，具有三个创新点：第一，笔筒不仅可收纳水彩笔，还可供其自由穿插展示，以方便儿童绘画时选取水彩笔；第二，水彩笔造型似一个皇冠，不仅给儿童带来积极想象，还可模块化搭建出各种造型，实现画中图像与立体实物的相互转换，增强现实体验；第三，树枝形的笔尖造型，提供了一个笔尖绘制粗细不同线条的绘画体验。此产品不但提升了儿童右脑的绘画想象力，也锻炼了其左脑的逻辑思维力。

（2）结果分析

①个人简介。6岁的小明喜欢绘画、拼图、踢足球，从其爱好中可得出：目标用户是一个爱创造、有逻辑、爱运动的小朋友。

②积极情绪。如图4–30所示，用户从积极情绪粒度卡中选择了“激励”这一积极情绪。用户在家里玩积木时，以及在画室里绘画时会产生此积极情绪。进一步分析，用户在家玩积木时，每次都能搭出意料之外的形状；在画室里和小朋友绘画时，每次都有新收获。基于以上分析可知：目标用户对益智类的、创造性的活动带来的激励感会产生积极情绪。在概念设计中，积木与水彩笔的结合，既锻

炼了小朋友的逻辑力，又锻炼了其想象力，以激励其产生积极情绪。

③意义。如图4-30所示，“激励”对该用户意味着“刺激”与“挑战”。玩积木可刺激用户产生无限创造力；与小朋友们一起绘画，每次都是新的挑战。在概念设计中，水彩笔不但可以帮助小朋友将想法画出来，还可以动手将画面搭建出立体效果，以激励用户创造更多可能性。

④技能。如图4-30所示，“绘画”与“搭建”可帮助用户产生这种积极的情绪，这与其爱创造、有逻辑的习惯相关。在概念设计中，积木与水彩笔的结合，不但锻炼了用户绘画的技能，同时，提升了其搭建的技能。

⑤材料。如图4-30所示，“乐高积木、画笔”可以使用户产生积极的情绪。这与前期的意义、技能具有相关性，因为这是用户平时最喜欢的用具。在概念设计中，积木与水彩笔结合的模块化设计可帮助用户强化其积极情绪。

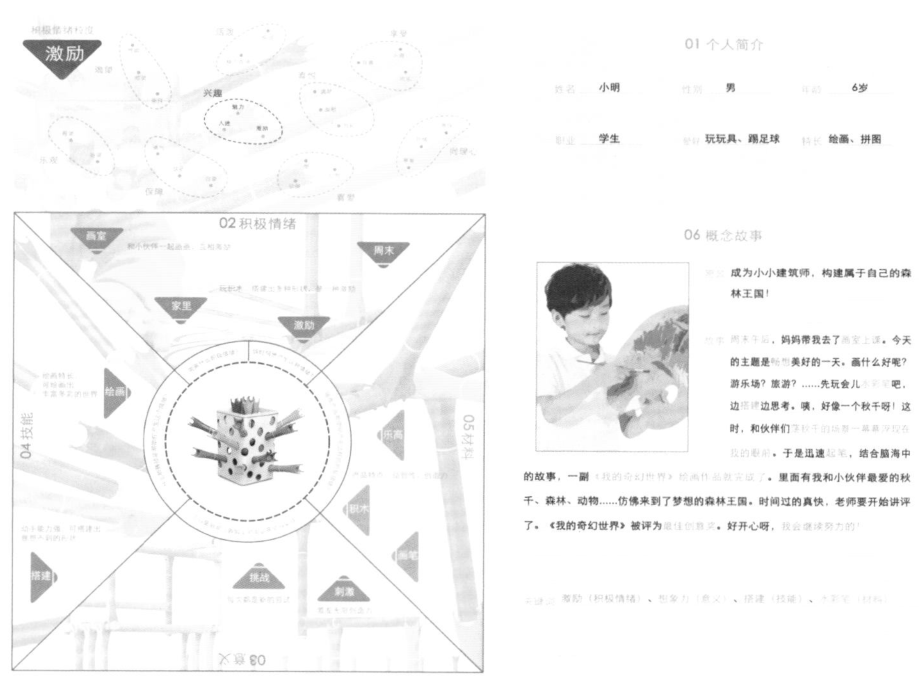

图4-30 积极体验概念设计画布验证

⑥概念故事。用户的愿景是“成为小小建筑师，构建属于自己的森林王国”。概念故事描绘的是一个积极的、幸福的故事（图4-30）。关键词是：激励（积极情绪）、想象力（意义）、搭建（技能）、水彩笔（材料）。在概念设计中，积木水彩笔就是该概念故事中的“道具”，激发了孩子们的创意想象力与逻辑思维力。

4.7.5 结论

本节的创新点体现在：基于积极体验与设计画布相关理论，提出积极体验的概念设计画布，包括了个人简介、积极情绪、意义、技能、材料、概念故事六部分。该画布操作流程包括针对目标用户，基于积极情绪，从意义、技能、材料展开研究，得出积极的概念故事，进行积极概念设计。本节通过儿童积木水彩笔设计对积极体验概念设计画布进行了验证。概念设计画布的生成，有助于设计师快速、有效地捕捉用户积极设计机会点，为用户带来积极体验，提升其主观幸福感。

4.8
参数化产品积极体验设计

随着计算机辅助技术发展，参数化设计成为当下热点研究方向之一。许多学者已在数字鞋楦、公共建筑、三维服装等领域对参数化设计进行了探索。这对参数化设计的应用推广具有积极意义，但是目前研究主要集中于技术驱动的参数化设计，而不是从用户情感体验角度出发进行参数化设计研究。本节试图以用户的积极体验为导向，构建一种参数化产品设计框架，旨在拓展参数化产品设计方法路径，以多通道提升用户的积极体验。

4.8.1 文献研究

（1）积极体验

积极体验中的积极一词来源于拉丁语“positum”，它包括了人潜在的饱含肯定、正面、促进发展的内心感受。德文中“体验”（Erlebenis）是由“经历”（Erleben）一词再构造而成。人们在日常生活中获得的一般是经验，而体验是指用户在实践过程中，获得某种超越事件本身内在、深刻的感受。积极体验则指用户在实践中获得愉悦，并促进长期发展的内在感受。积极体验源自积极心理学。1954年，马斯洛等心理学家开始研究人性积极的方面，对现代心理学产生了深远影响。1997年马丁·塞利格曼就任APA（American Psychiatric Association）主席时提出了“积极心理学”概念。2000年，马丁·塞利格曼等在《美国心理学家》特刊中对积极心理学进行了详细介绍。

在设计学领域，德斯梅特介绍了一个积极设计框架，旨在支持设计师为人们追求长期幸福而设计，并通过对日常生活中愉悦的设计来实现。哈森扎尔提出了以体验为中心、以快乐为目的的设计理念，他认为需求是体验设计的基础。以上研究旨在积累知识与工具，以帮助设计师设计出满足用户多样化积极情绪的产品。里夫（Ryff）提出了产品的六种象征意义（表4-8），这对消费者的体验产生积极影响。积极体验设计鼓励人们充分发挥个人潜力，激励追求个人目标，并促进人们拥有高尚的道德品质，其目的在于通过创新、改良产品或服务，来积极提升人的主观幸福感。

表4-8 产品的象征意义

象征意义	描述
积极关系	象征有意义的互惠关系以及有归属依附关系的产品
个人成长	象征接受过去经验或迎接新挑战，给人以成熟与成长感觉的产品
人生目标	象征给人重要目标与人生方向的产品
环境掌控	象征促进社会蓬勃发展并有助于建立个人价值观的产品
自主性	象征在思想与行动上实现自力更生的产品
自我认同	象征实现自我关怀与积极自我形象的产品

（2）参数化产品设计

参数化设计起源于美国麻省理工学院戈萨德（Gossard）教授提出的变量化设计思想。20世纪60年代，萨瑟兰（Sutherland）提出基于约束的零件设计。20世纪70年代，罗伯特·莱特（Robet Light）和戈萨德通过对参数尺寸的修改来控制模型结果。20世纪80年代中期，苏斯基（Suzuki）将几何推理、神经网络等人工智能技术应用于三维造型（刘宗明、李羿璇）。21世纪以来，参数化设计被大量运用于设计实践，国内的鸟巢、水立方等地标性建筑均用了此设计方法。

在参数化产品设计中，设计人员可根据用户个性化需求，将模型中的各个环节与要素量化，使之成为可以任意调整的参数，以得到肌理不同、形态各异的产品。这极大减少了设计师多次建模与分析的工作量，提高了设计效率，并实现个性化定制（王珂，刘扬）。参数化设计帮助设计师提出前所未有的设计可能性，但现有的参数化设计主要是以技术驱动的设计方式，尚没有学者从用户的主观心理与积极体验出发，进行参数化产品设计，也没有形成基于积极体验的参数化产品设计框架。本节将以此为切入点，探索参数化产品在提升用户积极体验设计实践中的可能性。

4.8.2 设计模型

本模型以提升用户积极体验为目标，以参数化产品设计流程为基础，结合产品的积极象征意义，提出积极方向，生成相关图像，以参数化设计软件为工具，以3D打印技术为实现手段，构建一个系统的参数化产品积极体验设计模型。该模型用于收集目标用户的生活信息，提炼用户的积极情绪，生成产品图像的肌理结构，让用户参与到产品参数调整过程中，最终产出设计结果。具体包括：积极界定、图像生成、参数设计、方案产出四个部分，如图4–31所示。

（1）积极界定

积极界定的流程包括：首先，设计人员让目标用户提供对自己有重要价值的产品或图像；其次，将用户提供的产品或图像归类于六项象征意义中，以确定图像、产品背后的象征意义；最后，在象征意义的基础上，进一步明确产品、图像背后的积极设计方向。学者卡赛斯对应积极关系、个人成长、人生目标、环境掌控、自主性、自我认同六项象征意义，通过产品实证分析，提出用于概念化产品的16种方向卡片，内容包括：积极关系（支持有意义关系、体现群体特征）、个人成长（支持个人积极发展、体现个人成长、从过去经验中成长、增强记忆）、人生目标（鼓励积极改变、提供一种控制感、跟踪进度）、环境掌控（支持多感官交流、提供环境促进有意义互动）、自主性（美化、正念设计、转移用户注意力）与自我认同（允许共享转型、允许自我表现）。作者根据16种设计方向制作了16张积极意义卡片（图4–32），用于分析解释用户提供的产品、图像，旨在帮助相关人员更容易理解六项象征意义，并筛选积极设计方向。设计师可以根据此分类结果掌握产品与个人之间的关联性，以该框架为依据，促进积极图像生成。

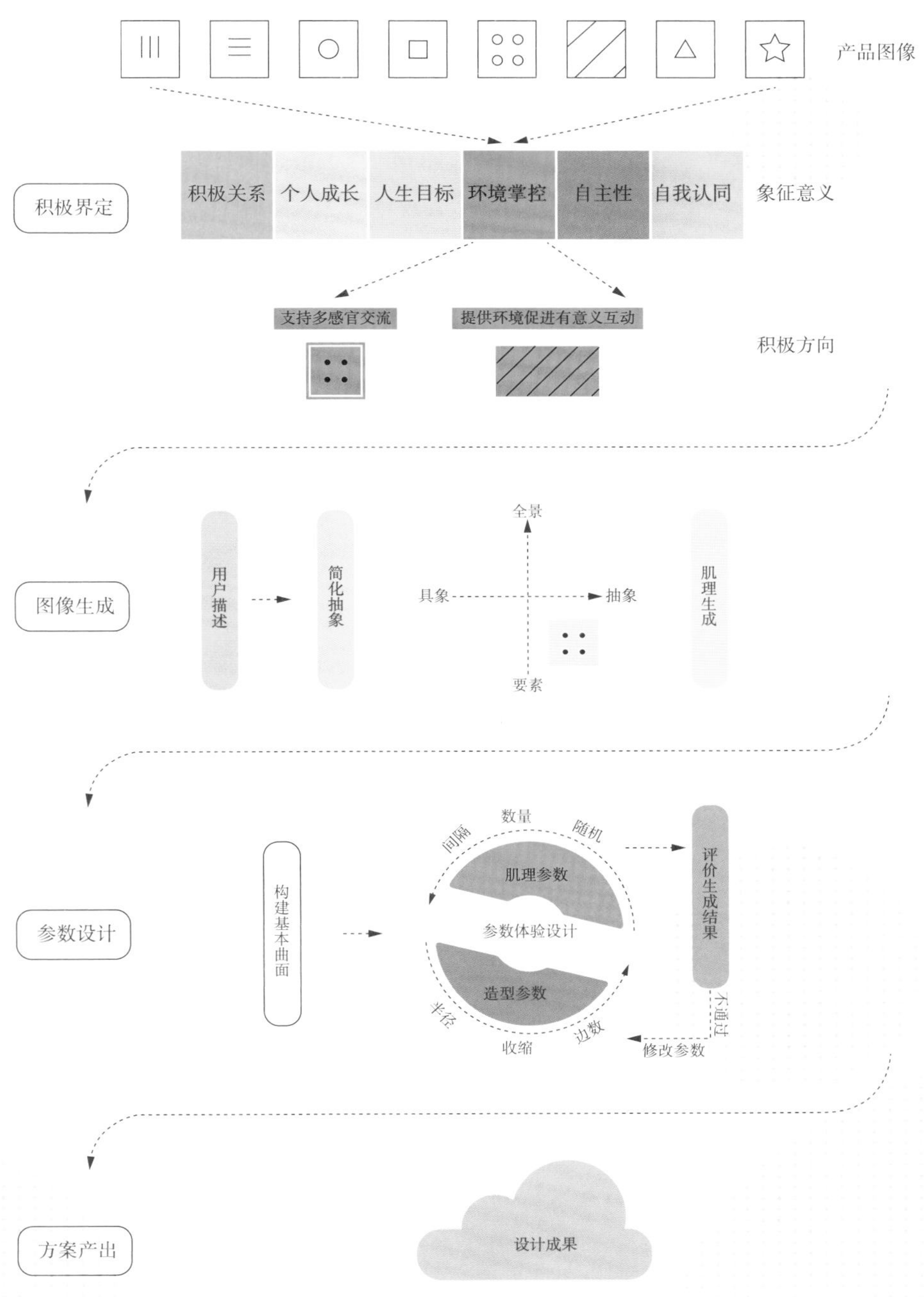

图4-31 参数化产品积极体验设计模型

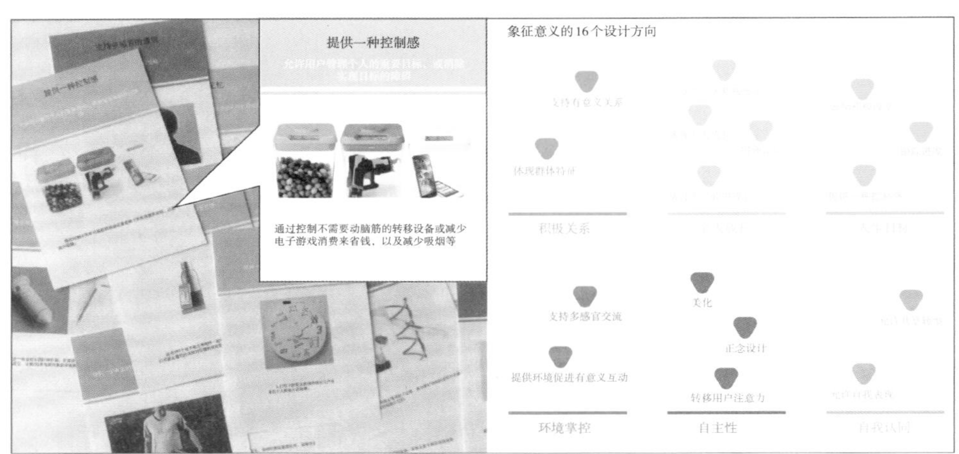

图4-32 积极意义设计方向卡片

（2）图像生成

图像生成的过程依据“Gioia方法学”［乔伊（Gioia）］设置了三个步骤。首先，用户描述：通过访谈的方式，根据象征意义中的积极方向，将用户带入特定情感体验中，引导用户详细描述积极的故事、经历、价值观等。设计师通过引导用户分享他们产品图像中的故事与对未来的期望，了解用户对各种体验及物理特性的感受，以及相关者认为重要的因素，如产品或图像的颜色、肌理、材质等。其次，简化抽象：设计研究人员基于用户的积极故事，提炼出重要的体验及物理载体，将用户故事语言提炼成为基本设计图形。最后，肌理生成：与用户情感体验相结合，通过设计将抽象的基本图形单元转化为具体的产品及肌理，将象征意义的设计方向与造型肌理进行整合，并给用户具象的要素、抽象的要素、具象的全景、抽象的全景四项参考矩阵，供用户根据偏好选择来塑造最终肌理造型的生成结果，从视觉感知上让用户产生积极联想，并带来积极体验。

（3）参数设计

参数设计是在积极界定与图像生成基础上，根据参数化产品设计一般流程，运用Grasshopper软件，将复杂的模型快速呈现出来并易于参数化修改。参数设计的过程主要包括五部分（图4-33）：第一，用户从造型曲面库与色彩构成库中选择基本造型与色彩偏好；第二，设计师运用设计软件构建基本参数曲面；第三，用户从半径、收缩、边数三个维度参与调整造型参数；第四，用户从间隔、数量、随机三个维度体验调整肌理参数；第五，设计师与用户协同设计生成参数化模型结果并评价。其中，积极参与设计、调整造型参数、调整肌理参数与结果评价部分由用户参与协同。用户可根据个人喜好，对造型、色彩与肌理输入端的设计参数分别更改，并实时评价设计，直至产出满意结果。本阶段，用户参与参数化产品设计过程，以提升其积极体验。

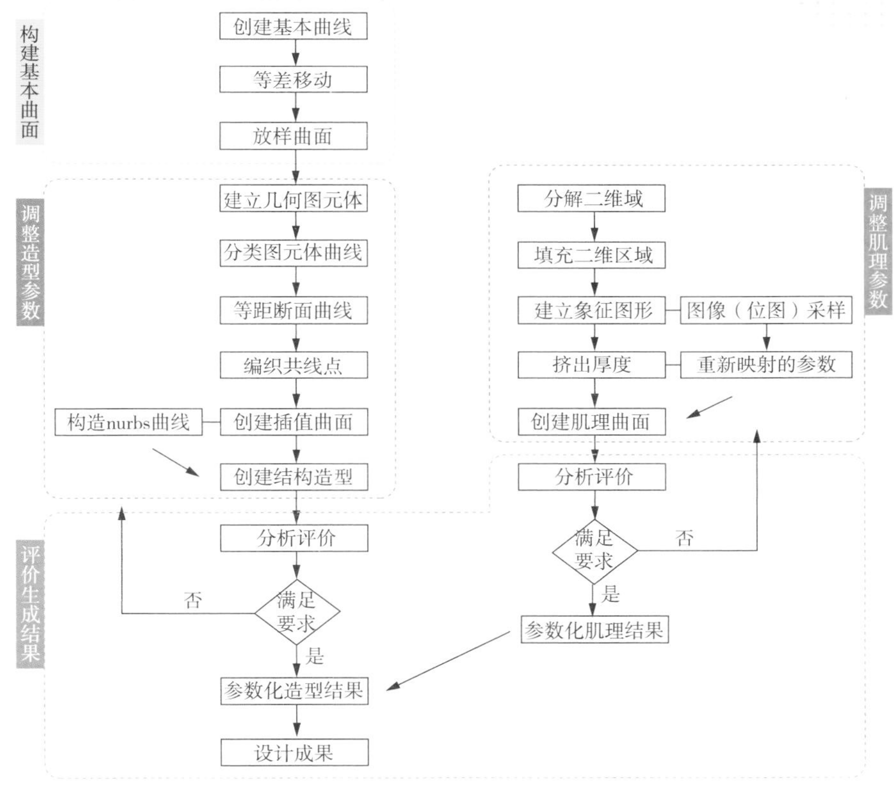

图4-33　参数化产品设计流程

（4）方案产出

参数化设计完成后，运用3D打印技术将设计方案打印出来。经表面处理后，将最终设计方案呈现给目标用户进行反馈。通过用户描述该参数化产品给用户的积极体验，以验证设计方案的有效性。

积极体验与参数化设计的相关性通过三个维度体现：研究过程，通过积极界定、图像生成参数化设计方向；设计过程，积极参与协同设计贯穿参数化设计全过程；设计结果，通过用户体验参数化产品以产生积极联想。此设计模型可实现通过积极界定提取用户的积极设计体验点，通过图像生成将原本物件图像中的象征意义转移至新的图像肌理中，通过参数设计让用户参与设计过程，同时将生成的二维图像转换成三维产品，引发用户生活叙事中的广泛联想，强化产品与用户之间的依附关系。本模型从积极体验点界定、图像生成视觉感知、协同参数化设计、结果积极反馈多角度提升用户积极体验。

4.8.3 设计实践

（1）设计背景

作者研究团队以如何通过参数化手段提升用户积极体验为主题，举办了多次设计工作坊，通过实践探讨了该设计方法的可行性，并产生了一系列设计成果。表4-9为作者完成的部分基于积极体验的参数化产品设计案例及分析，其中包括参数化灯笼、参数化笔筒、参数化洁面仪、参数化解压凳。本文以参数化笔筒为例对基于积极体验的参数化设计方法进行详细描述。

（2）设计主题

本案例以一位小朋友为目标对象，其摄影作品曾获得比赛冠军，同时她热爱绘画，但不喜欢收拾工具。本案例运用参数化产品积极体验设计框架，根据象征意义，结合积极故事，通过参数设计，生成一款参数化笔筒。

表4-9　基于积极体验的参数化产品设计实践案例

案例名称	参数化灯笼	参数化笔筒	参数化洁面仪	参数化解压凳
案例设计				
案例描述	一款为提升老人积极体验而设计的参数化灯笼。在视觉上，以局部网格重复编织的参数设计方法来呈现肌理、色彩的美感，在情感上满足参与者期待为传统文化贡献更多价值的愿望，延续习俗同时，也连接老人与社会发展，提升目标用户的文化自信	一款为提升儿童积极体验的参数化笔筒。从目标用户的冠军作品《水立方》中生成泰森多边形图像，在视觉上给予用户积极感知。作品包含了用户对过去比赛的难忘记忆，在情感上再现作者获奖的美好时刻，激发了儿童自信心	一款为提升青年女性积极体验的参数化洁面仪。将植物的花朵生长方式，通过参数化设计的方法融入洁面仪刷毛中，以实现人与自然的亲密接触。通过调整刷毛粗细与长短等多种形态，可以清洁难以清理的区域，在自然柔软的体验中，唤醒活力美肌	一款为IT职业的用户设计的参教化解压凳。在视触觉上以参数化肌理串接的形式，构成根据人体曲线层层起伏的按摩结构，以回弹反馈方式增强用户触觉感知，消除疲劳、解压释压。在情感层面，以互动作为媒介，使用户对产品建立联系，提升用户的积极体验
积极界定	通过老人的分享，设计人员将灯笼作品界定为“积极关系”象征意义，以“支持有意义关系”为设计体验点	让儿童分享生活中积极时刻，并将摄影作品归类到“个人成长”象征意义，通过“增强记忆”界定积极设计方向	通过目标女性的愿景描述，设计人员将盆栽植物归类至“自我认同”象征意义，将“允许共享转型”为设计体验点	通过参与者的分享，设计人员将圆凳产品归类至“环境掌控”象征意义，通过“提供环境促进有意义互动”界定积极设计方向
图像生成	根据老人分享的灯笼作品，将其转化为德劳内网格肌理，以创新性设计支持老人提升文化自信	根据小朋友分享的摄影作品，将其提炼成设计要素，并生成设计图形—泰森多边形，以增强记忆	基于目标女性的分享，将自然要素转化动态的斐波那契额数列，实现“允许共享转型”	通过引导用户描述积极故事，从而提炼为伞架结构、不规则形体等，以促进有意义的互动
参数设计	老人从数据库中选择造型与曲面，构建灯笼圆柱模型与肌理曲面，并让老人参与调整了肌理参数的数量与间隔等	儿童从数据库中选择造型与曲面结合生成的图形，构建笔筒圆柱曲面与肌理模型，并让小朋友参与调整造型、肌理等参数	用户从数据库中选择了造型与曲面，构建椭图曲面与肌理模型。随后，用户参与调整了斐波那契数列的疏密、形态等参数	用户从数据库中选择造型与曲面，并调整了相应造型参数，随后，用户调整了伞架结构的对比、收缩等。最后，通过软件合成参数设计成果

(3)设计过程

①积极界定部分由访谈开始，设计师首先邀请小朋友分享生活中对其影响深刻的物件或者时刻（摄影、绘画、踢球、游戏等），然后由设计师将图片归类到产品象征意义项（个人成长）；设计师通过进一步问询影响小朋友最深刻的物件（时刻）来界定积极设计方向（增强记忆）。

②图像生成部分由设计师让小朋友分享美好时刻背后的故事（冠军时刻），然后将故事提炼成设计要素，并进一步生成设计图形（泰森多边形）。

③参数设计部分是设计师基于小朋友的需求（收纳笔筒），先由小朋友从造型曲面库中选择圆柱形，从色彩构成库中选择白色，然后由设计师通过软件构建一款笔筒基本曲面模型，并邀请小朋友参与调整造型参数与肌理参数（图4-34），通过进一步自我评价设计结果增加满意度，通过协同设计的方式增加目标用户对参数化设计过程的积极体验。

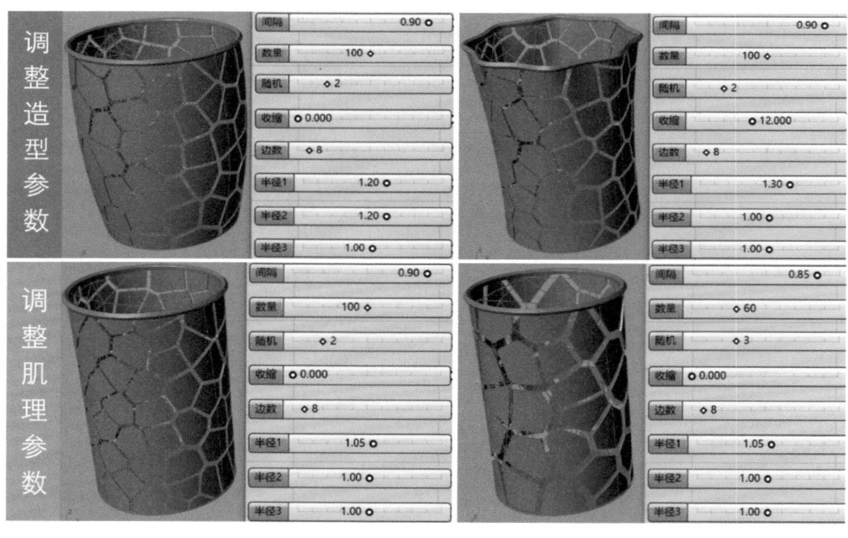

图4-34 动态结果分布

(4)设计结果

图4-35是一款有助于小朋友收纳的笔筒。该设计界定了目标对象“个人成

长”象征意义中的“增强记忆”为积极体验点；以目标用户获得比赛冠军的摄影作品《水立方》肌理抽象提取而生成的泰森多边形为图像，以在视觉上给用户积极感知；在产品功能上，笔筒的设计有助于小朋友养成收纳的习惯；产品造型上包含了用户对过去参加比赛的难忘记忆，再现作者获奖时的美好时刻；在情感上激发小朋友作为冠军的自信心与自豪感，以此来激励其成长。参数化作品打印完成后，询问小朋友对产品的主观感受，他看到产品的第一眼就联想到了获奖摄影作品，对产品爱不释手（图4–35）。

图4–35　BUBBLES收纳笔筒效果图与使用情景图

4.8.4　分析与讨论

（1）积极界定

如图4–36所示，目标用户首先分享了生活中的难忘时刻，包括摄影、踢球、玩耍、绘画等。通过分析，以上时刻均与“个人成长”相关，个人成长象征着“接受过去经验或迎接新挑战，给人以成熟与成长感觉的产品或行为”。个人成长包括了四个积极设计方向：“积极个人发展”“体现个人成长”“从过去经验中成长”“增强记忆”。本案例中影响小朋友最深刻的时刻是“摄影比赛获得冠军”，设计师提取了“增强记忆”作为积极设计方向。因此，在接下来的图像生成中，通过再现摄影比赛冠军时刻，以视觉感知的方式增加目标用户的美好记忆，以增加积极体验，激励健康成长。通过生活中的物品让用户产生有意义的联想，进而得出设计方向的路径与奥斯等学者的研究具有一致性。

(2) 图像生成

如图4-36所示，设计师基于“增强记忆”设计方向，引导用户描述获奖作品背后故事、美好时刻，比如获奖时间、奖项名称、获奖感受、未来期望等。用户描述内容整理为：“去年10月，我的《水立方》作品在儿童摄影大赛中获得冠军，在站上领奖台的那一刻我非常自豪，我要继续努力争取获得更多荣誉。”通过分析、提炼目标用户描述中的核心语汇图形，将其简化抽象为泰森多边形、多面体钢架结构等可视化信息，通过计算机生成参数化图像肌理，通过图形能让用户联想到获得冠军的美好时刻，以给用户积极的视觉感知，达到“增强记忆”的目的。通过从用户故事描述中提取关键信息、生成设计概念的方式验证了作者提出的积极体验概念设计画布的可行性，这也与乔伊的方法步骤具有一致性。

(3) 参数设计

如图4-36所示，结合目标用户不喜欢收纳的现实困境，在与用户沟通的基础上，设计师设计了笔筒以解决以上功能困境。通过让用户选择造型曲面库与色彩构成库，并结合生成的肌理图像作为前期模型设计基础，设计师优化基本曲面与肌理结构后，为参数化笔筒模型设置了多个参数输入端，分别包括造型部分的收缩、半径、边数，以及肌理部分的随机、数量、间隔。基于加工制作、设计美感需求，设计师对该产品部分参数设定了固定值与阈值，包括产品厚度为3毫米，封边横截面保持水平，肌理形态参数在一定范围内调整。然后，设计师邀请用户参与调整肌理参数与造型参数，增加用户参数设计的互动积极体验。同时，将二维积极图形转化为三维产品使用户对产品建立情感依附关系。通过用户协同参数化设计的方式，将产品的积极象征意义融入参数化图像肌理中的设计方法，对学者班尼哈希米（Banihashemi）等提出的参数化设计方法，从设计过程与积极体验的角度均进行了有意义的补充。

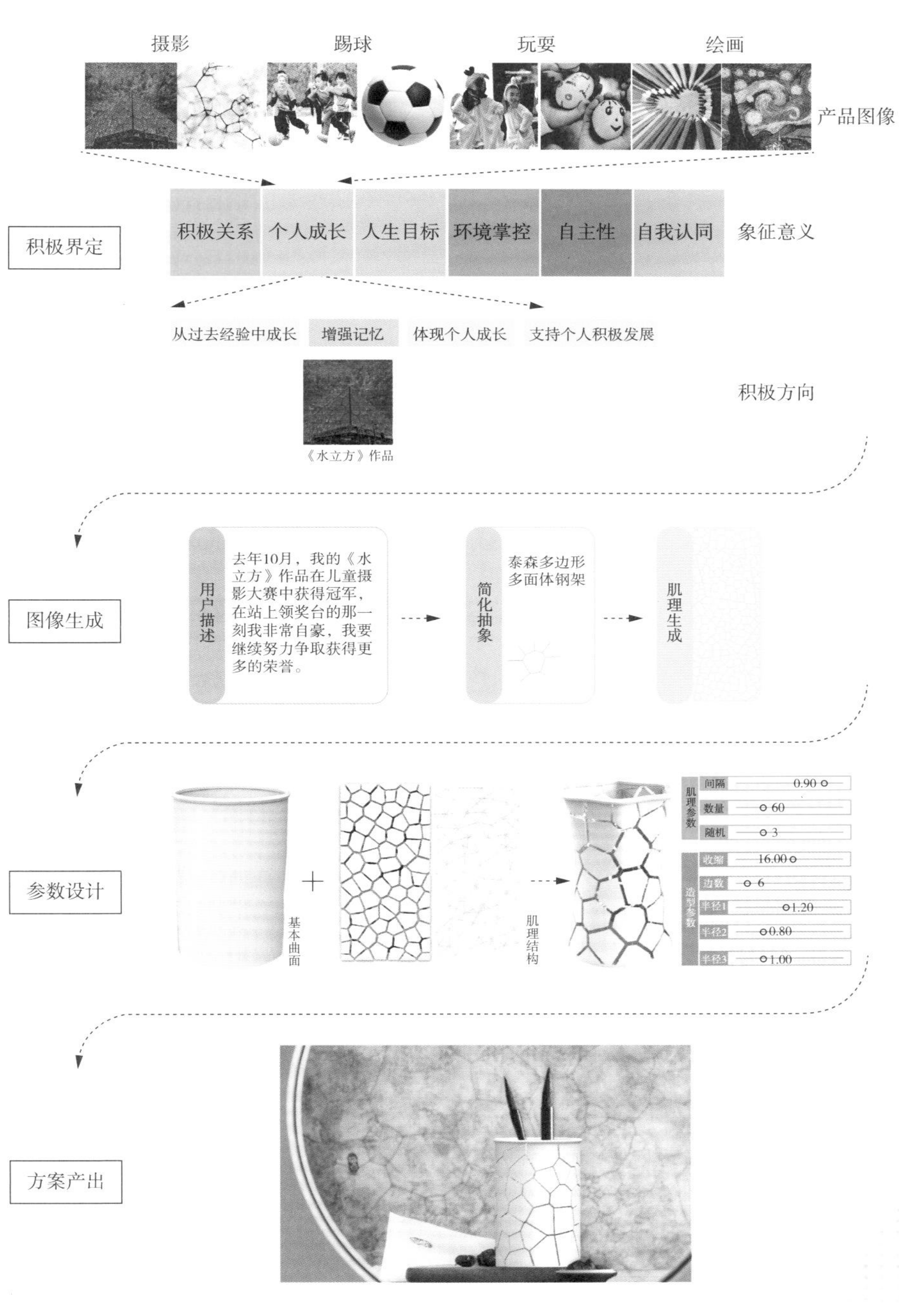

图4-36　参数化笔筒积极体验设计模型

（4）方案产出

参数化设计完成后，设计师通过3D打印技术快速制作了实体参数化笔筒。将参数化笔筒送到小朋友手中时，他非常喜欢并愉快地使用了起来。分析原因是泰森多边形肌理使其产生了积极联想，并增强了其获奖时刻的积极记忆，这种积极体验有利于个人成长。这验证了奥斯等提出的积极联想可增强人与产品依附关系的观点。用户参与产品造型、色彩、肌理设计生成的参数化笔筒给用户带来了情理之中、意料之外的惊喜感。这也证明了基于积极体验的参数化设计不但可以创造更多可能性，还可以提升用户主观幸福感。

4.8.5 结论

这里的研究创新点包括：在理论层面，基于积极体验设计方法与参数化产品设计流程，提出了一种参数化产品积极体验设计框架，即通过积极界定、图像生成、参数设计、方案产出，实现界定目标用户积极体验点、生成积极视觉图像、协同参与参数化设计过程，设计结果提升用户的积极体验的目的。在实践层面，通过四个设计案例验证了积极体验参数化产品设计模型，并以参数化笔筒设计为例讨论了设计模型的有效性。

4.9 提升主观幸福感的积极体验设计策略

近年来，对主观幸福感相关研究已经成为设计学领域研究热点之一。作者前期已在该方向进行了探索，比如：积极体验概念设计画布、参数化产品积极体验设计等。以上研究对积极设计在提升用户主观幸福感方法层面上具有一定价值，但在积极体验设计的具体策略方向上的研究仍不够深入。本节试图以用户积极体验要素为基础，基于设计实践案例动机提取分析，提出提升用户主观幸福感的积极体验设计策略，以帮助设计师利用该设计策略精准、有效地进行提升用户积极体验的相关设计实践。

4.9.1 文献研究

（1）积极设计提升主观幸福感

积极心理学是一门在传统心理学基础上，从积极角度出发，运用科学原则与方法研究人的活力、幸福与美德的科学［彼得森（Peterson）］。积极设计是在积极心理学基础之上提出的。哈森扎尔指出，积极设计是以日常事物为基础，设计一种有意义的实践活动，通过满足用户心理需求以提升其主观幸福感。德斯梅特提出了通过积极设计提升个人主观幸福感的方法。积极设计专注于用户主观心理感受，通过产品、服务或系统设计来提供愉悦、有意义、有道德的体验，从而提升用户主观幸福感。

（2）积极体验要素

需求是快乐的一个直接来源，满足需求的物件与活动可驱动有意义的、令人愉悦的体验，即积极体验。德斯梅特基于马斯洛需求理论，提出了以用户为中心的13种基本需求：自主、美丽、舒适、社区、能力、保健、影响、道德、意图、认可、相关、安全、刺激。哈森扎尔提出了以体验为中心、以快乐为目的设计理念，并将影响积极体验的要素细分为自主性、技能性、相关性、流行性、刺激性、安全性六类。积极体验六要素从不同角度揭示了影响用户主观幸福感的内在动因。其目的是从用户自身内在心理需求出发，来创新产品、服务或系统，从而提升用户主观幸福感。

尽管积极设计可提升用户主观幸福感，积极体验要素可为积极设计实践提供方向，但由于以上要素在实践设计中晦涩难懂，尚没有学者提出相关具体设计策略，以助于设计实践体现积极体验要素。本节基于积极体验六要素，尝试提出多种提升主观幸福感的策略路径。

4.9.2 研究方法

（1）样本收集

作者以体现积极体验六要素中的一种或多种为原则，通过小组讨论，收集整理了100个相关产品样本（卡赛斯）。为避免受主观因素影响，作者通过使用与积极体验六要素相关的关键词，从Dezeen、Core77、普象网等设计网站检索关于产品的客观描述，收集体现积极体验六要素的产品样本。例如，自主性可通过“自主”“主动”“autonomy”“spontaneous”等关键词进行检索来收集样本。

（2）样本筛选

首先，作者将100个产品整理成卡片（图4-37），并打印出来，卡片尺寸为100毫米×50毫米。卡片上包含产品效果、产品说明、产品名称、设计师、信息来源。制作卡片的目的是尽可能清晰地使参与者快速、容易地理解产品样本。

图4-37　研究中使用的产品样本卡片示例

其次，运用卡片分类法，6位设计研究参与者（表4-10）基于积极体验六要素，对100个产品样本进行筛选，进一步提炼出50个符合积极体验六要素的产品样本。

表4-10　筛选产品样本的参与者简介

参与者编号	年龄	性别	设计年限
01	29	女	6
02	28	女	5
03	27	女	5
04	32	女	9
05	30	男	7
06	28	男	5

（3）样本分析

该阶段邀请了7位具有设计工作经验的设计师（表4-11）分两个阶段进行样本分析：第一阶段，运用卡片分类对50个产品样本进行分类；第二阶段，分析与制定设计策略（图4-38）。

表4-11 分析产品样本的参与者简介

参与者编号	年龄	性别	设计年限
07	37	男	12
08	30	男	7
09	29	男	6
10	28	女	5
11	27	女	5
12	30	女	7
13	27	男	5

图4-38 产品样本分析场景

第一阶段：首先，7位设计师分别收到了50张卡片形式的产品样本，以便充分了解产品样本。其次，作者依次向7位参与者解释积极体验六要素内容，并提供可阅读的简短描述，包括每个要素的产品示例。再次，参与者可提出对卡片中存有疑惑的地方。最后，参与者根据积极体验六要素对50个产品进行分类。作者要求参与者说出自己想法同时，快速直观地将产品样本分为6类。其中，适合多个类别的产品样本归类到相关性最强的类别。

第二阶段：参与者参与探索与揭示初步的积极体验要素设计策略。首先，参与者被要求分析产品样本，即分析它的设计创新、商业价值，以及对用户幸福感的潜在影响。其次，作者根据参与者分析，推断出产品设计动机。最后，将相似的设计动机归类为更好定义的设计策略。

4.9.3　结果分析

（1）数据分析

本阶段作者使用乔伊方法分析产生的设计策略。该方法基于严格系统运用定性数据产生新想法的观点，提出了三个步骤：第一，“一阶”描述，即参与者分析完一个产品，研究人员根据参与者分析来推断潜在设计动机，根据语义相似性进行组合并简化，同时仍保留参与者想要的核心含义。第二，将“一阶”描述抽象成“二阶”主题，旨在更好地勾勒清晰实用的设计方向。第三，明确设计策略，“二阶”主题被缩小到一个或多个定义明确的设计策略。表4-12是本文其中的一个产品样本分析示例。

表4-12　产品分析示例

<table>
<tr><th>产品样本</th><th>参与者分析</th><th>“一阶”描述</th><th>“二阶”主题</th><th>设计策略</th><th>积极体验要素</th></tr>
<tr><td rowspan="4">Odyssey是一款儿童AR户外玩具，旨在让宅在家中的孩子自主地走到外面玩耍。孩子们可以通过AR镜头探索户外场所，并找到隐藏的物体。Odyssey使孩子们可以通过激动人心的故事和他们的朋友或家人在室外玩耍，同时，这些故事将取代观看视频等静态室内活动</td><td>1.“提升式微的户外活动的乐趣，来吸引儿童去户外活动，是一种友好的户外激励”</td><td>1.提升户外活动乐趣，以此吸引用户兴趣</td><td>1.提升活动乐趣</td><td rowspan="4">激发兴趣：提升产品吸引力。激发用户兴趣、吸引用户关注</td><td rowspan="4">自主性</td></tr>
<tr><td>2.“用室内活动——游戏、电视等的内容的吸引力，通过户外的活动方式完成娱乐，带来全新的户外活动方式”</td><td>2.借助室内活动的吸引力，创新户外活动方式</td><td>2.创新活动方式</td></tr>
<tr><td>3.“通过新的AR形式，提升产品本身的吸引力，从而吸引用户购买使用”</td><td>3.提升产品自身吸引力，从而吸引用户</td><td>3.提升产品自身吸引力</td></tr>
<tr><td>4.“将常见的日常场景和游戏结合，让用户发现日常场景中的乐趣”</td><td>4.增加活动本身乐趣，进而吸引用户</td><td>4.增加活动乐趣</td></tr>
</table>

最终的50个产品样本分布基本均匀：有7个产品样本归类于自主性、8个产

品样本归类于技能性、8个产品样本归类于相关性、9个产品样本归类于流行性、8个产品样本归类于刺激性、10个产品样本归类于安全性。

（2）研究结果

样本分析阶段，收集到参与者有效样本分析意见200余条，通过归类整理，以及乔伊方法提取，即对参与者数据分析进行“一阶”描述、“二阶”主题和设计策略提取，最终得到如表4-13所示的提升主观幸福感的15种积极体验设计策略。

表4-13　提升主观幸福感的15种设计策略

六要素	设计策略	描述
自主性	1.激发兴趣	提升产品吸引力、激发用户兴趣
	2.跟踪进度	提供跟踪个人进步的可视化反馈
技能性	3.易于掌握	无须特别培训，轻松掌握
	4.增长技能	可持续性的技能增长，愉悦体验
相关性	5.保持联系	使双方保持紧密联系
	6.增进互动	促进两者在生活、工作中的互动
流行性	7.引起关注	引起他人对用户的关注，使其知道自己是重要的
	8.获得尊重	使用户获得他人的尊重
	9.影响他人	用户可以给他人带来积极影响
刺激性	10.感官愉悦	收获视、听、触、味、嗅等感官上的愉悦体验
	11.感知挑战	超越正常感知维度，通过挑战将不可能变成可能
	12.认知改变	通过用户体验更新了用户的日常认知
安全性	13.生理安全	无个人操作方面的安全隐患
	14.心理安全	心理各个方面及活动过程处于一种健康状态
	15.环境友好	在自然及社交环境中有放松感、心情舒畅

4.9.4 讨论

本部分将依次通过产品样本案例与参与者分析的方式，来讨论解释基于积极体验六要素生成的15种主观幸福感的设计策略（图4-39）。

图4-39 设计策略图解

自主性是指用户根据自己的内心驱动，即自己的兴趣与价值观行事，而不是外部环境和其他人的决定。本文中两个设计策略旨在激发自主性积极体验：激发兴趣、跟踪进度。

（1）激发兴趣

激发兴趣设计策略可从用户体验中的兴趣点出发，通过提升产品吸引力，激发产品对用户的感官体验。当用户对产品产生期待时，便会自主地进行体验。金等人设计的Odyssey是一款儿童AR户外玩具，旨在让宅在家中的孩子自主地走到外面玩耍。孩子们可以通过AR镜头和朋友或家人探索户外场所，从而取代观看视频等静态室内活动，以激发其自主进行户外活动的兴趣。研究参与者指出了其设计动机："提升式微的户外活动乐趣，吸引儿童去户外，是一种友好的户外激励"（参与者07）；"通过AR形式，提升产品本身吸引力，从而吸引用户使用"（参与者11）。

（2）跟踪进度

跟踪进度设计策略可通过跟踪用户个人活动，提供一定的感官反馈，促使用户主动保持进步。当用户了解到产品会促进自己取得一定进步时，就会自主地持续使用，从而收获积极体验。Pushstart Creative公司设计的Loop软件是一个交互式游戏系统。当今年轻人的户外活动正在减少，其目标是记录、促进和激励用户再次运动，使户外运动变得有趣而有意义。研究参与者推测了其设计动机："数字的量化，带来直观的成果感受"（参与者09）；"将用户的户外活动量化，并提供可视化反馈，以促进用户自主运动"（参与者10）。

技能性是用户能够轻松胜任行动并取得积极效果，掌控环境，主动应对挑战，而不是感到无所适从。本书中易于掌握和增长技能两个设计策略旨在激发技能性积极体验。

（3）易于掌握

易于掌握设计策略是指用户无须经过特别培训或者相关技能普及，便可轻松掌握产品使用方法，从而收获自信心。赛利·阿杜（Sailee Adhao）设计的Senik是一款低成本、技术创新的灭火器。它提出了在极端情况下，使未经培训用户能轻松掌握灭火器的使用方法。研究参与者认为其设计动机是："用户使用更加方便，可以高效处理紧急情况，降低风险"（参与者08）；"可以凭借本能使用是该产品最大优点，我们无法保证面对火灾的每一个人都受过消防训练，但每个面对火灾的人都拥有相同本能”（参与者11）。

（4）增长技能

增长技能设计策略是指产品在易于掌握的基础上，通过有计划更新功能实现用户可持续性技能增长，以促进用户愉悦使用。科摩多集团Comodo设计的Potato Pirates是一款适合课堂及聚会的战略性纸牌游戏。它可以在30分钟内让6岁以上的人掌握基本编程技能。研究参与者评估了设计动机：“把枯燥的编程游戏化，增长技能的同时，带来愉悦使用体验”（参与者09）；“随着游戏进行，用户对编程了解与熟悉程度不断加深；与不同人游戏会带来全新的游戏体验”（参与者12）。

相关性是指与那些关心自己的人保持温暖、互相信任的关系，而不是感到孤独。本文中两个设计策略旨在激发相关性积极体验：保持联系、增进互动。

（5）保持联系

保持联系设计策略是指产品、服务或系统可以使用户之间保持紧密联系，并提供一定反馈，使用户感知到自己不是被孤立的。罗纳德（Ronald）设计的Blink通过技术与照明反馈，使需要进行住院治疗的孩子与家庭保持联系，这有助于他们保持亲密关系，消减孤独感。研究参与者提出了其设计动机：“通过技术使家庭成员之间产生联系感，有助于保持亲密的家庭关系”（参与者12）；“这种爱的联系感是孩子们所需要的”（参与者13）。

（6）增进互动

增进互动设计策略是指在现有交互基础上，促进用户之间在生活、学习、工作中的互动，使用户间的关系更加亲密。Industrial Facility公司设计了一款通过桌子的交互增加工作场所互动，使工作变得更简单、愉快的办公家具系统。同时，这些模块允许自由移动，使互动更加多样化。研究参与者讨论其设计动机为：“交互方式具有灵活性，为枯燥的工作带来乐趣”（参与者11）；“模块可自由移动、调整，增加变化新意的同时，也让同事间关系更加亲密”（参与者12）。

流行性是指感觉自己受到关注与尊重，并可影响他人。本研究中三个设计策略旨在激发流行性积极体验：引起关注、获得尊重、影响他人。

（7）引起关注

引起关注设计策略是指引起他人对用户的关注，使其知道自己是受到瞩目的，而不是无关紧要的。纽约独立设计工作室Vixole设计的Vixole Matrix是一款可定制的百变智能运动鞋，在鞋帮处设计了一款电子显示屏，用户可以在APP上编辑动图上传，球鞋上就会显示出独一无二的图案。想象一下，夜晚的路上，运动鞋上闪烁着酷炫的GIF图，会时刻保持着很高的被关注度。研究参与者得出了其设计动机："强烈的视觉冲击，个性的艺术定制，时尚的设计元素，这些无一不是吸引他人眼球的利器，让用户成为瞩目焦点"（参与者10）；"百变的图案，让用户每天都有一双'新鞋'，在吸引目光同时也让自己有了愉悦心情"（参与者13）。

（8）获得尊重

获得尊重设计策略是指使用户获得他人的尊重，让用户收获自尊感。尼古拉（Nicola）设计的Quattroviti是一个三脚淋浴凳。残疾人士可借助该产品独立洗浴，实现自理自立，使日常生活更加轻松。研究参与者揭示了其设计动机："尊重残疾人士的隐私和自尊心，帮助残疾人士实现卫生自理自立"（参与者08）；"帮助残疾人士进行日常自我护理，使残疾人士通过自理卫生收获满足感和自尊感"（参与者10）。

（9）影响他人

影响他人设计策略是指用户通过产品、服务或系统，给他人带来积极影响，同时自己也可以收获喜爱、关注和尊重。泰莎·库克（Tessa Cook）等人设计的OLIO是一款致力于向大众推广"食物共享"理念的软件。其使用方式很简单，如果有多余的食物想要分享时，只需上传食物照片，写下简单的信息描述即可。而如果用户想在OLIO上寻找食物，则只需浏览所在地区列表，然后通过短信来确定提取食物的时间地点。研究参与者分析了其设计动机："使用者可以通过这个软件，与附近的人分享多余食物，一键解决食物浪费难题"（参与者07）；"分享者给需求者带来积极影响的同时，也留给自己好心情"（参与者10）。

刺激性是指感觉自己的生活是新奇、富有变化的，可从中获得享受与快乐，而不是感到无聊、淡漠。本研究中三个设计策略旨在激发刺激性积极体验：感官愉悦、感知挑战、认知改变。

（10）感官愉悦

感官愉悦设计策略是指用户感受到了感官上的刺激，收获了愉悦体验。皮诺·王（Pino Wang）等人设计的Time-Changing是一款定时洗手液，使用者将洗手液揉进手中后，液体颜色会发生变化，从粉色变为紫色，最后变为蓝色，以鼓励人们洗手至少30秒。同时，这也让用户直观了解是否已用了充足时间洗手。研究参与者解析了其设计动机："用具象的颜色表达抽象的时间，愉悦了用户感官"（参与者08）；"颜色变化本身就是一种乐趣，可以让用户在愉悦中培养洗手习惯"（参与者12）。

（11）感知挑战

感知挑战设计策略是指用户通过完成高难度挑战收获享受和刺激，以挑战用户感知。尚敏·李（Sangmin Lee）设计的Crabronibus是一款新型跑车，该产品可以让用户体验到像坐过山车一样的偏移、翻滚和倾斜感，最大限度体现了极限运动的灵敏性，给用户带来超感知刺激体验。研究参与者探寻了其设计动机："该产品让用户切身体验到偏移和倾斜感觉，刺激而又新奇"（参与者07）；"驾驶舱的设计别具匠心，既保证了设计整体性，又实现了翻滚和摇摆功能。可以让用户一键实现极限运动与越野驾驶梦。"（参与者08）。

（12）认知改变

认知改变设计策略是指用户通过产品、服务或系统带来的体验更新了自身日常认知。萨恩·维瑟尔（Sanne Visseer）的KNOT项目旨在探索回收利用废弃头发的可能性。研究发现，仅英国每年就产生约650万公斤的头发废弃物，它们会阻塞排水系统，腐烂时释放有毒气体。然而，头发具有许多有价值的特性：高强度、不导热、重量轻。设计师将其作为一种新材料编织成了背带、秋千、网袋等。研究参与者解释了其设计动机："掉落的头发在生活中随处可见，设计师创造出了新奇的可能性"（参与者08）；"设计师突破固有常识，使其以全新面貌进入生活，改变了我的认知”（参与者13）。

安全性是指感觉到生活环境使用户免受伤害与威胁，并可掌控自己的生活，而不是感觉危险、有风险或充满不确定。本研究中三个设计策略旨在激发安全性积极体验：生理安全、心理安全、环境友好。

（13）生理安全

生理安全设计策略是指设计使用户能顺利完成日常工作，没有个人操作方面的安全隐患，可轻松掌控自己的日常工作生活。德国博朗设计的新型厨房搅拌器，增加了安全锁的设计，防止妈妈做饭时儿童误操作，使用更安心。研究参与者探讨其设计动机：“该产品从功能设计细节入手，在现有搅拌器基础上，增加了安全锁按键，给用户操作上的安全感，微设计实现大创意”（参与者07）；“拇指控制安全锁，其他手指操作动力键，安全、舒适”（参与者13）。

（14）心理安全

心理安全设计策略是指产品、服务或系统可以帮助用户的心理方面处于一种积极健康状态。奇虎360公司出品的安全卫士杀毒软件采用十字形视觉形象，给用户一种心理上的安全感，产品色彩采用绿色，给用户一种自然、环保、健康的心理感受，以提升用户的心理安全感。研究参与者探究了设计动机：“该产品从视觉设计上给用户一种信任感”（参与者09）；“绿色设计与十字形视觉语言，让用户在享受安全防护的同时拥有绿色好心情”（参与者11）。

（15）环境友好

环境友好设计策略是指用户在所处自然环境以及社交环境中的安全感，享受自然环境、与人友好相处带来的舒畅心情。奥乌斯本·福曼（Owusuben Forman）设计了一款Recordis社交互动装置。它是一个转盘，用户（老年痴呆患者）可以在这个转盘上匹配唱片，以播放过去音乐。该行为被证明能激发人们的记忆，丰富社会交往，唤起老年患者自信心。研究参与者描述了其设计动机：“该产品可以唤起痴呆患者回忆，以达到丰富社会交往、唤起自信心与安全感”（参与者07）；“痴呆患者通常会缺乏社交安全感，该产品旨在丰富用户社交互动”（参与者10）。

4.9.5 设计实践

为进一步验证说明如何将15个积极体验设计策略应用于概念设计阶段，团队设计师以“老年人”为目标用户，以“座椅”为设计对象，针对老年用户“入座”这一行为，基于不同的积极体验需求策略展开设计，生成了15个差异化的座椅概念（图4-40）。

图4-40 设计策略概念应用

“自主性”概念：利用“激发兴趣”设计策略，设计一款编织椅，激励老人闲来无事，坐上编织椅，自主编织新的可能；运用“跟踪进度”设计策略，设计一款小时椅。老人久坐一小时后，该椅子会记录，并将老人缓缓推起，活动筋骨。通过跟踪老人生活行为，养成自主健康的习惯。

“技能性”概念：通过“易于掌控”设计策略，生成一款具有按摩与倚靠两种不同椅背的座椅，老人只要轻松按压任意一个，另一侧椅背则自动升起，实现功能切换；使用“增长技能”设计策略，得出一款多功能知识椅。老人坐上椅子后，可通过视觉、听觉、触觉等多维感官了解时事，增长知识。

“相关性”概念：应用“保持联系”设计策略，生产出一款对话座椅，使得老人可自然地与伴侣、朋友或晚辈面对面沟通交流；执行“增进互动”设计策略，设计一款攀爬按摩椅，使儿童攀爬同时，产生的作用力转化为老人背部按摩过程，增进老人与孩子间的互动。

“流行性”概念：通过“引起关注”设计策略，推出一款情景变化椅，依据老人情绪变化，椅背上图形会变换复古、朋克、简约等风格装饰，使之成为视觉中心；采用“获得尊重”设计策略，生成一款壁挂淋浴椅，平时可以悬挂毛巾等物品，使用时轻轻一推，实现老人淋浴自理，收获满足与自尊；挑选“影响他人”设计策略，推出一款请坐椅，一个人无法完成坐的行为，需邀请公园老人一起坐，增加了日常沟通、情感交流的机会，和谐的氛围提升了集体幸福感。

“刺激性”概念：选择“感官愉悦”设计策略，提出一款触感躺椅，给老人柔软、光滑、粗糙、硬朗等多样的感官体验；采取“感知挑战”设计策略，设计一款外骨骼座椅，让下肢不便的老人体验自由坐立行走的新奇，带给其感知上的刺激感。选用“认知改变”设计策略，得到一款健身椅；老人在坐着的同时，可通过拉伸训练调整座椅高度，休息、锻炼两不误。

4.9.6 结论

本节从主观幸福感的积极设计视角进行了研究。在理论层面，本节基于积极体验六要素，提出了提升用户主观幸福感的15种积极体验设计策略。在实践层面，本节通过实践设计案例解释说明了积极体验设计策略，并通过研究参与者反馈进行了分析讨论，通过概念设计进行了案例验证。其研究局限性体现在：由于被试数量、知识经验等变量差异，会影响最终结果的产出。由于篇幅所限，本节仅对积极体验设计策略通过前期概念生成进行验证。后续研究可在本节基础上，进一步补充并验证积极体验设计策略可行性及有效性，以贡献设计知识。

4.10 物联网产品的积极体验设计路径

近年来，物联网已介入人们日常生活、工作、学习中。通过将产品、网络与传感器配合使用，产生强大的应用和服务，改变了人们的生活方式。然而，对于用户在家中使用物联网产品过程的相关设计研究尚处于初期阶段，物联网产品设计如何提升人们主观幸福感的相关研究仍显不足。本节旨在以用户积极体验为导向，构建一个有助于主观幸福感提升的物联网产品积极体验设计路径，以帮助设计师在该路径指引下，更有效地从事物联网产品积极体验设计实践。

4.10.1 文献研究

（1）物联网产品

物联网（The Internet of Things，简称IoT）概念最早可追溯到比尔·盖茨（Bill Gates）在1995年出版的《未来之路》一书；1999年，麻省理工学院自动识别中心的联合创始人凯文·阿什顿（Kevin Ashton）正式提出了物联网概念，即对所有对象的信息通过无线射频识别传感器装置连接到互联网上，进行智能管理和识别；2005年，国际电信联盟（ITU）指出无所不在的“物联网”通信时代即将来临，世界上所有的物品，从轮胎到牙刷，从房子到纸巾，都可以通过互联网进行交互［萨亚尔（Sayar）］。总之，物联网是基于互联网所发展来的一种新技术，它将物品与互联网相结合而形成一个巨大的网络，以实现在任何时间、任何地点，人、机、物的互联互通。

物联网产品由传感器设备、通讯基础设施、云计算、处理单元、决策制定以及动作调用系统等组成。这些部件及系统通过自己独特的功能相互配合，实现产品的高度智能化与自动化，用户可以根据物联网产品所提供的信息来提升生活品质［加亚尔加（Ghajargar）］。目前，物联网产品已广泛应用于各个方面：在汽车领域，通过安装传感器向驾驶员和维修人提供有关潜在风险的信息［全（Chung）］；在智能家居领域，通过互联网可以远程控制家里的空调、净化器等设备，营造更为便捷、安全和舒适的家居生活环境［冯（Feng）］；在医疗领域，通过智能可穿戴设备中的传感器感知患者的身体状况，在必要时及时联系医院诊断［德维迪（Dwivedi）］。

（2）积极体验设计

积极体验源于积极心理学，这是一门研究有助于人、团体和机构最佳运作条件及过程、并有助于人类繁荣的学科［斯奈德（Snyder）］。积极心理学关注的是什么使生命有价值，以及决定人类福祉的条件是什么，研究那些人们认为生活中美好的事物，即使人快乐的因素，从而解决人类生活中的问题［加布勒（Gable）］。积极体验设计是在积极心理学基础上，通过积极地设计干预行为，在人与产品或者服务的交互过程中，给人一种快乐、积极的体验。这种体验不仅有利于个体发展，同时有利于环境或社区的繁荣；不仅满足于短暂的快乐，更对个体发展会产生长期的积极影响。

积极体验设计以提升人的主观幸福感为目的，可通过愉悦及有意义设计两个维度去实现。在提升用户愉悦体验设计方面，哈森扎尔提出了六种基本心理需求，作为积极产品体验的来源；威斯指出可持续的幸福感更多取决于用户行为而不是物质财富。作者提出了基于积极体验的概念设计画布，有助于设计师利用该工具标准化、快速化地捕捉用户积极设计机会点。从意义设计的视角出发，研究设计赋予用户意义以提升用户主观幸福感。奥斯等人提供了一个将产品依附理论应用于定制产品设计过程，并通过设计实践案例验证了物体和个人之间形成意义关联的重要性；卡赛斯基于产品的象征意义可以促进人们的幸福，并提出了16个可用于构思与概念化的设计方向；奥兹卡拉曼利在短期愉悦与长期幸福发生矛盾时的自我控制困境驱动下，提出了提升主观幸福感的三种设计策略。本节将在以上文献研究基础上，通过为期两周的物联网产品用户体验研究，提出提升主观幸福感的物联网产品积极体验设计路径。

4.10.2 研究方法

（1）目标产品

本研究选用小米物联网产品作为研究目标（图4-41），因为其不但符合物联网产品基本特征，还是当下中国智能家居的典型代表，并具有广泛的用户群体。选取其作为研究目标产品，便于作者招募目标用户，并观察用户如何感知、体验、交互物联网产品，以发现用户与IoT交互行为的背后动机及影响用户的交互因素，为未来物联网产品设计实践贡献知识。

以小爱音箱为控制中心的小米智能家居体系，运用物联网技术将日常家居产品联系在一起。通过与“小爱同学”语音互动实现对照明设备、空调、空气净化器等智能家居产品的控制，可以针对应用场景自定义操控指令。除此之外，小米智能家居系列还包括通过各种感应器实现高度智能化的产品。例如，通过温湿度感应器控制空调，通过人体感应器控制灯以及通过门窗传感器控制空气净化器

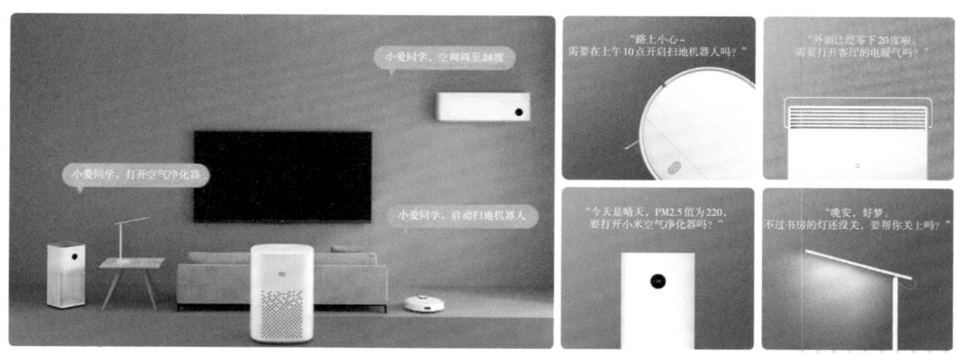

图4-41　小米物联网产品

等。以上产品在初始设置好后就不再需要用户操作，各产品间会相互协调工作，以满足用户需求。

（2）参与者

本研究在当地社区招募六名来自不同家庭，并使用小米物联网产品的参与者，这六名参与者均不是物联网产品的专家用户。如表4-14所示，六名参与者的年龄、职业、生活状况和对物联网产品熟悉程度各不相同。作者将这些参与者分为两组：第一组（G1）为具有较高数字产品熟悉度的人，第二组（G2）为对数字产品熟悉度较低的人。所有的调研过程均在参与者家中通过为期两周的深度观察完成。同时，通过视频与问卷的方式记录参与者的行为与思考。

表4-14 参与者资料

序号		基本信息	同居人员	对于IoT了解程度	数字化熟悉度
G1	P1	女，26岁，学生	舍友	听说过	高
	P2	男，25岁，学生	父母	小米产品	高
	P3	女，35岁，上班族	丈夫、孩子、父母	没有了解过	高
	P4	女，26岁，上班族	丈夫	小米部分产品	高
G2	P5	男，42岁，上班族	妻子、两个孩子	没有了解过	低
	P6	女，45岁，主妇	丈夫、孩子	没有了解过	低

（3）用户研究方法

为了解参与者是如何感知和体验物联网产品的，本研究运用了入户访谈、小组日记和焦点小组等方法，如图4-42所示。

第一，通过入户访谈，作者了解了参与者的感知和期望。在活动前一天进行了半结构化的家庭访谈，对之前IoT产品的使用情况作了大致了解。

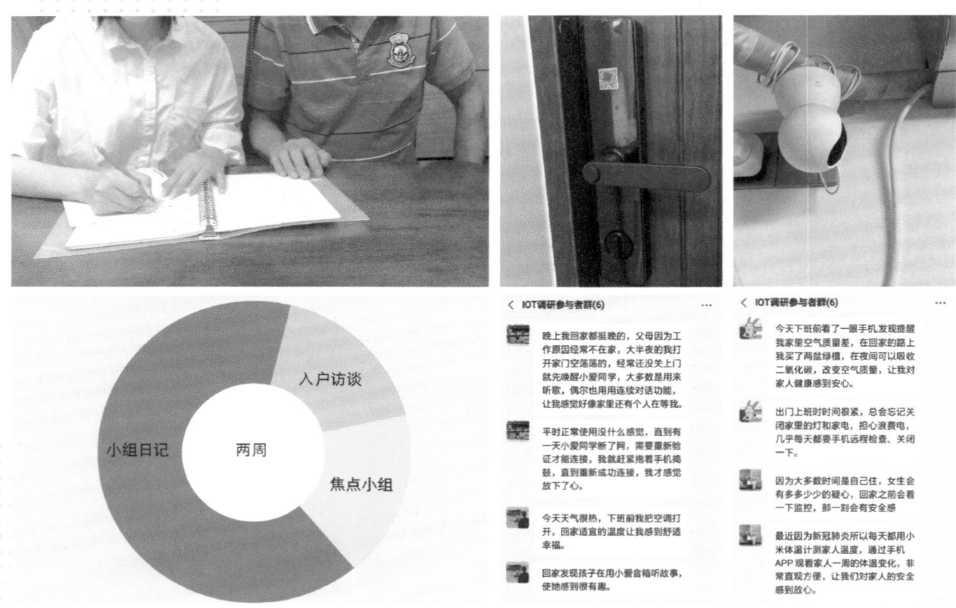

图4-42　研究过程图

第二，通过小组日记，记录用户在使用过程中的体验和感知。要求参与者至少每两天通过社交媒体（微信群、QQ群）分享与IoT产品有关的想法和感受，其他参与者可以进行留言与交流。目的是帮助参与者有机会思考他们在使用中没有想到的功能，希望帖子可以激发参与者的反馈。

第三，通过焦点小组，参与者分享了他们过去的经历，基于幸福时刻得出更多体验背后的细节。

第四，调研结束后笔者基于视频、家庭访谈以及社交媒体的分享，使用层次任务分析法（HTA）构建参与者的个人活动表格，这提供了物联网产品使用活动相关子单元客观且典型的描述。

第五，由两位设计研究人员，根据参与者HTA概述表格中幸福感来源的主观陈述，对有幸福感的子任务一栏进一步分类提取，进而得出积极体验设计路径。

4.10.3 结果分析

研究结束后，作者将进行入户访谈并从社交媒体收集小组日记，其中包括照片和使用交流记录，以及焦点小组的交谈记录，通过层次分析法将这些数据信息进行整理分析，最终得到了六份层次任务分析表格，分别对应六位参与者的物联网产品体验感受。参与者P3的HTA表格如表4-15所示。作者将根据HTA以及语义分析，介绍六位参与者的个人IoT产品体验结果。

表4-15 P3的HTA概述表格示例

HTA概述		主观陈述	
任务 （子任务数量）	子任务	有幸福感的子任务	幸福感的来源
人体传感器 （1）	打开灯	打开灯	半夜老人去厕所时，传感器感应到人体自动打开，使我感到安全放心
洗碗 （6）	1.放洗碗粉 2.放碗 3.按电源启动 4.等待 5.手机提醒完成 6.取出碗	1.手机提醒清洗完成 2.取出碗	1.洗碗完成后手机APP提醒以及显示用水量、时间等信息，增加了对机器的信任感 2.取碗时杀菌后还温热的触感，有一种家人健康得到保障的幸福感
空气净化 （6）	1.插电源 2.小爱启动净化器 3.调模式 4.净化器工作 5.手机看数据 6.关闭净化器	1.净化器工作 2.手机查看空气状况数据	1.净化器工作随时可通过小爱对当前空气质量进行询问 2.空气净化器反馈出的准确数据使我对家人的健康感到安心
打扫 （4）	1.定时扫地机器人 2.手机看打扫信息 3.提醒完成 4.自动充电		
小爱音箱 （5）	1.唤醒 2.语音选故事 3.孩子听故事 4.老人听戏曲 5.语音停止	语音选故事	孩子通过语音选择想听的故事，这个交互的过程让孩子感到有趣

续表

HTA概述		主观陈述	
任务（子任务数量）	子任务	有幸福感的子任务	幸福感的来源
查看监控（3）	1.打开手机 2.查看监控画面 3.关闭手机	手机查看监控画面	上班时可以查看家里孩子和老人的状态，进行语音互动，更安心

参与者P1的IoT产品体验过程共由9个任务元素组成，分为24个子任务，每个任务所对应的子任务数量不一。在所有的子任务中，有6个被标记为是获得幸福感的子任务，即语音停止闹钟、小爱播放音乐、语音互动学习做菜、手机查看扫地机器人工作画面、学习、提醒空气质量。例如，当早上起床使用小爱音箱闹钟功能时，通过语音去控制闹钟停止。与小爱的交互过程，参与者认为是非常有趣和愉悦的，并且按时起床还会使其感到自律，她认为这是不断实现自己个人目标的重要一步。

参与者P2自称是智能产品迷，对当下的科技产品发展十分关注。他共记录了7项物联网产品使用任务，分为22个子任务。在魔方控制器体验任务中，他将3个子任务概括为一个有幸福感的子任务（旋转魔方控制灯的亮度、敲两下窗帘自动打开、翻转家里全部电器自动关闭），记录为互动操作。他认为通过旋转、摇、敲打魔方控制器来操控家居产品方便又有趣。另外，参与者在家中安装了多种传感器，形成了强大的物联网，大部分产品都有使他获得幸福感的子任务。

参与者P3与孩子及父母生活在一起，研究发现其幸福感来源大部分与家人相关。她共填写了6个任务，分为25个子任务，其中7个被标记为有幸福感，即传感器自动开灯、洗碗机查看用水量数据、取碗、净化器工作、查看净化器反馈数据、小爱互动讲故事、手机查看监控画面。例如，使用空气净化器时，每天都会通过手机APP查看空气质量，当空气质量指数突然下降时，会查找原因或采取一些恢复措施，看到优良的数据会对家人健康感到放心。此外，通过小爱音箱与孩子、家人互动讲故事，增加孩子学习趣味性；上班时，通过手机查看监控，随时关心家里老人的状态，进行语音视频等互动，这些对于参与者P3来说，都是具有幸福感的时刻，为其家庭营造了和谐氛围。

访谈中作者了解到参与者P4的家庭非常关注资源节约和环境保护，平时对家里的电量、水量和垃圾分类等都十分注重，在被标记的六个幸福感来源中（手机远程关闭开关、智能锁关门家里自动断电、小爱提醒打扫完成、语音电视调频、手机滑动控制灯亮度、查看监控画面）也可看出。例如，在上班时可通过手机关闭家里忘记关掉的灯、空调等家电；物联网门锁开门灯自动打开，关上门灯自动感应关闭。她认为这些功能既可节省家庭开支，还能节约资源，也是社会责任感的体现。

参与者P5和P6都是数字化程度较低的人群，从访谈中了解到，在使用IoT产品之前他们不了解什么是物联网，所以对物联网的期待值和信任感很低。从他们的HTA表格中发现，物联网产品所反馈出的数据会带给他们可靠的感觉。例如，在使用电饭煲时，手机软件可以随时查看工作进程；使用空气净化器时，可查看家里的空气质量数据；洗碗机完成工作后，会把用水量和时间等数据反馈给用户。这些数据反馈提高了产品可靠性，加强了数字化程度低人群的安全感与信任感。

参与者P5和P6的幸福感来源还包括小爱“欢迎回家”语音、灯自动调整灯光模式、家庭成员一起看电影、台灯旋转按钮调亮度、推动拖地机拖地、手机远程断电、小爱音箱选择节目。例如，参与者P5每天下班回家通过智能锁开门后，小爱音箱会自动播放“欢迎回家”的语音，这给了他陪伴的感觉。而在参与者P6看来，推动拖地机工作的子任务，相对于扫地机器人来说，这种人机交互的使用让她更放心打扫的清洁度，不仅能够轻松地完成打扫，还能活动身体，心情也会更加愉悦。

基于以上数据结果，两名设计研究人员根据幸福感的来源将有幸福感的子任务进一步归纳整理成了四类，分别定义为：个体愉悦体验、个人目标实现、集体需求满足和集体关系和谐（图4–43）。

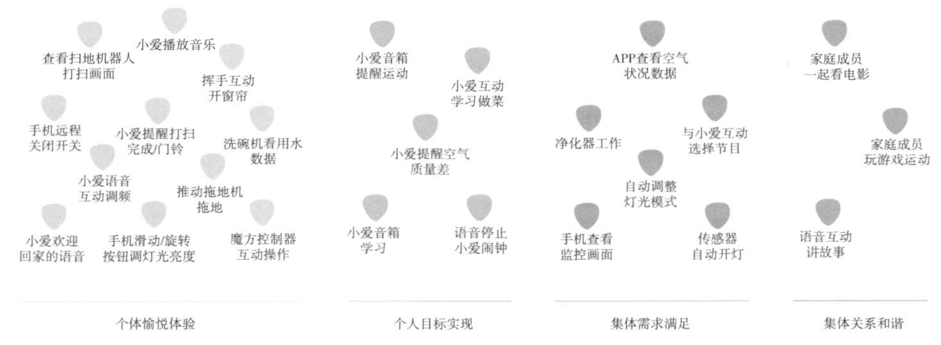

图4-43　幸福感的子任务分类

4.10.4　讨论

基于以上IoT产品用户体验研究，结合前期文献研究，笔者从设计对象（个体、家庭）与幸福感来源（愉悦、意义）两个维度，将四类设计方向进一步归纳成了如图4-44所示的物联网产品积极体验设计路径。在设计对象方面：在物联网产品设计中，设计面对的不仅是单个的个体，还包括以家庭为单位的多个个体，并且个体之间存在复杂的社交互动。因此，设计师在物联网产品积极体验设计中需关注个体和家庭两个设计对象。在幸福感来源方面：设计师可以从愉悦和意义两种幸福感来源获取设计灵感。愉悦是指通过快乐和舒适的体验实现短暂的需求满足；意义是指通过有目的性的追求自我实现或生活价值而获得主观幸福感。

（1）个体愉悦体验

通过积极设计达到享受快乐体验的目的，即个体通过短暂的快乐获得主观幸福感。实现方法可以通过改进现有产品的弊端，也可以通过强化产品现有的快乐来源或引入新的快乐来源。例如，扫地机器人从只能扫地到实现扫拖一体的功能，其带来的便捷性会使用户愉悦；通过小爱音箱语音调控家居产品，这种新的交互方式带来的趣味性也会使用户愉悦。

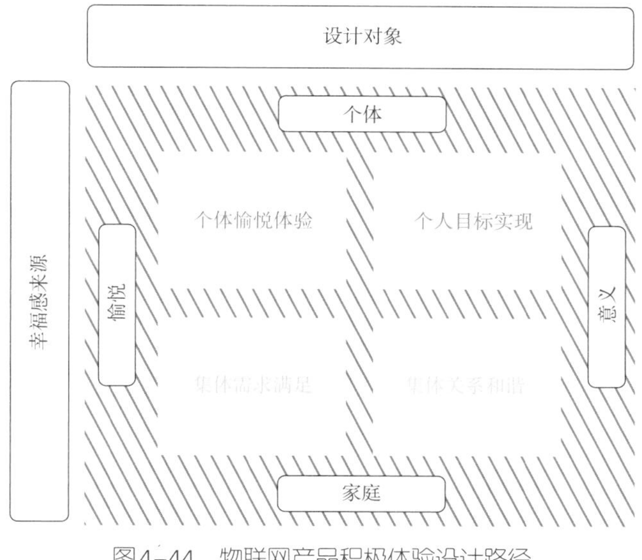

图4-44　物联网产品积极体验设计路径

（2）个人目标实现

通过对有个人意义的长期目标实现获取主观幸福感。设计所关注的不再是短暂的快乐，而是一段时间内的目标及愿望的满足。主观幸福感的来源可以是个人目标实现所获得的成就感，也可以是向未来目标靠近所获得的进步感。例如，通过与小爱同学的语音互动搜索学习资料，一段时间后取得优异成绩会获得幸福感；每天通过小爱闹钟的提醒按时起床学习，不断向自己学习目标奋进，令人感到幸福。

（3）集体需求满足

基于面向家庭的物联网产品设计对象是多个个体的现状，设计应更加关注集体的意义和力量。蔡（Tsai）提出未来物联网产品设计应在家庭成员冲突的个人价值观之间进行权衡。物联网产品积极体验设计应该以满足家庭各个成员的体验需求为设计目标，实现主观幸福感。例如，在参与者P3的家庭中，小爱音箱成了很受欢迎的产品。她本人通常会用它来操控家里的智能产品，而母亲会用它来听戏曲，她还会经常陪孩子一起听故事，以及进行一些有趣的对话互动，小爱满足了整个家庭成员不同的体验需求。

（4）集体关系和谐

通过积极体验设计营造良好的家庭氛围，即通过一件IoT产品设计调动家庭成员之间的积极交流，促进家庭成员关系的和谐，获得主观幸福感。例如，在本次研究中，参与者P5与P6经常会组织家庭成员通过家用电视一起观看电影，并提供平台供大家讨论，使产品成为构建家庭关系和谐的平台载体，为他们营造了良好的家庭氛围。

以上每一个方向均能影响物联网产品积极体验设计结果，并刺激用户主观幸福感的产生。需要指出的是积极体验设计不仅限于一个方向设计目标的实现，可同时满足多个方向。例如，通过小爱音箱的学习功能，既给了用户愉悦的体验，又实现了个人目标。设计师可根据不同设计情况选择设计路径，以助于启发物联网产品设计师带给用户持续的愉悦感，并提升其主观幸福感。

4.10.5 结论

本节的创新点体现在：基于积极体验设计的相关理论，通过为期两周的用户物联网产品使用研究，提出了一种提升用户主观幸福感的物联网产品积极体验设计路径，包括个体愉悦体验、个人目标实现、集体需求满足、集体关系和谐四个物联网产品设计方向。后续设计师可在该研究路径的基础上，进行相应的物联网产品设计实践，以验证设计路径的可行性与有效性。

5.1　校园文创产品积极体验设计实践
5.2　乡村互助养老产品积极体验设计实践
5.3　参数化产品积极体验设计实践

第五章 设计案例

5.1 校园文创产品积极体验设计实践

研究背景

随着物质生活水平提高，个性化消费需求增长，文化创意产品盛行已成为消费趋势转变下的必然产物。校园文化创意产品作为校园文化发展与传播的重要物质载体，是校园文化传承创新的有效途径。当前，国内高校的文化创意产品开发整体水平不高，具体体现在从当前校园文化创意产品的开发方向来看，主要集中在对校园建筑、校徽、校训等文化符号的直接应用上，多数高校尚且停留在对文化的传承创新以及满足用户使用需求、审美需求上，未能向消费者提供差异化的积极体验。随着消费趋势的不断转变，消费者更加注重产品所能提供的非物质因素，单纯的物理体验已难以满足人们日益增长的精神文化需求，也无法为提升个体的主观幸福感作出有效贡献。因此，本节将积极设计的理论方法运用到校园文化创意产品的设计开发中，旨在探索校园文化创意产品满足用户个性化消费需求与提升个体主观幸福感方面的有效实践。

研究过程

本研究过程包括用户需求提取、设计概念可视化、设计评估及优化三部分。其中，用户需求提取包括典型用户选取、心理需求与设计机会点；设计概念可视化过程包括设计概念探索、可视化设计；设计评估及优化包括设计师评估、目标用户评估、产品原型优化。

5.1.1　用户需求提取

5.1.1.1　基于情境映射的典型用户选取

（1）调研对象、方法及目标

本研究共招募10名东华大学在校学生作为受访对象，其中4名男生、6名女生，年龄为19~27岁，包含不同学历层次和专业背景（研究生5名、本科生5名，涉及会计、物流工程、平面设计、环境艺术设计、服装工程、产品设计等专业）。用户对体验的描述通常会包含一些细节，例如背景信息、个人动机或情感描述等。以半结构化的形式对受访者进行一一访谈，旨在通过受访者描述的细节寻找其共同点，为典型人物角色的建立提供基本信息。因此，本研究的目标包含三个方面：第一，对访谈对象的行为方式和特征进行归纳（如校园生活、有意义的故事等），以提炼典型人物基本信息；第二，揭示访谈对象行为方式背后的潜在体验动机，以加深对用户体验需求的理解，为设计初始阶段提供更多的灵感和想法；第三，探讨访谈对象对校园文化创意产品的认知和需求反馈，以指导产品概念的可视化过程。

（2）敏化阶段

在敏化阶段，访谈对象将收到一份体验手册，并在1周内完成。手册包含1张保密申明、4张对象关联卡，其中1张对象关联卡将用作参考示例，如图5-1所示。访谈对象需要选择2~3个对其个人来说具有特殊意义的物品，并针对这些物品完成填写内容。对象关联卡的上方是物品视觉参考，访谈对象可以将物品以照片的形式打印出来后粘贴，也可以通过手绘的形式进行直接表达；对象关联卡的下方用于填写与对应物品产生的相关联想，如时间、地点、情绪等。体验手册的目的在于通过敏化练习提升访谈对象对接下来的访谈话题的敏感度，以便能够从访谈中获取更多有效信息。

（3）访谈阶段

正式访谈将在访谈对象熟悉的环境中进行，访谈过程将全程录音和拍照记

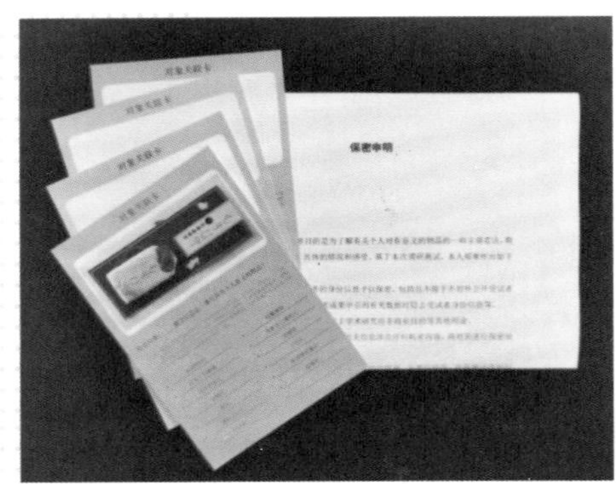

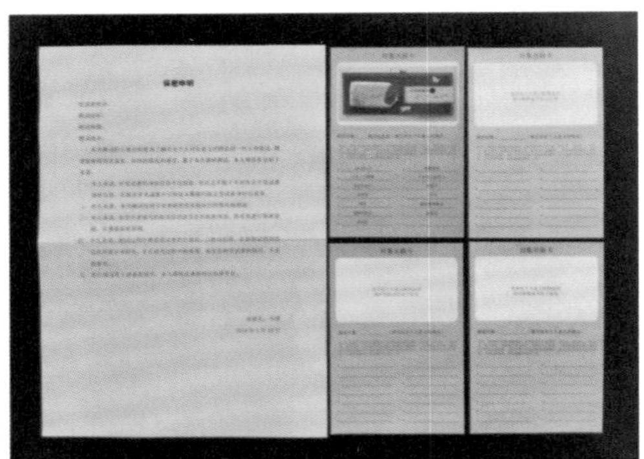

图5-1　体验手册

录，持续时间为1~2小时。访谈对象需要回答一些开放性的问题，包括日常生活情况及未来生活的规划，发生在校园内的有特殊意义的事件，对东华大学的整体印象及对东华大学现有文化创意产品的评价等。除此之外，访谈对象还将对敏化阶段填写的对象关联卡进行解释，如图5-2所示。

图5-2　访谈过程及解释对象关联卡

（4）数据分析

访谈结束后，对所有的录音进行转录，敏化阶段中的体验手册也将被添加到文本整理中，并参考扎根理论和奥兹卡拉曼利等人的研究对数据进行分析。首先，对访谈对象陈述中的基本信息点进行提取（表5–1）；其次，对提取的基本信息点进行分析并建立关联，以区分基本信息点间的共性和偶然性（表5–2）。

表5–1 访谈数据中提取的基本信息点

编号	性别	年龄	基本信息点
受访者1	女	24	团队、成就感、友情、迪士尼、支持、通宵、有活力、专业复式、报考信息、他人的肯定
受访者2	男	25	热爱生活、爱玩会玩、跳脱、社团、篮球、旅游、学生会、陪伴、社团活动
受访者3	女	27	戏剧、舞蹈、写作、徒步、包容、开阔视野、转专业、口语练习、适应环境、适当减压
受访者4	女	19	交流机会、拓宽眼界、看展、看秀、与他人接触、不在乎他人的看法、咖啡、建立人脉
受访者5	男	23	羽毛球、科研压力、发展前景、时间观念、设定长期目标、实习、学生干部
受访者6	女	24	机会、机遇、考研、分数线、比赛、面试失败、挫折、不放弃、努力追赶
受访者7	男	21	资源、兴趣、实习兼职、未来规划、事业心、舒适惬意、就业压力
受访者8	男	20	游戏开黑、组队、熬夜、看美剧、心理满足、无忧无虑、同学聚会、世界杯看球
受访者9	女	22	陪伴、毕业时间、论文答辩、图书馆、就业压力、睡眠质量、怀旧、会议
受访者10	女	19	宅、寝室、无压力、不作改变、动漫、人情味、独处、随缘、游泳、综艺

访谈对象的个人陈述将有助于理解表5–2中提取的关联点。为此，将提供3类访谈对象的录音陈述，包含背景细节、情感描述、个人轶事等（表5–3）。这3类个人陈述对应表5–2中的组织活动、小众及考研3个关联点。

表5-2　基本信息中提取的关联点

关联点	基本信息点（部分）
组织活动	学生会、学生干部、志愿活动、迎新工作
运动	健身、舞蹈、篮球、羽毛球、游泳
就业	就业压力、实习、未来规划、就业前景
小众	独特的爱好、不在意他人看法、喜欢独处、享受生活
社交活动	参加会议、工作坊、讲座、开阔眼界、建立人脉
休闲娱乐	游戏、养生、电视剧、综艺、动漫
升学	考研、初试、面试、分数线、专业课
科研	科研项目、论文、数据分析、图书馆、实验室
追求内心	随缘、不苛求、不轻易改变、乐于接受、自我安慰
毕业	毕业论文、毕业设计、开题、答辩、查重

表5-3　个人陈述

关联点	个人陈述（部分）
组织活动	1.“加入研会给我提供了很多的机会和机遇。研会里的同学都非常优秀，从他们身上我学到了很多，也结识了很多很好的朋友，同时研会里的工作对我来说也是一种锻炼。总之，研会给了我很多美好的回忆。” 2.“刚来东华大学时，是学长学姐们迎接的我们。后来我参加了学生会，大二组织迎新活动的时候，让我觉得这其实是一种传承。我希望自己可以成为一个更好的人，为他人提供自己力所能及的帮助。”
小众	1.“没课的时候我通常都是在寝室度过的，看看刚更新的热播剧或者追追综艺。我很喜欢现在的这种状态。” 2.“我比较喜欢一个人独处，有空的时候会去学校里的咖啡店坐坐，点杯咖啡，看上一下午的书。可能有人会觉得我不太合群，但我不在乎别人的看法，做自己，让自己舒服就好。” 3.“我会按照自己所喜欢的方式和节奏去对待每一件事，也只会对自己感兴趣的事物保持热情。并不想在其他一些不感兴趣的事物上花费自己太多的时间和精力。”
考研	1.“考研那段时间真的比较辛苦。整天不是图书馆，就是自习室，像个高三学生一样，每天早起晚睡。刚接到面试通知的时候，其实是有些紧张的。因为当年初试的录取分数线比往年要高很多，担心自己的初试成绩在面试时同其他人相比没有太大的优势。好在面试还挺顺利的，3月得知自己过了面试被录取，超级兴奋。” 2.“之前并没有读研的打算，但在面临就业的压力时，最终还是选择了读研。可能还是想通过读研来继续提升自己的专业水平和能力，想在将来找一份好点的工作。”

（5）研究结果

本节研究主要为选取典型用户提供参考，并为设计阶段提供灵感和指导。参考奥尔登（Alden）等人和戈德罗（Gaudreau）等人以完美主义为尺度对人群的分类研究，以及杨丽等人以完美主义为尺度对大学生群体的分类研究。通过数据分析可得，以在校学生为访谈对象的校园文化创意产品的典型目标用户可分为：斜杠青年、筑梦青年、佛系青年，如图5-3所示。

①斜杠青年，是指不满足于单一身份束缚的年轻人。他们敢于尝试新鲜事物，对生活充满热情和好奇，渴望拥有多重身份和多元生活。例如，在学习上，可以是认真努力的学生；在工作上，可以是热情服务老师同学的学生干部、志愿者；在生活上，可以是热爱运动的健身达人。这种“学生、学生干部、志愿者、健身达人”的多重身份，即是斜杠青年的真实写照。

②筑梦青年，是指有着明确人生目标和方向并为之不懈努力的年轻人。他们在追逐理想的道路上，不怕困难、勇于开拓、顽强拼搏、永不气馁。例如，为解决科研项目的难题，他们奋斗在图

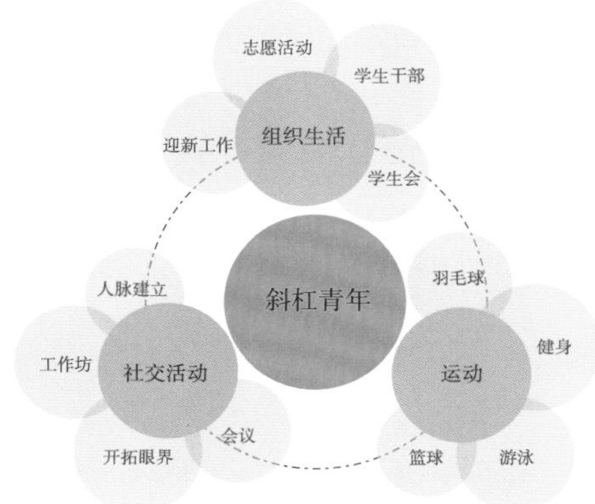

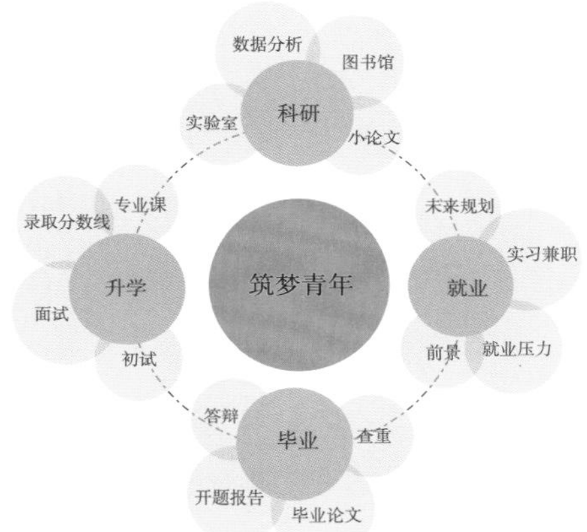

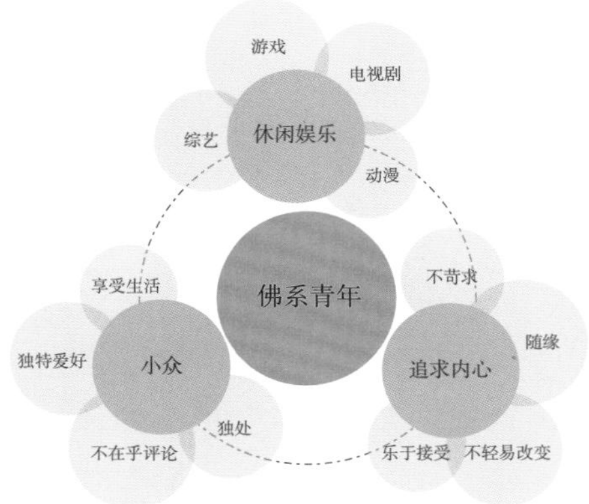

图5-3　典型用户

书馆、实验室，夜以继日地寻找解决方案；为了能够在毕业时找到满意的工作，他们选择考研、实习或兼职，以提升自己的理论水平和专业实践能力。

③佛系青年，是指崇尚一切随缘，追求一种内心平和淡然的生活方式的年轻人。看似“不求上进”，实则是想追求安稳的生活。他们按照自己喜欢的方式和节奏去生活，常用“都行、还可以、随它去、无所谓”等词语来表达自己对于事物“不争不抢，不求输赢”的态度，但对于自己的兴趣爱好和理想追求却总是保持着专注。例如，“毕业后是选择考研还是直接工作，其实都无所谓。至于以后会怎样，随它去吧。”

5.1.1.2 用户心理需求及设计机会点提取

心理需求实现所产生的积极体验往往能够提升用户的主观幸福感，而用户行为背后意义的满足往往对应一个或多个需求的满足。因此，可以通过心理需求对意义进行描述，以在实践活动和幸福感之间建立联系。基于人物角色画布提供的信息，从用户行为、使用产品、背后意义三个方面对人物角色的体验动机进行挖掘，并匹配与之相对应的心理需求。

如图5-4所示，与斜杠青年的体验动机相匹配的心理需求有相关性（东华大学是个有人情味的学校、收获了最珍贵的友谊）、刺激性（在东华大学体验了很多新鲜的事物）；与筑梦青年的体验动机相匹配的心理需求有安全性（就业压力越来越大）、技能性（不断提升自己的能力）；与佛系青年的体验动机相匹配的心理需求有安全性（喜欢独处，追求内心平和，享受生活）、自主性（除了兴趣爱好，其他的都随缘）。

在提取出典型用户的心理需求后，需要与设计的4个角色进行对应，从而得出以幸福为导向的设计过程的可能起点、策略或目标。简言之，就是将人物角色的心理需求转化为设计机会点（表5-4）。

心理需求和设计角色间的共同探索，提供了大量的设计机会点。但主观幸福感的提升是一个主观问题，是个体主观评价的结果。因此，在获取若干设计机会点后，还需要在考虑目标用户的偏好、优势和技能等个体间的差异的前提下，对其进行筛选，以根据人物角色的特定体验需求来调整具体的设计策略。

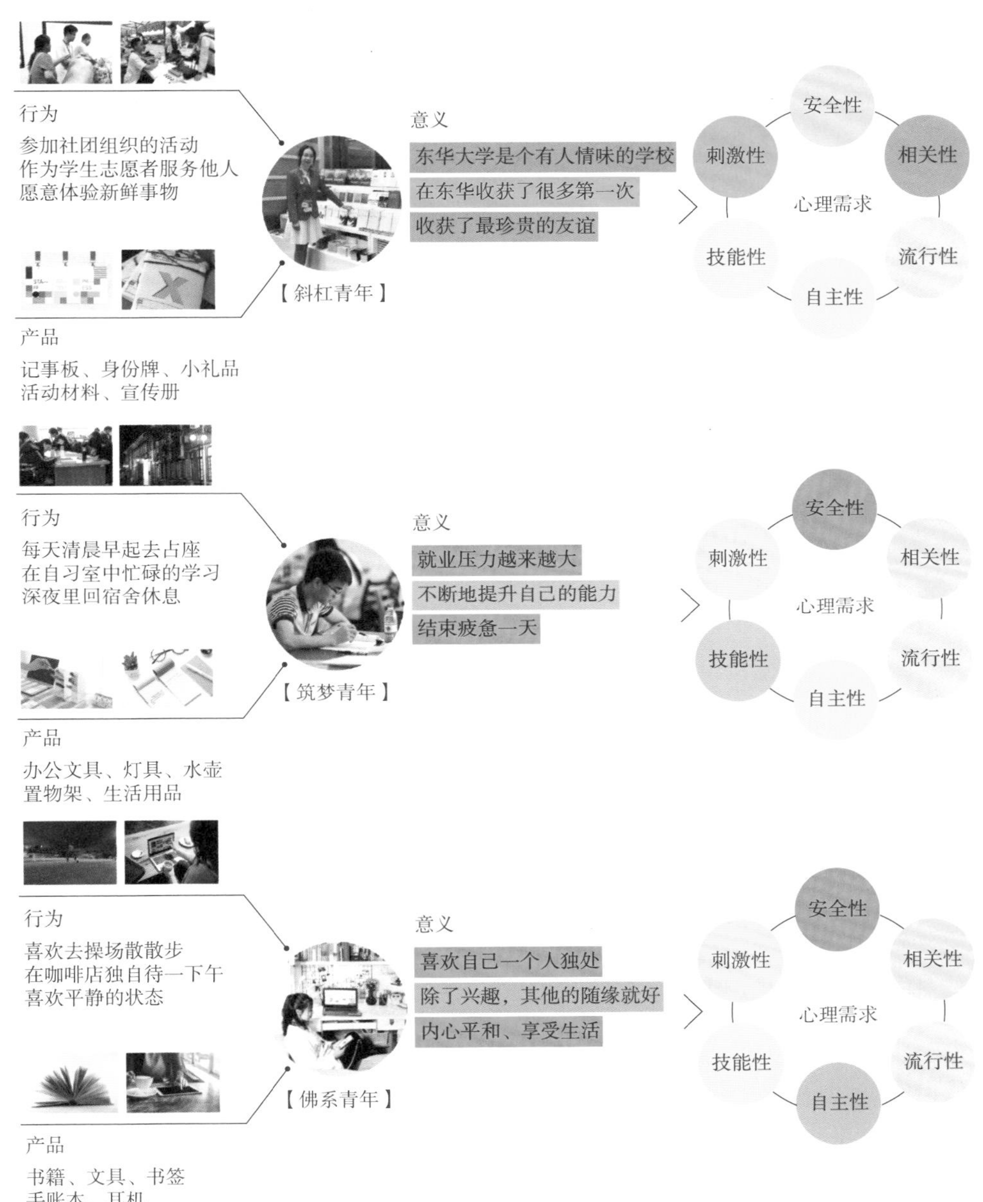

图5-4 人物角色心理需求匹配

表5-4　用户心理需求转化为设计机会点

典型用户	心理需求	设计角色	设计机会点
斜杠青年	刺激性	象征 来源 赋能 支持	刺激性－象征、刺激性－来源、刺激性－赋能、刺激性－支持、相关性－象征、相关性－来源、相关性－赋能、相关性－支持
	相关性		
筑梦青年	安全性		安全性－象征、安全性－来源、安全性－赋能、安全性－支持、技能性－象征、技能性－来源、技能性－赋能、技能性－支持
	技能性		
佛系青年	安全性		安全性－象征、安全性－来源、安全性－赋能、安全性－支持、自主性－象征、自主性－来源、自主性－赋能、自主性－支持
	自主性		

5.1.2　设计概念可视化过程

5.1.2.1　设计概念探索

在设计概念可视化阶段，通过设计概念探索模型对用户抽象的体验愿景进行详细分析，以探索感官品质和文化内涵融入产品或服务中的可能途径，从而满足用户的预期体验需求，提升用户的主观幸福感。本节将以斜杠青年为例，详细介绍可视化阶段的灵感来源、思考过程和设计决策（图5-5）。

首先，在深入理解情境映射研究和人物角色画布的基础上，明确了斜杠青年的体验愿景："希望能够尝试更多的可能性，收获更多的友谊和回忆，帮助更多的人成为最好的自己。"步骤1中的用户愿景描述，是对体验设计意图的整体概述，对后续设计进展具有指导作用。

其次，考虑斜杠青年的角色特征，对设计机会点进行了筛选，得出了刺激性－象征、刺激性－来源、刺激性－赋能、刺激性－支持、相关性－支持、相关性－象征6个设计机会点。以"刺激性－来源"为例，刺激性是指感觉自己获得了很多愉悦和快乐的体验，而斜杠青年热衷于参加集体活动，并在活动中获得了很多美好且有意义的体验和回忆。因此，设计可以扮演来源的角色，为斜杠青年提

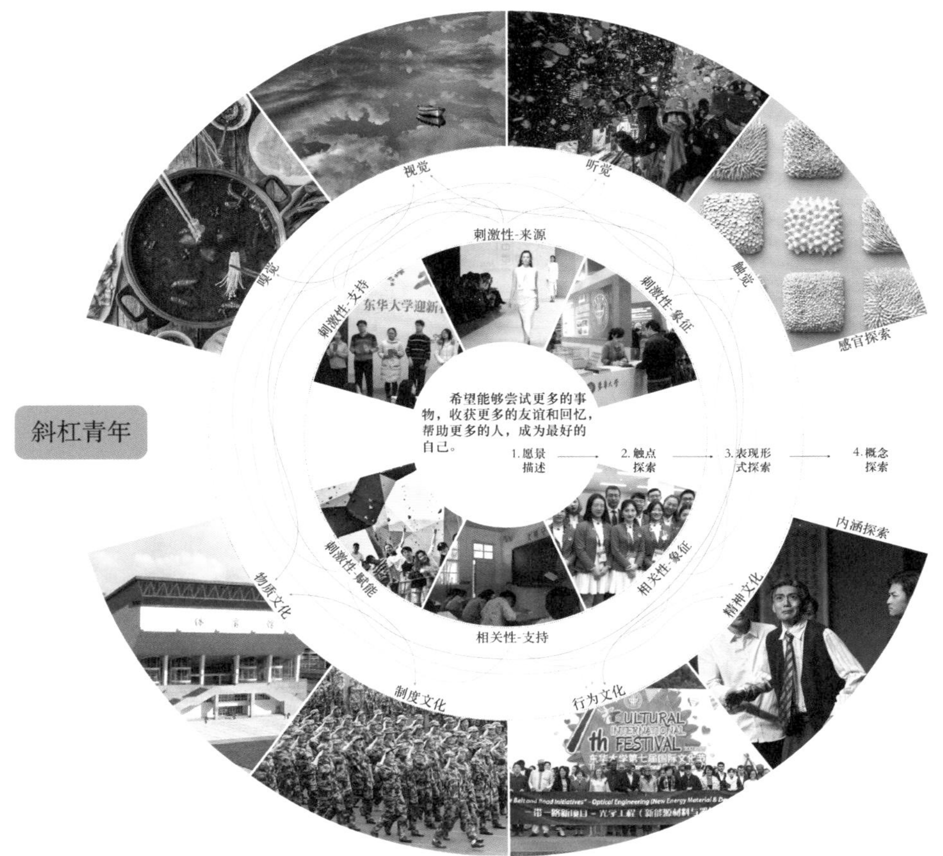

图5-5　设计概念探索

供直接的愉悦或快乐体验。步骤2中的触点探索展示的图片，是从斜杠青年日常行为中选取的，能够为设计师提供理解用户需求所需的上下文背景，从而帮助设计师更好地理解这6个设计机会点。

再次，需要对设计机会点的表现形式进行探索，反思每种感官品质和文化内涵在用户体验愿景转化为有形的产品特征方面的作用。图中用不同颜色的线条对可能的表现形式进行了编码，以探索产品的感官品质和文化内涵。同样以“刺激性-来源”为例，产品可以通过嗅觉唤醒人对特殊气味的美好回忆，也可以通过视觉享受给人带来直接的愉悦感。同时在文化内涵方面，可以从物质文化和行为文化角度考虑，将东华大学校园文化的特色元素融入产品中。步骤3表现形式探索，是以更切实的方式来建立体验层面与可视化间的联系，提供了可能的设计方向，而不是立即具体说明如何实现探索到的表现形式。

最后，步骤4设计概念探索，是以更具象的形式探析用户体验愿景。需要从感官品质和文化内涵两个方面，重新收集一组视觉灵感作为参考。其中感官品质包括触觉、听觉、视觉、嗅觉四类，用于描述产品的静态外观特征和动态交互特征；文化内涵包括物质文化、制度文化、行为文化、精神文化四类，用于探索校园文化内涵在产品中的表现形式。例如，“刺激性－来源”对应的感官品质有嗅觉和视觉，嗅觉选取了一张香味浓郁的火锅图片，作为用户感知产品在嗅觉感官层面的提示（产品可以提供吸引人的嗅觉反馈）；视觉选取了一张时刻处于变化状态的云海照片，作为人与产品互动过程中在视觉感官层面的提示（产品可以提供不断变化的视觉效果）。此外，“刺激性－来源”还对应了文化内涵中的物质文化和行为文化，分别选取了东华大学延安路校区的体育馆和学校举办的文化艺术节，作为文化内涵赋予到产品中的提示（产品可以提取校园文化的特色元素）。

可见，设计概念探索模型区分了实现体验愿景时，需要遵循的不同设计方向展示了创意思维逻辑的思考过程，以及思维过程中所作出的所有设计决策的动机，加深了对预期体验的理解，使得后续的设计工作变得更加便利。

5.1.2.2　设计概念可视化

设计概念的可视化以草图表现为主。在对体验愿景的深入理解，以及对感官品质和文化内涵的深入探索的基础上，将不同的创造性想法和灵感通过手绘的方式进行表现，从而对设计概念的造型、色彩、文化内涵和具体细节进行探求，以直观分析和评估设计概念，如图5-6所示。本文针对3类不同用户共设想出12个设计解决方案，每类用户分别对应4款概念设计方案。

5.1.2.3　概念优选及建模

运用焦点小组的方法对手绘出的设计概念进行评估和筛选，并将优选出的概

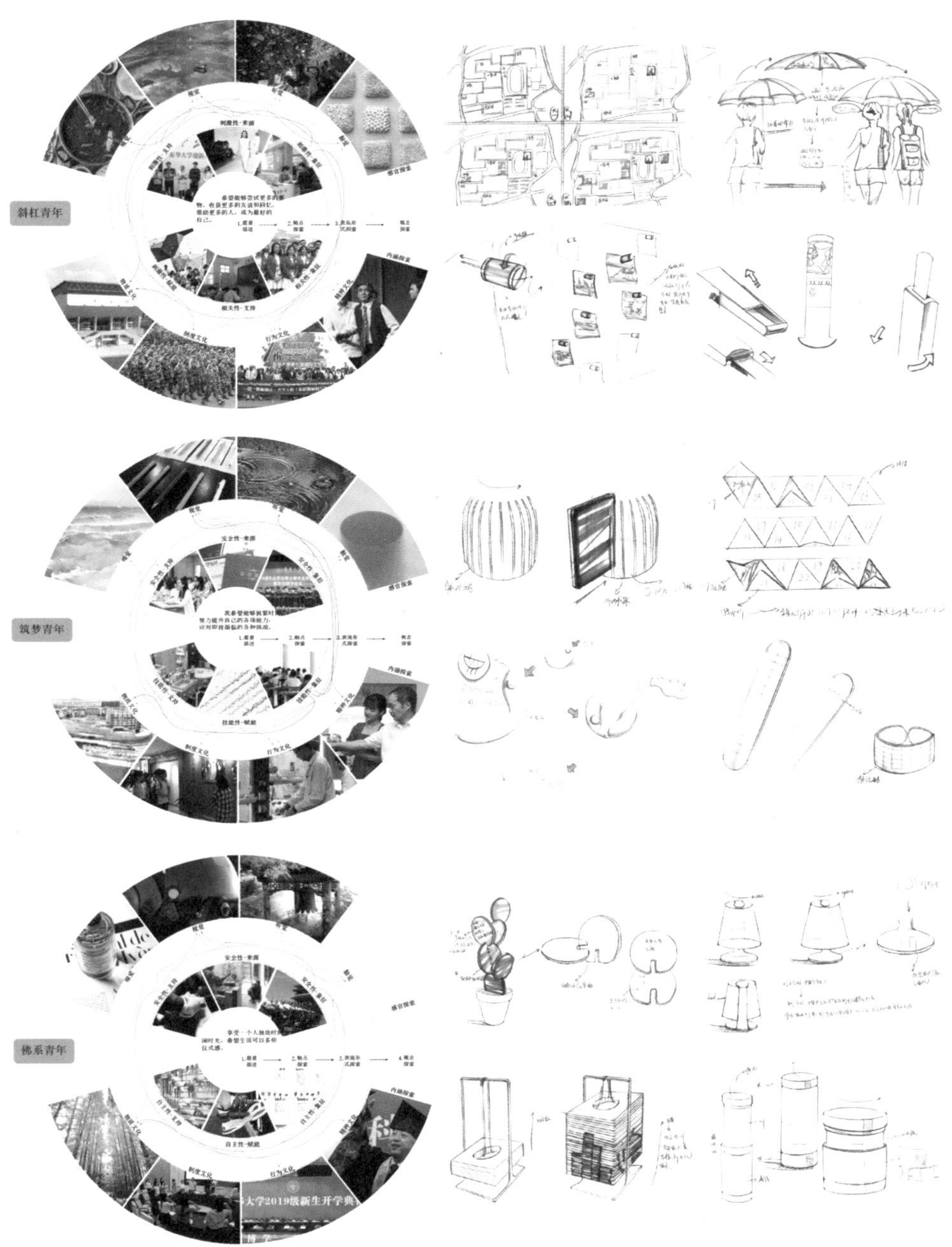

图5-6　设计概念手绘

念进一步深化。下文将介绍优选概念的原因及深化的过程，最终为每类目标用户设计出一款产品原型。

（1）斜杠青年：回忆卡片

斜杠青年平常喜欢参与一些社团活动和志愿服务活动。这类集体活动能够让受访者从中获得归属感和成就感，并找到个人的价值所在。对于斜杠青年来说，集体活动在给他们带来很多美好回忆的同时，也让其坚定了帮助他人的想法。在访谈中，受访者通过手机展示了很多有趣和有意义的照片，并兴奋地介绍照片背后发生的故事。从这些照片中发现，校园中的绝大多数地方都留下过斜杠青年的身影和他们的专属记忆。设计师由此得到了设计灵感，为他们设计了回忆卡片，如图5-7所示。

图5-7 回忆卡片

回忆卡片类似于记事用的便签，可以被用来记录那些已发生过的有意义的故事。但不同的是，回忆卡片上印有东华大学的特色元素。通过艺术化处理，使这些元素有别于市面上传统的水彩明信片的形式，从而为斜杠青年提供新鲜感。通过使用回忆卡片，为他们营造出回忆这段特殊且有意义的故事的契机。相较于手机中数不胜数的照片，被记录下的故事更具回忆价值。而手写回忆的方式，让他们沉浸在字里行间中，持续回味在当时的情绪氛围及环境中的体验，进一步加强对情绪的感知。同时，被记录下的故事将作为一种暗示，提醒用户坚定自己的目标（参与集体活动，成为更好的自己）。

（2）筑梦青年：笔筒和书立

图书馆、实验室、自习室是筑梦青年每天必去的地点。尽管别人觉得他们的生活是枯燥乏味的，但他们对知识的渴望、对梦想的坚持促使设计师思考如何通过与产品的互动为其提供积极的体验。从日常行为和使用的产品来看，他们十分注重时间观念和效率。因此，为他们设计了一款文具产品（笔筒和书立），如图5-8所示。

将东华大学的标志性建筑物（延安路校区的三主教学楼和松江校区的图文信息中心）融入产品的造型当中，并通过参数化设计对产品的外观肌理进行个性化生成。视觉外观上，个性化的肌理能够带来差异化的积极体验；产品功能上，笔筒和书立能够满足学习需求，提升学习效率；产品造型上，校园建筑造型能够迅速让筑梦青年产生文化认同，从而与产品建立情感上的依附。笔筒和书立的设计，旨在使用户在使用的过程中联想到曾经在图书馆和实验室奋斗的时光。即产生有意义的联想，从而激励其坚定追逐理想的信念。

（3）佛系青年：记事绿植

佛系青年崇尚一切随缘，追求内心平和，通常有着自己的生活节奏和处世方式。他们不在乎他人的评价，看似“不求上进”，实则是想追求安稳的生活。但从访谈中发现，他们并非对所有的事物都抱有“不争不抢，不求输赢”的态度。当面对自身的兴趣爱好时，往往会表现出极大的热忱。可见活在当下、享受生活是佛系青年的核心特征，这也正是设计的灵感来源，如图5-9所示。

图5-8　笔筒和书立　　　　图5-9　记事盆栽

记事盆栽是一款兼具艺术性与实用性的校园文化创意产品，其外形酷似一只面碗，碗口处印有东华大学校徽，寓意“东华有面，为母校争取更大的排面”，碗内收纳有若干拼建盆栽的叶片。用户可以根据自身的喜好，通过自由组合的方式对盆栽的造型进行个性化定制。盆栽叶片的一面印有“I LOVE DHU”“东华人有气质”“要做东华之光”等积极词语，赋予用户以积极体验。另一面则留有空白，用户可以用来记录待完成的任务、提醒事项或画上自己的卡通画像。因此，记事盆栽既可以作为装饰物，为用户营造有仪式感的生活氛围；也可以作为具有象征意义的物品，激励用户追求个人价值；还可以作为提示或备忘的实用工具。

5.1.3　产品评估及优化

5.1.3.1　设计师评估

在完成实物设计后，设计师还需要对产品原型进行评估，主要包含两个方面：积极设计要素和校园文化内涵，其中积极设计要素将作为评估体验属性的主要标准，校园文化内涵的提取和应用将作为评估文化属性的主要标准，如表5-5所示。

表5-5 基于体验属性和文化属性的产品原型评估

评估对象	评估标准	评估细节
回忆卡片	积极设计要素	为愉悦设计——色彩、内容、交互方式（刺激性） 为个人意义设计——成为更好的自己（流行性） 为美德设计——参与志愿服务，帮助更多的人（相关性）
	文化内涵	物质文化——将建筑、景观作为产品的视觉表现元素 行为文化——将各类活动作为丰富产品内容的基础素材
笔筒书立	积极设计要素	为愉悦设计——造型、肌理、功能（刺激性） 为个人意义设计——提升个人能力（技能性、安全性） 为美德设计——追求求实求是的科研精神（自主性）
	文化内涵	物质文化——将建筑作为产品造型的灵感 精神文化——将科研精神和品质作为产品的象征意义
记事盆栽	积极设计要素	为愉悦设计——结构、造型、交互方式、祝福语（技能性） 为个人意义设计——实现稳定生活（安全性） 为美德设计——培养包容品质、实现个人价值（自主性）
	文化内涵	精神文化——将人文、价值观作为产品的象征意义 行为文化——将各类活动作为丰富产品内容的基础素材

以“斜杠青年：回忆卡片”为例解释说明：从积极设计要素的角度来看，以卡片的形式记录收集有意义的故事，并将艺术化处理的校园物质文化元素作为故事发生的背景，能够帮助用户加深对美好回忆的印象，为用户提供了更多的积极体验，符合为愉悦而设计的要求。该设计鼓励用户参与更多的活动，以丰富故事卡片，通过不断提升自身的阅历和能力，成为更好的自己，符合为个人意义而设计的要求。此外，在活动中服务他人的善举，符合为美德而设计的要求。从文化内涵的角度来看，在设计中，对校园建筑及景观元素进行提取和艺术化处理，作为卡片中的插画元素；此外，回忆卡片更像是一个半成品，用户需要通过参与活动来完善卡片，卡片的使用提升了用户参与校园活动的积极性，从而利于校园行为文化的推广。

在运用积极设计方法和融入校园文化内涵的前提下，开发出的3款校园文化创意产品，旨在刺激用户积极参与有意义的活动，并从活动中获取积极体验以提升自身的主观幸福感。同时，产品作为联系学校和学生之间的纽带，有效发挥了弘扬校园文化及传承校园精神的作用。但作为个人幸福的唯一有效评判者，用户的主观评价才是检验产品本身以及设计初衷的唯一标准。

5.1.3.2 目标用户评估

本评估邀请了三名受试者对产品原型进行测试，每位受试者都将获得三个产品原型（回忆卡片、笔筒书立、记事盆栽）和一份评估工具包（情绪卡片和对象关联卡）。受试者们需要在两周的时间内将该产品融入到自己的日常生活中，即尽可能多地使用产品，并完成对产品的主观评价。测试结束后，对受试者进行回访，以了解受试者在使用产品过程中的具体体验及做出选择决定的原因。

从使用体验、产生有意义的联想和访谈内容三方面对用户的主观评估进行描述，其中受试者1对应斜杠青年、受试者2对应筑梦青年和受试者3对应佛系青年。用户评估部分以“受试者1–斜杠青年”为例解释。

如图5–10所示，从情绪选择方面来看，受试者1在使用回忆卡片后，选择了快乐的、开心的情绪；在使用笔筒书立后，选择了中性的情绪；在使用记事绿植后，则选择了平静的、安宁的情绪。从产生有意义的联想方面来看，回忆卡片使受试者1产生了较多的联想，而有关笔筒书立和记事绿植的联想从数量上来看相对较少。对此，受试者1也给出了原因，反馈如下：

“回忆卡片无论是选用的纸质还是里面插画的配色，都是我喜欢的设计风格。当我看到这些建筑插画时会不自主地联想到过去发生的事情。在用卡片记录的过程中，能让我回忆起过去发生的有意义的事情。这让我感到很满足，我很喜欢这种手写回忆的方式；但卡片的形式有些零散，不利于收集整理。笔筒书立的造型让我联想到了学校的图书馆和三教，但仅从功能上看，并未与其他同类产品有太大的区别。至于记事绿植，可以自己动手去组装、调整绿植的造型让我比较感兴趣，而其提供的备忘功能对于事情比较多的我来说也十分有用。”

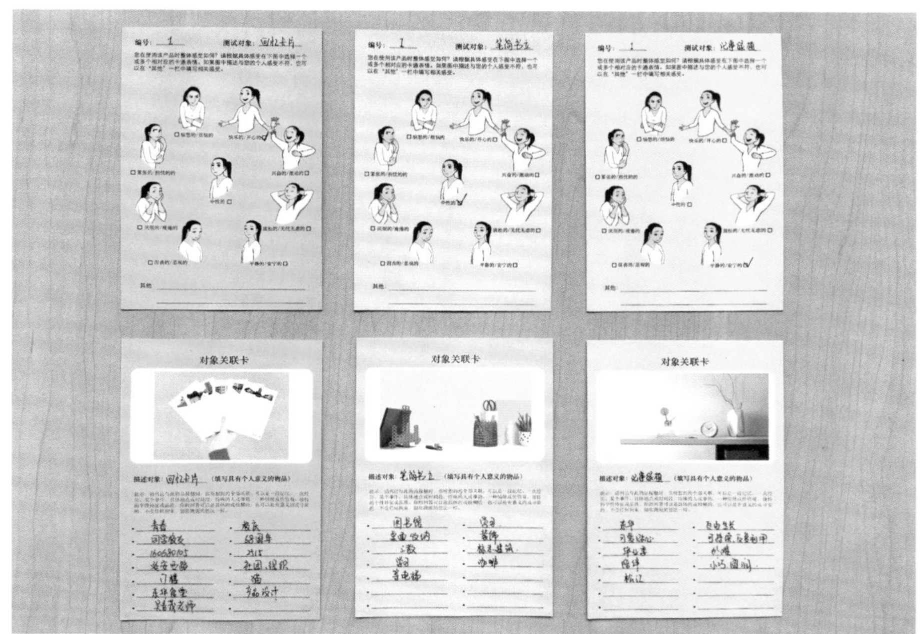

图5-10　受试者1的评估

回忆卡片是针对斜杠青年设计的，旨在通过记录回忆的方式，为用户提供重温过往美好体验的机会，从而鼓励用户参与到更多的活动中，获得更多的积极体验。从受试者1的反馈信息中可以看出，回忆卡片基本上实现了最初的设计意图。在两周的时间里，受试者使用回忆卡片的频率较高，卡片上记录了许多有意义的故事和积极体验。例如，参加了学校的校庆活动，从活动中感受到了校友们对于母校的眷念和对母校发展的关注等。同时，受试者也为回忆卡片的优化提出了建议，如“卡片的形式过于零散”。

受试者1对笔筒书立的第一印象是满意的，建筑造型让受试者直接联想到了校园中的标志性建筑。但在使用的过程中，除了满足基本的收纳功能外，笔筒书立无法为其提供更多的可能性，致使受试者在使用后对其评价不高。记事绿植个性化的拼装方式吸引了受试者1的注意力，拼装完成的绿植可以作为装饰品来美化自己的学习或生活空间，而叶片背面印有的积极词语则让受试者回想起之前参加活动时的场景。记事绿植与普通便签一样具有记事功能，但相较于传统的纸质便签而言，记事绿植更为环保和可持续，这也正好符合了斜杠青年的价值观（想要成为一个更好的人）。

三名受试者在完成产品原型测试后，根据自身实际的使用情况和使用体验对每件产品都作出了主观评价，其中对回忆卡片和记事绿植的评价普遍较高。从受访者的描述中可以发现，笔筒书立能够让受访者产生特定的联想，但受访者对笔筒书立的评价较低。究其原因，认为问题在于笔筒书立与用户在互动次数、互动质量上有别于其他两件产品。

5.1.3.3 产品原型优化

根据上述用户评估的反馈结果，本节将对产品原型进行优化，以回忆手册（回忆卡片的优化版）为例。具体优化内容有以下四点。

①在原有内容的基础上，将卡片替换成笔记本的形式。如图5-11所示，受试者1在回访中提到，在使用卡片时会使得桌面较为混乱，使用后也需要花费一定的时间去整理卡片。而在之后的回访中，针对这一问题询问了受试者2和受试者3，发现也存在相同的问题。因此决定采用笔记本（回忆手册）记录的形式，解决这一问题。

②增加空白记录页。如图5-12所示，受试者2对回忆卡片的评价给予了很大的启发，“……用太多的时间来写过去已经发生过的事，让我觉得浪费时间……但它也有优点，我会用它记录每天的日程安排”。尽管受试者2并未按照最初设想的方式（记录回忆）来使用回忆卡片，但不可否认的是，受试者2所记录的日

图5-11 回忆手册的细节展示（1）

图5-12 回忆手册的细节展示（2）

程安排在本质上也是回忆的一种，这些满满当当的日程安排即是奋斗历程的最好见证。

③提供新的互动方式。如图5-13所示，受试者在对笔筒书立的评价中提到，笔筒书立的造型令人兴奋，也能够满足使用需求，但在互动层面上有所欠缺。虽然这与前期意图通过建筑造型产生积极联想的设计初衷有所偏差，却为在优化回忆卡片时提供了灵感。运用模切工艺实现回忆卡片中的建筑插画由二维平面到三维立体的转变。在使用的过程中，用户能够通过撕模切线的方式感知校园建筑的轮廓和肌理，增强对校园建筑的情感依附，体会其中寓意的精神文化内涵，从而产生更多有意义的联想和积极体验。

④加入地图展示模块。如图5-14所示，手册中提供了一张有待完成的校园地图。用户在使用过程中可以将手册中的校园建筑沿着模切线撕下，在地图上进行粘贴。同时，对手册中记录的故事进行挑选，并填写在与故事发生地点相对应的校园建筑下方的空白处，从而形成一份独一无二且充满个人经历的校园故事地

图5-13 回忆手册的细节展示（3）

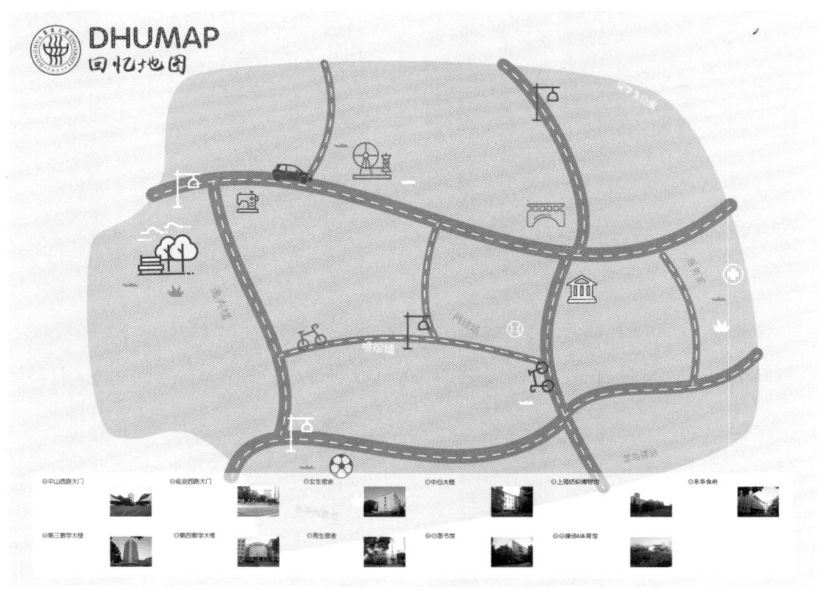

图5-14 回忆手册的细节展示（4）

图。通过这一可视化的方式，将用户的回忆和故事进行集中展示，以作为对过去经历的肯定，是一份具有特殊象征意义的纪念品。

综上所述，目前市场上流行的校园文化创意产品，多是提供完成度较高的成品来满足用户的特定需求。回忆手册作为普通产品而言已具有较高完成度，但作为校园文化创意产品而言，则更多的是有待用户参与并使其不断完善和丰富的“半成品”。一方面，回忆手册能够通过设计活动鼓励用户参与到有意义的活动中，促进个人主观幸福感的提升；另一方面，通过用户参与的形式，为用户创造了一个制作专属于自己的校园文化创意产品的机会。在互动过程中，回忆手册能够真正激发用户主动了解校园文化的兴趣，使用户真正成为校园文化的传承者和创造者。

本研究从设计实践的角度，对基于积极体验的校园文化创意产品进行设计研究，包括用户需求提取、设计概念可视化、产品原型评估三部分，并针对不同目标用户的需求设计出相对应的产品原型。

首先，通过用户需求提取，确定了典型目标用户：斜杠青年、筑梦青年、佛系青年，建立了对应的人物角色画布，对用户心理需求进行深入挖掘，并将心理需求尽数转化为设计机会点。其次，通过设计概念可视化，对优选后的设计机会点，从产品感官品质和校园文化内涵两个方面进行概念探索；对探索出的设计概念进行优选，并运用手绘的方式进行表现，得出12个设计解决方案；针对目标用户将手绘方案优选至3个，并利用三维建模对方案进行进一步的深化，最终设计出3款产品原型：回忆卡片、笔筒书立、记事绿植。最后，设计师从积极设计要素和校园文化内涵表现的角度，对产品原型的体验属性和文化属性进行评估，用户则利用情绪卡片和对象关联卡进行主观评价，根据评估的结果对产品原型进行优化。

5.2 乡村互助养老产品积极体验设计实践

随着我国人口老龄化的加剧，尤其在乡村地区，出现经济落后、村民保障较少、青壮年涌入城市等现状，导致乡村养老问题亟待解决。政府对此出台了相关政策，大力推行互助养老模式，以低成本、高效用的方式，提升乡村老年人的幸福感。互助养老产品作为乡村互助养老模式中的重要载体，是推动乡村互助养老可持续发展的有效途径。当前，大多数乡村在实施互助养老模式的过程中，主要从社会学角度进行组织模式创新，尚没有从设计学角度进行深入的产品设计实践研究。

近年来，在心理学尤其是幸福心理学与设计心理学的逻辑框架内，对积极设计如何提升用户的主观幸福感引起了广泛讨论。学者们先后研究了相关理论、设计方法等，以全新的视角来设计日常生活中的产品或服务，从而提升人们主观幸福感。由此，在推行乡村互助养老模式的发展背景下，本研究尝试将积极设计理论方法引入乡村互助养老产品设计中，通过积极设计理论指导，构建设计路径，以产品为载体展开设计实践，为乡村互助养老的发展提供借鉴。

5.2.1 用户需求提取

5.2.1.1 设计实践任务

本研究以上海市奉贤区四团镇五四村为实践基地。前期，运用场景解构，分析该乡村互助养老现状、用户调研运用积极体验概念设计画布并收集积极的日常实践活动，通过人物角色画布分析调研信息及提取关键点，构建三个目标用户人物角色画布；中期，运用积极设计的概念设计路径提出概念设计，运用概念故事模型将其生动表达，而后运用概念可视化路径进行产品的视觉表达。后期，运用乡村互助养老的产品原型评估路径进行产品的评估和优化。目的在于设计有助于提升乡村老年人主观幸福感、促进乡村社会蓬勃发展的互助养老产品，并验证其设计路径的可行性。

5.2.1.2　参与者

本研究在村支书的协助下，筛选该村60岁以上、可生活自理、可自由出行的10名老年人作为调研对象。这符合老龄化的人群限定以及当地互助养老类型发展现状。10名参与者的年龄、职业、生活状况各不相同，按照身份背景将参与者分为两组：第一组（G1）为农民，第二组（G2）为工人（表5-6）。

所有的研究过程均在上海市奉贤区四团镇五四村生活驿站通过为期两周的深度观察和访谈完成，如图5-15所示。

表5-6　参与者基本信息

序号		基本信息（过往职业）	同居人员	前往生活驿站的频次
G1	P1	女，60岁，家庭妇女	丈夫、父母	7次/周（下午）
	P2	女，68岁，家庭妇女	丈夫、父亲、儿子夫妇、孙子	5次/周（上午、下午）
	P3	男，78岁，务农	儿女轮流照顾	7次/周（上午、下午）
	P4	女，68岁，村委会会计	丈夫、女儿夫妇、外孙女	2次/周（下午）
	P5	女，66岁，妇女主任	丈夫	7次/周（上午、下午）
G2	P6	男，70岁，厨师	妻子	3次/周（下午）
	P7	男，71岁，退休教师	妻子	3次/周（下午）
	P8	男，66岁，退伍军人	妻子、儿子夫妇	5次/周（下午）
	P9	女，71岁，退休工人	丈夫	4次/周（下午）
	P10	男，76岁，退休厂长	儿子夫妇、孙子	5次/周（下午）

图5-15　设计实践地点

5.2.1.3　调研过程

为了全面了解参与者的日常生活情况，本研究运用场景解构来了解参与者的生活状态和乡村互助养老的发展情况，运用积极体验概念设计画布对用户进行深度调研，提出影响用户幸福感的因素。

5.2.1.4　场景解构

在场景解构部分，通过田野调查法对实践地点进行为期两周的深入观察，如图5-16所示。运用构建的场景解构路径对收集的信息进行概念化的处理，如图5-17所示。

针对上海市奉贤区五四村的互助养老模式研究，首先明确供给主体，定位该乡村的生活驿站为据点式互助养老类型，有六大服务供给主体，按照服务内容分别是运动室、学习室、娱乐室、公益室、聊天室、健康室。服务供给主体下产生的情境特质：如运动室满足用户互动健身，体现休闲、愉悦、舒适的特点，学习室满足用户的互助学习，体现缓慢、安静、积极等特点。在每个服务空间中

图5-16 场景解构观察

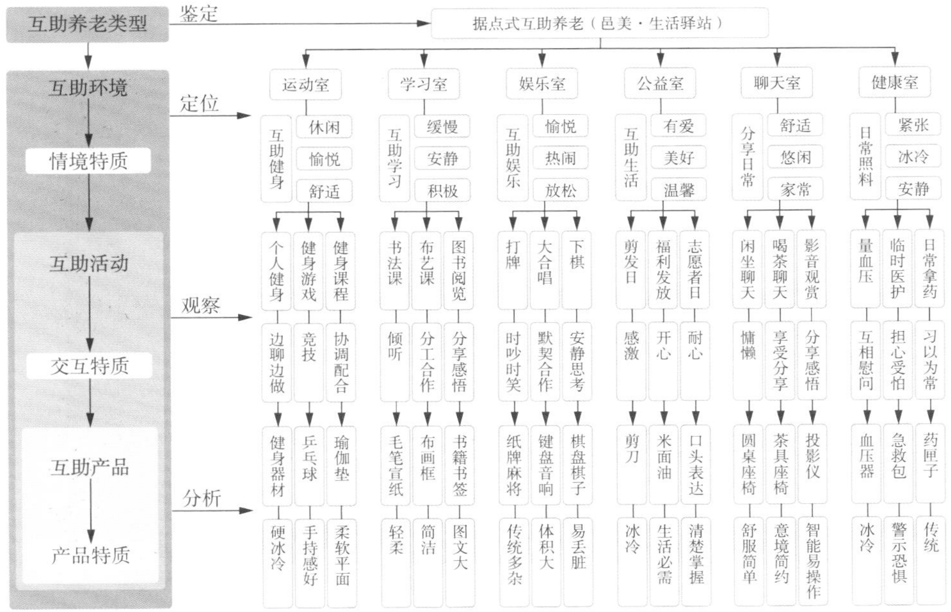

图5-17 场景解构

都有相应的互助活动，如打乒乓球、练习书法、打牌、剪发、喝茶等，每个活动下都有一定的交互特质，如竞赛、分享、感激等；参照互助活动中所运用的产品，有其产品的特质，如柔软、冰冷、传统等。综上，得出场景解构中服务供给主次与情境、交互、产品配置资源的各层级特质，为设计提供了外部影响因素。

5.2.1.5 用户调研

运用积极体验概念设计画布，对10名参与者进行半结构化用户访谈，调研工具由一张积极体验概念设计画布和25张积极情绪粒度卡（详见4.7.3）组成，如图5-18所示。

调研过程：第一，设计师和老人沟通调研方式和注意事项，由于乡村老年的特殊性，访谈过程中，分为老人自行书写或设计师听老人口述代写。第二，在设计师的指导下依次作答。作答顺序：第一步，个人简介：填写用户基本信息，包含姓名、性别、年龄、职业、爱好、特长等；第二步，积极情绪：运用积极情绪粒度卡，让老人选择“在生活驿站中所希望产生的积极情绪”以及“什么时间在哪个服务空间下产生过这样的情绪？”；第三步，意义方面：回答“为什么会产

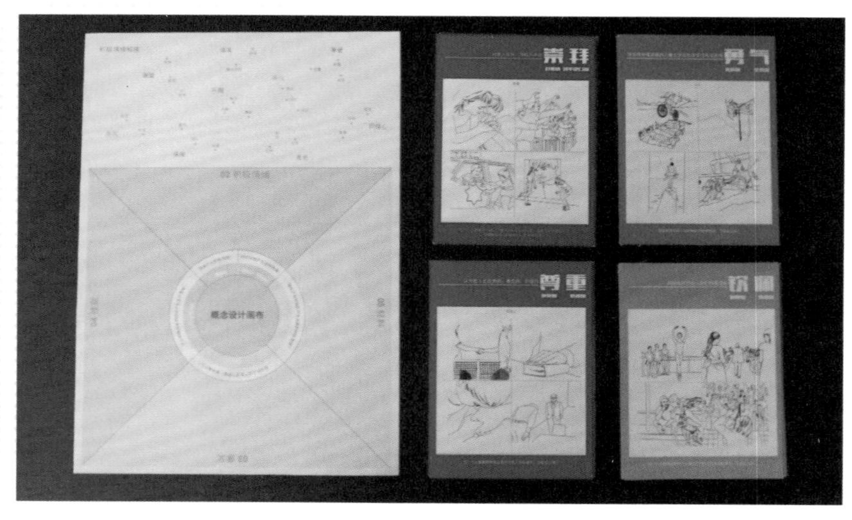

图5-18　调研工具

生这种情绪？意味着什么？”；第四步，技能方面：回答“有什么特殊技能帮助你产生这种积极情绪？”；第五步，材料方面：回答“哪些产品帮助你产生这种情绪？”。在以上五步的访谈过程中，设计师对疑惑部分进行了详细的问答。第三，10名受访者的访谈结束后，设计师完成第6步，概念故事。基于以上五点问答内容，由设计师从愿景、故事、关键词三方面进行总结概述。

根据调研的数据，按照画布中的第6步总结信息，提取关键信息点（表5-7）。

表5-7 访谈数据中提取的关键信息点

序号		愿景（积极情绪）	故事（实践活动）	关键词
G1	P1	放松 每天做简单的运动	健身室 边聊天边做运功	放松 安全 运动
	P2	狂喜 和朋友一起玩游戏	娱乐室 一起打牌、做游戏	开心 群体游戏
	P3	满足 年龄大了，但也可以帮助他人	自家小菜地 一辈子种地，老了也可以给朋友们吃自己种的菜	成就 满足 分享
	P4	信心 可以兼职工作，减轻儿女负担	幸福院 做幸福院的清洁工	自立
	P5	精力充沛 组织大家一起活动	娱乐室、学习室 定期组织文体活动	精力充沛 组织能力
	P6	激励 别人可以吃到我做的菜	邻居 给村里空巢老人送去我做的菜，受到他们的一致好评	有爱 刺激 餐盒 分享
G2	P7	钦佩 别人对教师的钦佩和尊敬	学习室 坚持给老年人上课；带老年人参加书法比赛	尊重 钦佩 书法
	P8	善良 帮助他人实现愿望	邻居 教他人使用微信，实现和孩子的视频通话	善良 乐于助人
	P9	魅力 虽然老了，但是技术没丢	公益室 帮助村民修一些简单的电器	魅力 助人 能力

续表

序号		愿景（积极情绪）	故事（实践活动）	关键词
G2	P10	崇拜 技术工人一直到厂长，别人对我崇拜	聊天室 边喝茶边聊天，讲述自己年轻时的所见所闻	放松 崇拜 喝茶 聊天

5.2.2 调研结果

5.2.2.1 数据分析

①用户分类，人物角色画布构建的第一步是用户分类，分为以愉悦、意义、美德为愿景的三大类。学者德斯梅特提出的25张积极情绪粒度卡对情绪标签、表现行为、诱发条件作了详细的解释。通过对每个积极情绪的理解，对用户调研中所选择的积极情绪按照愉悦、意义、美德归类，并概括其积极体验（表5–8）。

表5–8　用户分类信息关键点

愿景	积极情绪	积极体验
愉悦	P1放松 P2狂喜	健身室—做运动 娱乐室—打牌、玩游戏
意义	P3满足 P4信心 P5精力充沛 P6激励 P9魅力	家里—种菜 幸福院—兼职工作 娱乐室、学习室—组织活动 邻居—分享饭菜 公益室—发挥才能
美德	P7钦佩 P8善良 P10崇拜	学习室—授课 公益室—助人实现心愿 聊天室—分享见闻

②用户分类后，分析其积极体验背后心理需求的满足，分析其意义和价值所在（表5–9）。

表5-9　意义分析信息关键点

愿景	积极情绪	积极体验	意义
愉悦	P1放松 P2狂喜	健身室—做运动 娱乐室—打牌、玩游戏	刺激性—丰富生活 安全性—掌控身体 相关性—亲密接触
意义	P3满足 P4信心 P5精力充沛 P6激励 P9魅力	家里—种菜 幸福院—兼职工作 娱乐室、学习室—组织活动 邻居—分享饭菜 公益室—发挥才能	技能性—发挥才能 技能性—力所能及 安全性—生活保障 技能性—组织能力 相关性—热闹 刺激性—赢得认可 技能性—发挥才能
美德	P7钦佩 P8善良 P10崇拜	学习室—授课 公益室—助人实现心愿 聊天室—分享见闻、给他人意见	流行性—自我价值、受关注 自主性—自愿帮忙 流行性—影响他人

③意义分析之后，按照调研的数据，提取技能和材料（表5-10）。

表5-10　技能、材料信息关键点

愿景	积极情绪	积极体验	意义	技能	材料
愉悦	P1放松	健身室—做运动	刺激性 安全性 相关性	身体灵活	趣味运动器材
	P2狂喜	娱乐室—打牌、玩游戏		逻辑能力	纸牌、麻将
意义	P3满足	家里—种菜	技能性 技能性 安全性 技能性 相关性 刺激性 技能性	种植	简易轻便种植工具
	P4信心	幸福院—兼职工作		兼顾	清洁工具
	P5精力充沛	娱乐室、学习室—组织活动		组织协调	信息传输工具 记录工具
	P6激励	邻居—分享饭菜		烹饪	厨具
	P9魅力	公益室—发挥才能		技术	
美德	P7钦佩	学习室—授课	流行性 自主性 流行性	讲课	书法工具
	P8善良	公益室—助人实现心愿		丰富技能	
	P10崇拜	聊天室—分享见闻		丰富知识	茶具

5.2.2.2　人物角色画布

按照人物角色画布的每个模块逐一进行分析和提炼，提出了以老有所乐、老有所为、老有所尊为愿景的三类目标，构建了人物角色画布（图5-19~图5-21），为后续的概念设计提供支持。

老有所乐

人物：老张
职业：家庭主妇
爱好：看剧、烹饪
特长：打牌

积极体验
积极情绪：狂喜
活动时间：下午
活动地点：驿站娱乐室
活动内容：中午午觉后，闲来无事，召集邻居朋友一起去生活驿站。娱乐室是我最喜欢的，可以和朋友们一起玩各种娱乐活动，平常我比较喜欢玩扑克和麻将，可以促进我的手部灵活力和大脑的思维能力，防止老年痴呆。最重要的是，在玩耍过程中，可以促进和朋友之间的交流，以及输赢结果的刺激，会让我们开怀大笑，愉快地度过日常充足的闲暇时间。

意义
1.相关性，通过玩游戏的方式，可以使朋友之间的关系更加亲密，增进感情；
2.技能性，虽然年纪大了，但也可以掌握各种游戏玩法，赢下游戏；
3.刺激性，通过玩游戏的方式，有一定的竞技性，时刻都会有惊喜和快乐。

技能
1.为人处事热情大方

2.善于沟通交流

3.爱思考、动手

材料
1.麻将

2.扑克

图5-19　以老有所乐为愿景的人物角色画布

积极设计介入乡村互助养老产品研究

老有所为

人物：老李
职业：务农
爱好：种地
特长：种地

积极体验
积极情绪：满足
活动时间：上午
活动地点：家里
具体内容：年龄大了，手脚越来越不利索，好多事都做不了，不能再像年轻时天天扛着锄头种地，但这辈子也没什么本领，就会种地，买来一些现成的幼苗和肥料，在自家的小花盆小菜园里种一点小蔬菜，不用花很大力气，还可以活动活动身体。每天都会给它们浇水、拔杂草，在我的细心呵护下，它们渐渐成熟。除了日常和老伴用来做一些配菜外，大部分都给朋友和邻居分了，邻居们收到都夸我蔬菜种得好，使我感到满满的成就感和满足感。

意义
1.技能性：一辈子务农，种菜好手；
2.刺激性：分享给他人，受到他人的赞美，激励自己不断努力。

技能
动手能力

材料
1.种植工具

2.盆栽

3.幼苗

图5-20　以老有所为为愿景的人物角色画布

积极设计介入乡村互助养老产品研究

老有所尊

人物：老王
职业：退休老师
爱好：看书、下棋、喝茶
特长：书画

积极体验
积极情绪：尊重
活动时间：周末
活动地点：聊天室
具体内容：到了周末，老朋友们都不用照看孙子孙女了，都回村住几天，下午，我会召集大家一起去聊天室，一起聊聊天，一起喝喝茶。我会带着好的茶叶，和大家分享，早早去，先做好准备工作。老一辈的人对喝茶非常讲究，这代表了朋友之间的互相尊敬，喝茶中都会按照茶道文化中烫杯、洗茶、冲泡等做好，每一步都不能少。伴随着仪式感和愉悦的聊天分享，会感觉整个周末都轻松和有意义。

技能
1.品茶
2.沏茶

材料
1.茶叶
2.茶具

意义
1.流行性，喝茶时，敬茶等，感觉自己是受关注和尊敬的；
2.相关性，通过喝茶聊天，增进朋友间的感情，身心愉悦。

图5-21　以老有所尊为愿景的人物角色画布

5.2.3　概念设计

5.2.3.1　概念设计探索

在概念设计阶段以三类人物角色画布为依据，运用概念设计路径，从积极实践活动出发，明确设计意图，形成以愉悦为主、意义美德为辅，以意义为主、愉悦美德为辅，以美德为主、愉悦意义为辅的三个方向，从可能性驱动、追求平衡、个人需求、积极参与、长期影响出发，探索概念设计。

（1）老有所乐

首先在深入理解人物角色画布的基础上，通过积极体验和意义的描述，明确了以老有所乐为愿景的老年人“希望每天都能开心，和伙伴们一起玩牌打发空闲时间”。因此，明确设计意图是以愉悦为主意义美德为辅，设计一款满足老年人老有所乐为愿景的娱乐产品。明确设计意图，从五大特征进行概念探索。a. 可能性驱动：从材料中可以看出老年人现有的娱乐产品主要是传统的棋牌。因此，在此基础上，保留原有的游戏形式，思考更多的创新游戏玩法，在传统上创新，有助于老年人更好接受；b. 追求平衡：在愉悦、意义、美德互不冲突的情况下，愉悦为主，同时意义和美德也相应提升。传统棋牌游戏只是纯粹的娱乐，对个人意义的实现和个人道德、社会发展无较大影响。因此，在保持棋牌属性不变的情况下，可从视觉、听觉、触觉方面考虑；c. 个人需求：从意义中可以看出，在日常生活中，老年人玩牌满足了他们的相关性、技能性、刺激性的心理需求，因此，可在传统棋牌游戏的基础上发展、保持及提升传统棋牌游戏的愉悦性；d. 积极参与：从材料中看，传统的棋牌游戏是属于群体游戏，具有较好的吸引力。因此，可继续保持棋牌的群体游戏属性；e. 长期影响：传统游戏享受的只是当下输赢的短暂乐趣。因此，要多角度考虑棋牌游戏对老年人的长期影响，如促进锻炼、发挥个人价值等。最后，通过以上分析，提出老有所乐的二十四节气纸牌概念设计（表5-11）。

表5-11　二十四节气纸牌概念

实践活动	设计意图	设计要点
二十四节气纸牌游戏，在传统纸牌的基础上，以二十四节气为元素构成新的纸牌游戏	愉悦为主： 纸牌游戏、创新玩法，保持竞技性的同时，提升愉悦感 个人意义、美德为辅： 互动游戏促进手部和脑部的运作，同时二十节气纸牌促进传统文化的传播	可能性驱动： 打破传统“拿，扔”的操作方式，以双方“传递”的方式，创造新玩法 追求平衡： 纸牌游戏带来愉悦感、纸牌玩法有助于个人成长、纸牌内容传承传统文化 个人需求： 纸牌游戏满足老人日常需求，愉悦、打发时间 积极参与： 二十四节气纸牌，二十四个种类，远多于传统纸牌，可供较多人参与 长期影响： 满足当下愉悦的同时，巩固了对传统二十四节气的认知

（2）老有所为

首先在深入理解人物角色画布的基础上，通过积极体验和意义的描述，明确了以老有所为为愿景的老年人，“虽然年纪大了，体力等都跟不上了，但还是希望发挥自己的特长，力所能及地种一点简单的蔬菜，可以与朋友们分享。”因此，明确设计意图是以个人意义为主，美德、愉悦为辅，设计一款能满足老人老有所为愿景的分享种植产品。随后，从五大特征进行概念探索。a. 可能性驱动：从材料看，用户会拿一些小盆栽来满足种菜需求。因此，在小盆栽的基础上，创造种菜的价值；b. 追求平衡：三者互不冲突的前提下，实现个人意义，同时需提升活动的愉悦感，体现分享的美德价值所在；c. 个人需求：老人随着年龄的增长，体力精力等有所下降，无法像年轻时那样大面积种植。因此，应在精缩版的盆栽下，体现种菜的个人价值；d. 积极参与：老人体力和精力较少时，简单易操作可以促进参与的积极性；e. 长期影响：老人希望可以分享给朋友，在此基础上，促进人与人之间的美德分享，进一步带动社区的可持续发展。最后，通过以上分析，提出老有所为的共享蔬菜盆栽概念设计（表5-12）。

表5-12　共享蔬菜盆栽概念

实践活动	设计意图	设计要点
为满足老人的种菜体验，提出共享蔬菜盆栽的概念。考虑老年人身体素质下降，从而运用集合了土壤、肥料、种子于一体的培养皿，只需简单浇水拔草就可成长，将其通过包装的结构设计，在满足盛放培养皿的同时有助于人与人的分享	个人意义为主： 发挥种菜技能，收获成果，实现自我价值 愉悦意义、美德为辅： 促进分享交流，提升愉悦感，有助于社区可持续发展	可能性驱动： 除去盆栽的简单种植，还可以促进蔬菜的分享，创造人与物的多重互动体验 追求平衡： 小盆栽实现个人意义、一体化盆栽装置提升愉悦感、蔬菜分享促进人与人之间交流，实现社区可持续发展 个人需求： 蔬菜小盆栽满足种菜及分享需求 积极参与： 一体化简易装置，操作简单，促进积极参与 长期影响： 满足个人意义实现的同时，有助于人与人之间的交流，促进社区发展

（3）老有所尊

首先在深入理解人物角色画布的基础上，通过积极体验和意义的描述，明确了以老有所尊为愿景的老年人的需求："老人对传统文化礼仪非常讲究，喝茶时，要按照茶道流程，体现仪式感，表达对朋友的尊敬，体现自己的优秀品德，同时能感受自己是受关注和被尊敬的。"因此，明确设计意图是以美德为主、愉悦个人意义为辅，设计一款能满足老年人老有所尊愿景的茶具产品。随后，从五大特征进行概念探索。a. 可能性驱动：针对老年用户的身体机能下降，且对茶道文化研究比较深入的特质，产品的开发既要符合老年人的使用习惯，又要体现尊敬来创造更多可能性；b. 追求平衡：三者互不冲突的前提下，促进美德发展，提升愉悦和意义。喝茶本身可以促进人与人之间的交流，满足愉悦感的同时，增进了朋友之间的感情；c. 个人需求：喝茶所需的茶具有助于喝茶活动的展开以及提升朋友之间的感情；d. 积极参与：对于喝茶爱好者，喝茶在社区中是一项多人参与的活动，可以很好地吸引老年人，但是由于老年人身体机能下降，较为便捷的茶具更具吸引力；e. 长期影响：喝茶有助于身体健康，茶文化及个人品德的体现有助于文化和优秀美德的传承和延续。最后，通过以上分析，提出老有所尊的"敬茶"茶具概念设计（表5-13）。

表5-13 "敬茶"茶具概念

实践活动	设计意图	设计要点
"敬茶"茶具，包括茶盘、茶杯、茶壶，满足老年人完整喝茶流程体验，同时体现茶文化中的尊敬需求及个人品德。考虑老年人身体机能下降，方便收纳的茶具，更能满足老年人的身体需求	美德为主： 便于操作的茶盘、双手敬茶的茶杯、整合化的茶壶，体现茶道的流程以及茶文化中的尊敬和良好的个人行为品德 愉悦、意义为辅： 通过敬茶茶具，为老年人提供了一个有仪式感的喝茶体验和氛围，有助于老年人的交流、增进情感	可能性驱动： 可旋转茶盘，满足沏茶功能的同时，便于收纳，创造多重体验 追求平衡： 敬茶茶具为喝茶提供了完整的用茶体验及仪式感，促进聊天更加愉悦、感情更加亲密、茶文化也有效地体现及传承 个人需求： 为爱喝茶的老年人，提供操作简单和富有仪式感的茶具 积极参与： 多人喝茶茶具，方便老年人操作，激发更多人的参与 长期影响： 喝茶时敬茶的行为，体现了较好的品德，促进社区优良美德延续

5.2.3.2 概念故事构建

按照概念故事模型，以产品、交互、情境三要素，构建人、物、环境的场景，促进概念可视化的形成。

（1）老有所乐

午觉过后，在家也闲来无事，约隔壁老李去生活驿站娱乐室看看有没有人在打牌。今天大家都好早，已经都到了，那我们玩二十四节气纸牌吧，它可以好多人一起玩。和我们往常纸牌不同的是，它是传牌，一圈一圈传牌，直到有人手中为四张同样的牌，然后马上喊出手中的节气，扔掉牌。其他人依次喊出和扔牌，谁最后，就为输。“哈哈，太有趣了，既活动了手部，还锻炼反应能力，太适合我们老年人了。”伴随着愉快的笑声大家该回家了。这一下午真的过得太快，好想继续玩，我们明天再约（图5-22）。

（2）老有所为

今天天气不错，去公益室看看我的蔬菜怎么样了。到公益室，看到大家都在自己的小盆栽面前边聊天边浇水，我也赶忙加入进来。蔬菜都长得挺好的，香菜可以收了。这时，正听到隔壁老李说中午需要一点香菜，于是上前说：“我这里有，你可以中午拿回去吃。”老李听了，连忙表示感谢，并把他的小蔬菜也分给了我。小盆栽里的内嵌包装，把蔬菜巧妙地包起来，看到老李体面地拿着自己种的蔬菜，以及与其他朋友之间的互相交换与分享，充满了满足感和幸福感（图5-23）。

（3）老有所尊

到周末了，今天我来组织大家一起去聊天室喝茶吧。约的是下午两点半，我先早早去准备。带我的好茶叶去了聊天室，茶具太方便了，可以都放在茶盘里，搬来搬去、清洗都很方便。烧好水，就等大家来了。时间差不多了，老朋友们也都来了，我慢慢地开始烫杯、洗茶、冲泡等，按照茶道流程为每位倒好茶，为大家双手敬上。大家都夸我茶沏得好，对老朋友都很尊敬和周到。在这个充满仪式感的氛围中，大家互相分享着自己的见闻，愉悦而有意义地度过了周末时光（图5-24）。

图5-22　老有所乐概念故事表达

图5-23　老有所为概念故事表达

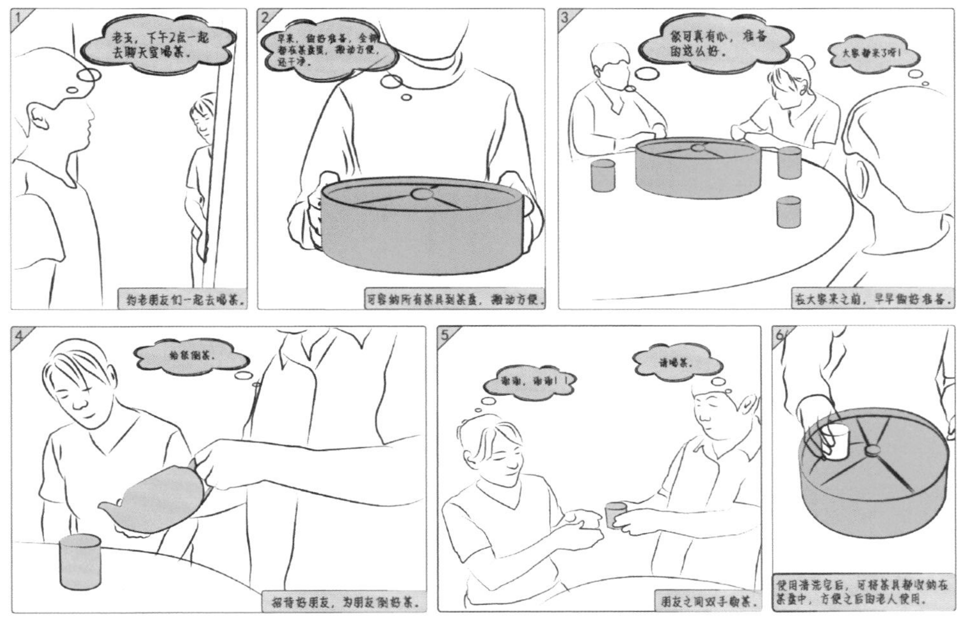

图5-24　老有所尊概念故事表达

5.2.4　概念可视化

在设计概念可视化阶段，以构建的概念故事出发，按照概念推导和概念翻译组件进行概念故事的转化，从而形成可视化的产品。

5.2.4.1　草图表现

在对概念故事深入理解后，运用概念可视化路径、概念推导和概念翻译组件，生成产品原型。首先通过手绘的方式进行表现，对产品设计的造型、功能、具体细节进行探求，本文针对三个目标用户构建的三个概念故事共提出12个设计解决方案，每类用户分别对应四款概念设计方案。运用焦点小组的方法对手绘的概念进行评估和筛选，每个目标用户优选出一个方案进行深化和三维制作，如图5-25所示。

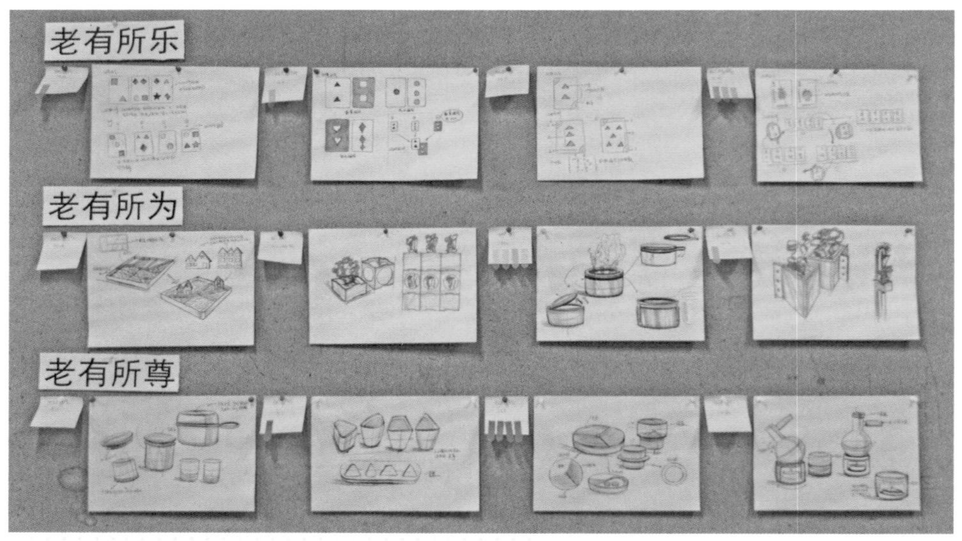

图5-25　概念手绘及概念筛选

（1）老有所乐

首先，从构建的概念故事出发，在深入理解概念故事的基础上，明确了老有所乐的产品属性是一款以二十四节气为内容的群体互动式纸牌游戏。其次，以二十四节气为主要设计内容，选用概念推导组件中的隐喻进行概念推导，运用时令水果的形式来隐喻每个节气。接下来，逐一按照概念翻译组件进行产品设计。几何，是以几何形式来提炼水果造型；布局，是文字与图案的平面构成；搭配，是季节颜色属性与水果颜色的搭配；风格，是简单清新的简约风格；表面处理，是纸牌材质的表面亮光处理；系统，是游戏形式与规则的设定；外围设备，是说明书、包装盒的配套设计；图形，是二十四节气的字体和图标设计。通过这样的转化，输出整套二十四节气的纸牌产品，如图5-26所示。

（2）老有所为

首先，从构建的概念故事出发，在深入理解概念故事的基础上，明确了老有所为的产品属性是一款方便老人种植且有助于分享的蔬菜盆栽。其次，以便捷和分享为主要设计内容，选用概念推导组件中的体验进行概念推导，通过小盆栽的包装结构及一体化的栽培技术，实现简单种植与互助分享的体验。接下来，逐一按照概念翻译组件进行产品设计。几何，是小盆栽整体造型为圆柱几何的造型；布局，是整体形态分为上中下三部分；搭配，是内切环保包装袋，有助于老人分享后携带；风格，是绿色自然的风格；表面处理，是运用农作物复合材料，进行模压处理，表面进行喷漆抛光，促进可持续发展；系统，是盆栽结构内切环保包装袋的抽拉结构；外围设备，是干燥浓缩土壤且附有种子的蔬菜培养皿；图形，是外包装纸上，以有爱分享为主的图案设计。通过这样的转化，输出一体化的共享蔬菜盆栽产品，如图5-27所示。

（3）老有所尊

首先，从构建的概念故事出发，在深入理解概念故事的基础上，明确了老有所尊的产品属性是一款体现茶道文化、个人品德的茶具设计。其次，以全套茶具

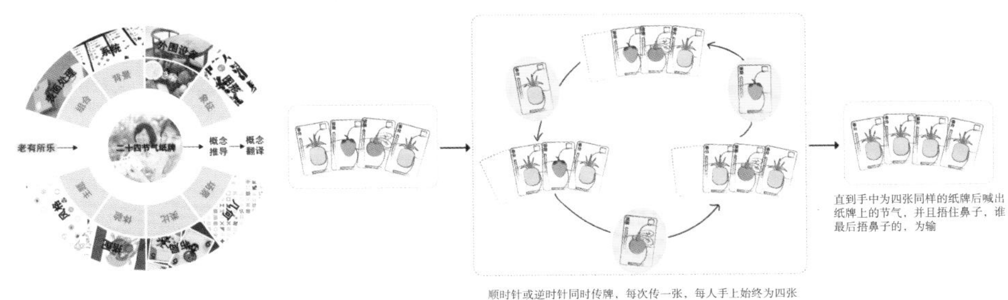

图5-26　二十四节气纸牌概念可视化过程

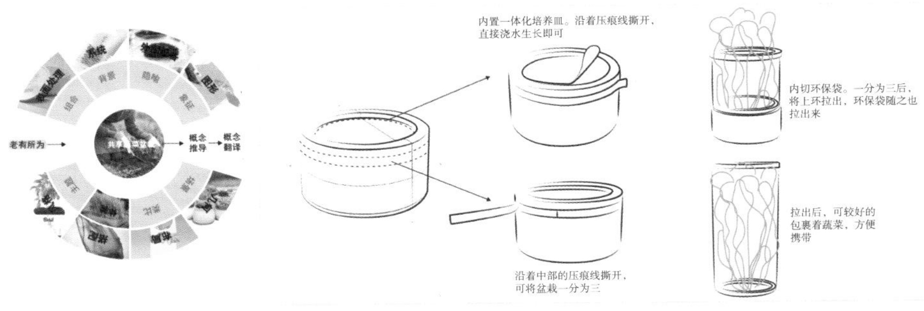

图5-27　共享蔬菜盆概念可视化过程

为主要设计内容，选用概念推导组件中的场景进行概念推导，运用喝茶时人物、行为、产品来进行茶具的设计，使其体现茶道文化和个人品德。接下来，逐一按照概念翻译组件进行产品设计。几何，是以圆形为主要造型，实现茶面360° 旋转；布局，是茶盘三面的旋转布局；搭配，是茶盘、茶杯、茶壶、公道杯主要工具的形态、功能、色彩的整体统一；风格，是简约的风格；表面处理，是茶盘为塑料材质，然后进行表面的喷漆抛光处理，其他为陶瓷材质，颜色都相互统一；系统，是简约化的整套茶具的设计，满足老年人喝茶时的所有流程，同时又方便老人喝茶时的清洗、拿取等行为；外围设备，是放置在圆桌更为适合；图形，是茶具中所涉及的肌理、滤网、山体造型。通过这样的转化，输出一套体现茶文化、展现优良品德的茶具产品，如图5-28所示。

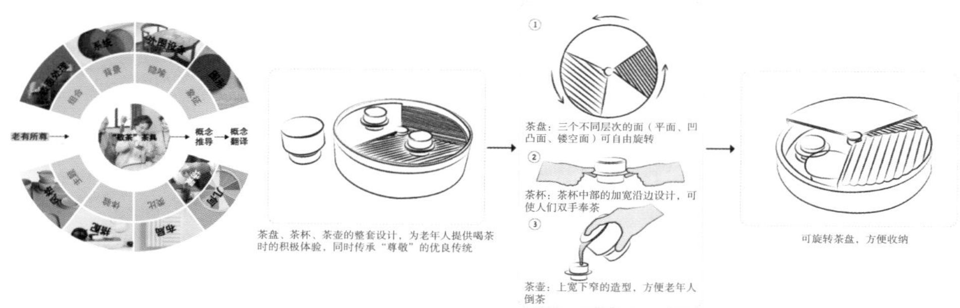

图5-28 “敬茶”茶具概念可视化过程

5.2.4.2 概念优化及三维表现

将优选出的概念进行优化和三维的可视化制作。最终为目标用户输出一款完整的产品原型。

（1）老有所乐：二十四节气纸牌

以老有所乐为愿景的老年人，他们热情、乐观。闲来无事，喜欢去生活驿站和朋友们打牌。这类游戏不仅可以打发老年人充足的空闲时间，更重要的是在游戏过程中，可以使老年人开怀大笑，非常愉悦。它可以促进老年人的手部和脑部运作，增进老年人之间的情感交流。因此，在现有的纸牌基础上发展，通过改变

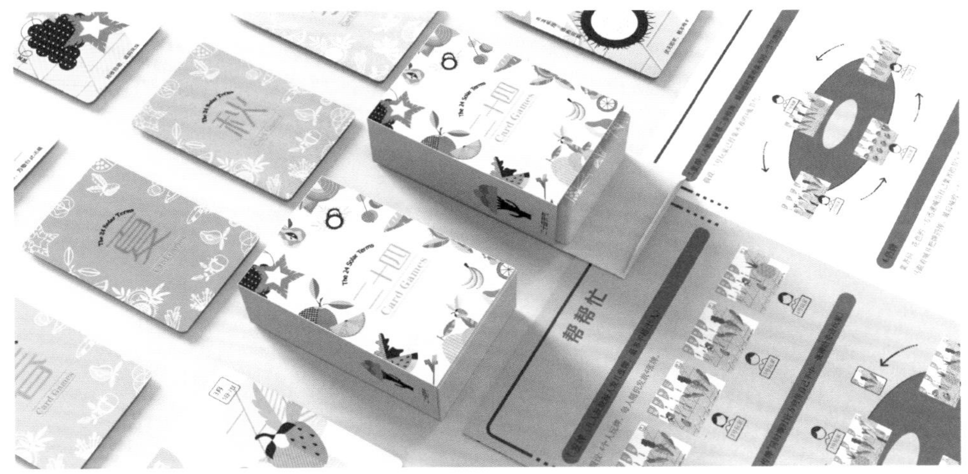

图5-29　二十四节气纸牌

游戏形式和内容，为他们设计出了一款二十四节气纸牌，如图5-29所示。

二十四节气纸牌共有96张纸牌一个包装盒及一张游戏说明书组成。96张纸牌按照季节分为四类，每个季节对应一个颜色（春季-绿色，夏季-蓝色，秋季-黄色，冬季-灰色），每个季节下有六个节气，每个节气重复四张，如图5-30所示。其创新点主要包括以下两点：

①纸牌内容。打破以往数字形式为表达内容的纸牌，运用老年人熟悉的二十四节气（节气名称、节气气候、节气特点）以及当季所对应的时令水果，给老人一种农耕时的回忆及当下健康生活的提醒，如图5-31所示。

②游戏规则。日常的纸牌主要以“拿牌”“扔牌”两个动作为主，二十四节气纸牌则以每人手中四张纸牌为基准，通过过程中的喊口号“123”伴随“传牌”动作来进行游戏的展开。通过多次传牌后，谁手中最先出现四张同样节气的纸牌，立刻喊出手中的节气名字并扔牌即获得胜利，其他人迅速反应后，依次重复，最末者为输，游戏结束。图5-32所示为游戏说明书。该游戏方式在传统的基础上增加适合老年人的简单动作，以视觉、听觉、触觉的多重协调配合，丰富老年人的游戏体验，激活老年人的反应力。

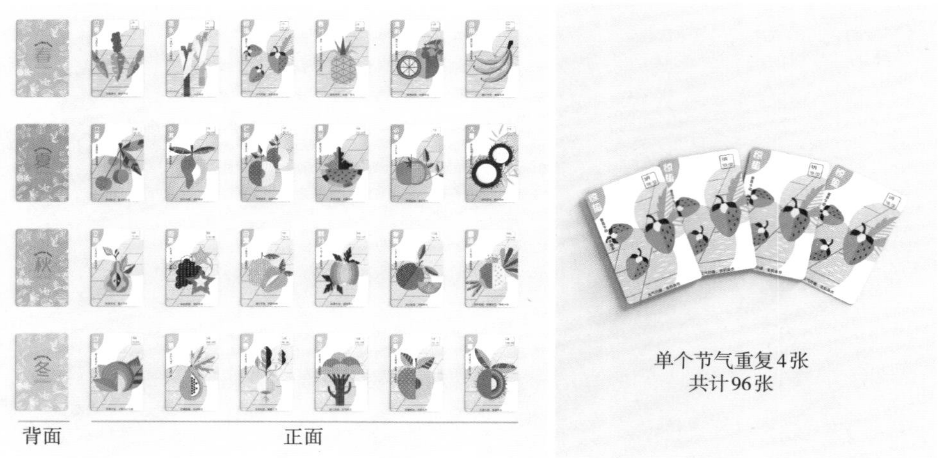

图5-30　96张纸牌

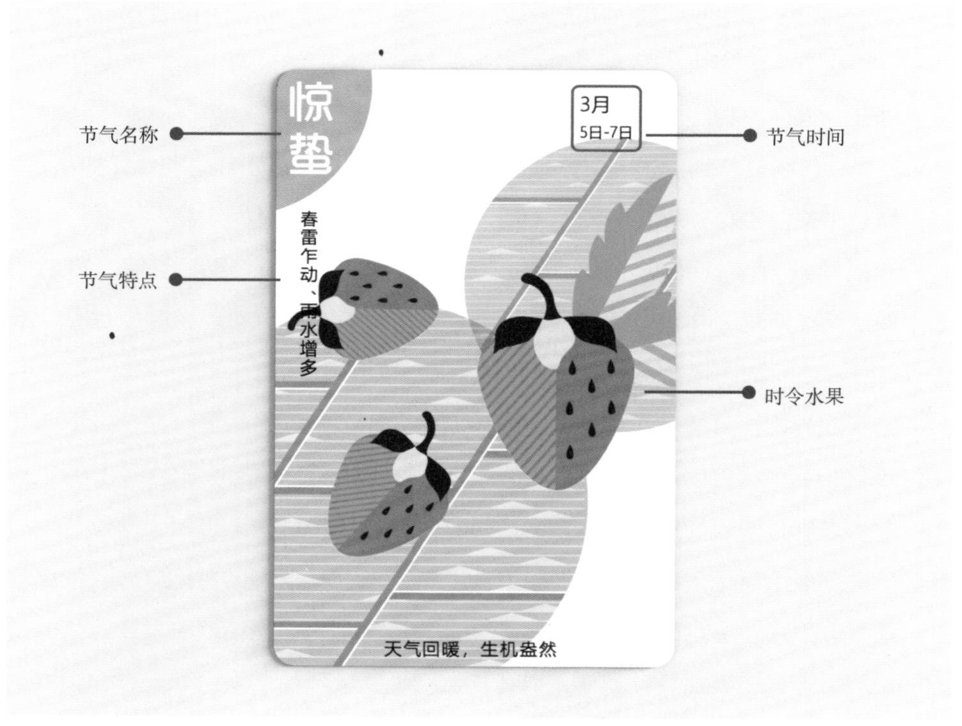

图5-31　纸牌内容

二十四节气纸牌，丰富了老年人的娱乐生活，在开心愉悦的同时，促进老年人身体机能和脑部机能的锻炼，对老年人的身体健康有一定的促进作用。同时，该群体游戏有助于老年人之间的交流，促进社区的可持续发展。

（2）老有所为：共享蔬菜盆栽

以老有所为为愿景的老年人认为，虽然年纪大了，但还是希望可以发挥自己的技能，实现自我价值。他们会在自己家中，拿一些小花盆种植一些简单的蔬菜，不仅丰富了老年生活，同时可以促进邻里之间的分享与交换。因此，针对老年人的特征设计了一款置于社区公共空间下的便捷种植且易于分享和共享的蔬菜盆栽，如图5-33所示。

共享蔬菜盆栽以便捷的种植方式、共享的互动体验，来满足老年人老有所为的愿景。其创新点包括以下三点。

①将有机肥料、土壤、蔬菜种子形成一体化的蔬菜培养皿，拿掉盖子，只需

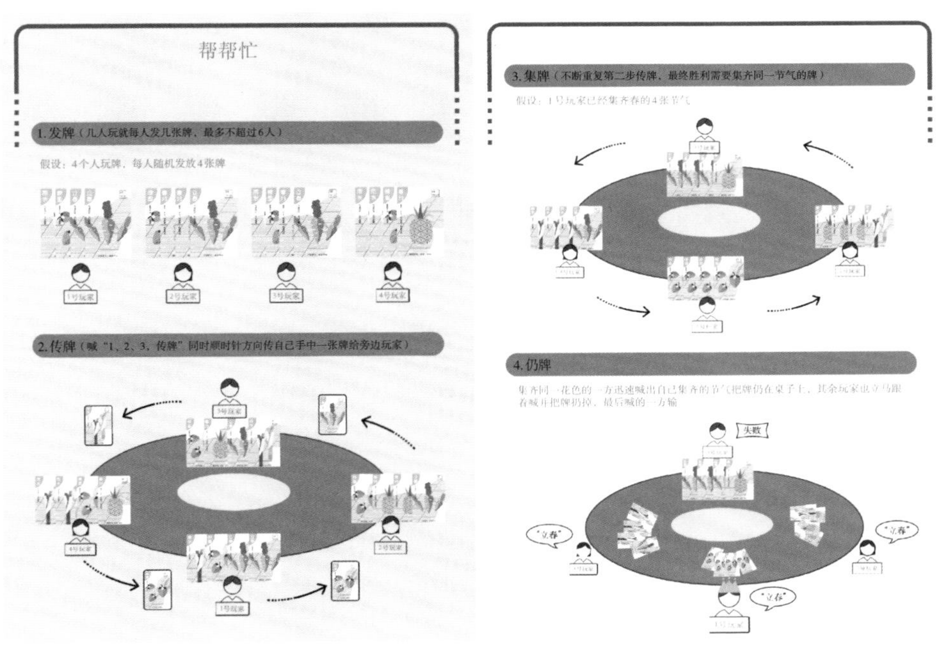

图5-32　游戏说明书

浇水和拔杂草就可促进蔬菜的成长，符合老年人的生理特征，如图5-34所示为种植方式。

②当蔬菜成熟后，带走时，按照压痕线撕开，此时，盆栽一分为三，抽拉最上部分圆环，则内切的环保袋顺势拉出且连接中部圆环。通过巧妙的结构设计，可以将蔬菜较好地包裹起来，老人可体面地带回家，如图5-35所示为携带方式。

图5-33　共享蔬菜盆栽

图5-34　种植方式

蔬菜成熟

按照压痕撕开，一分为三

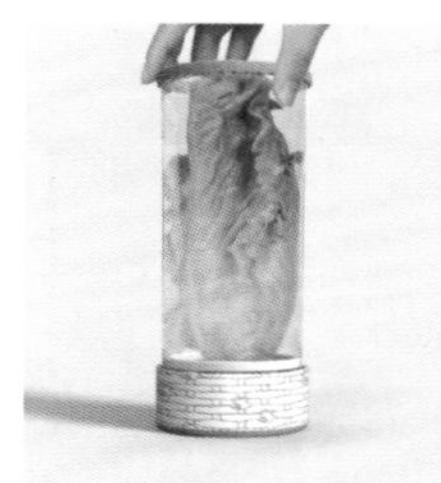

向上抽拉上环

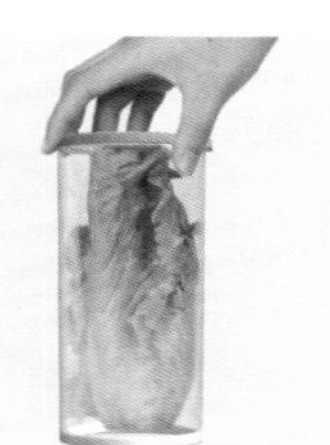

携带

图5-35　携带方式

③外贴包装纸的设计，以双手和竹编为设计元素，通过艺术化的处理，体现互助友爱的视觉感。共享蔬菜盆栽以一体化方式便于老年人种菜，抽拉的内切包装给老人一种惊喜感和愉悦感，以及公共空间下，一起种菜、一起分享，促进了老年人之间的交流和互助友爱的情感连接。

(3) 老有所尊："敬茶"茶具

以老有所尊为愿景的老人，他们受传统文化礼仪的影响，对待事情很看重其中的礼仪之道。他们不希望自己老了、无用了，就不被关注和尊敬。尤其是在喝茶过程中，他们注重茶道文化，包含饮茶的步骤、饮茶的行为等。因此，依照茶道文化以及老人喝茶的过程，设计了一套“敬茶”茶具，如图5–36所示。

“敬茶”茶具包含茶盘、茶杯、整合茶壶三部分，来满足老年人喝茶的需求及茶文化和个人品德的体现。其创新点主要包括以下三点。

①茶盘。由三个可360°旋转的不同肌理面组成，其中，镂空面为操作台，可进行洗茶等工作，水可直接从镂空面倒入。其余两个面为凹凸和平面，为客人或长辈留有干净的饮茶台面，以表尊敬。360°可旋转茶盘，可较好地将茶杯、茶壶等器皿放置其中，方便老人的收纳和移动，图5–37所示为茶盘。

②茶杯。茶杯的外边沿加宽设计，在方便老人端茶的同时，可警醒双手奉茶，以表尊敬，同时也是自己良好行为品德的表现。同时，老年人倒茶时讲究七分满，以表尊敬。因此，茶的加宽边沿及内部的转折面都处于7/10的位置。通过放大的视觉处理，可以降低老年人因视力下降而产生的倒茶误差，方便老人倒茶时处于最佳水平位置，如图5–38所示为茶杯。

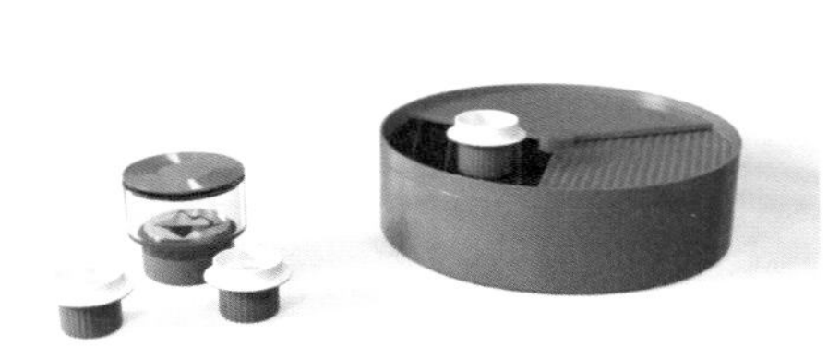

图5–36　“敬茶”茶具

图5–37　茶盘

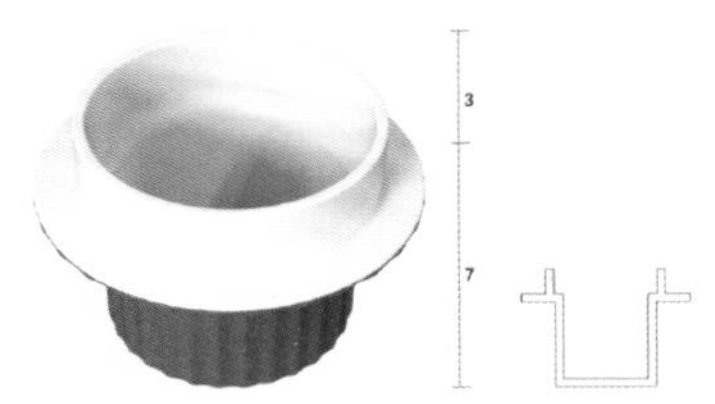

图5–38　茶杯

③整合茶壶设计。将公道杯与茶壶合二为一，只需一次操作，就可倒出过滤掉茶叶的茶水，便于老人操作。同时，上大下小的造型设计，方便老人手持倒茶。如图5-39所示为茶壶。

图5-39　茶壶

“敬茶”茶具的设计在满足老年人喝茶的需求之外，处处体现了待人尊敬的个人品德，以及茶文化的尊敬表现，有助于传统美德的传承和发扬。同时，可旋转茶盘方便老人操作，具有一定的吸引性，愉悦的同时促进老年人个人意义的实现。

5.2.5　产品原型评估

本节以输出的产品原型二十四节气纸牌、共享蔬菜盆栽、“敬茶”茶具为评估内容，将积极设计内容为评估标准，以设计师、用户为评估对象，输出评估结果，为产品原型的优化提供依据。

5.2.5.1　设计师评估

选择了五名积极设计研究方向的设计师（表5-14），评估方式为积极设计打分矩阵表和深度访谈。评估地点为本设计工作室，在安静的环境下，有助于设计师思考。

表5-14　设计师基本信息

设计师评估者编号	性别	年龄	研究方向
D1	女	25	物联网产品的积极体验设计路径

续表

设计师评估者编号	性别	年龄	研究方向
D2	女	24	提升主观幸福感的积极体验设计策略
D3	女	23	延长积极体验周期的设计路径
D4	男	26	基于积极体验的参数化产品设计路径
D5	男	28	自我控制困境驱动的积极体验设计路径

评估过程：每位评估设计师依次进行评估。开始之前，设计师向评估者介绍课题的研究背景和研究目的，使评估者对产品原型的出处有一个大致的了解。而后，评估者先进行产品的体验和观察，有不明确的可以随时与设计师沟通交流。评估开始，由于评估者都是积极设计研究方向的设计师，所以不再多作评估内容的解释。评估者按照积极设计打分矩阵表依次对目标指标层的三个产品原型进行准则指标层和指标层指标打分。每一位评估者打分结束后，设计师与评估者进行深入的访谈，了解打分的原因并给出合理化建议，如图5-40所示。

图5-40　设计师评估访谈过程

五位评估者对于每个指标的打分，算取平均值，按照量表的形式将其汇总，可以直观地呈现出在积极设计下产品原型所需完善和提高的部分，如图5-41所示。对于访谈结果，提取了信息关键点，将其汇总成表格。

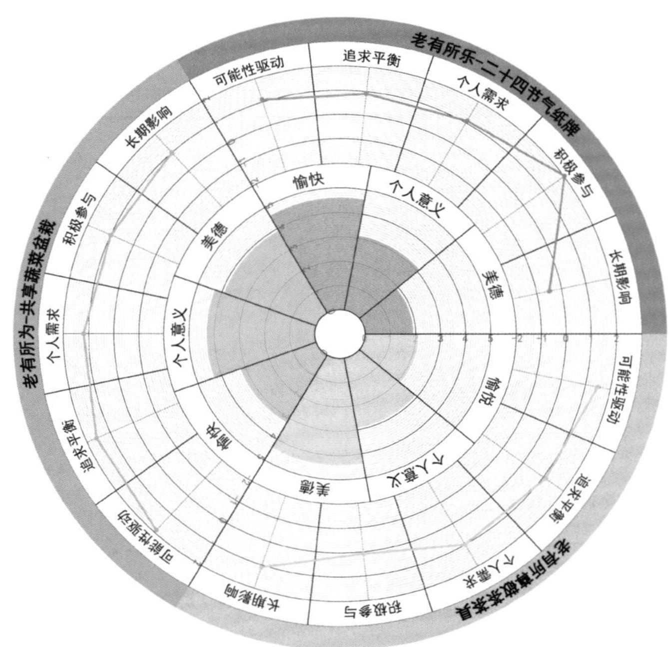

图5-41 积极设计打分矩阵量表

5.2.5.2 用户评估

本次用户评估的对象依旧是上海市奉贤区四团镇五四村村民，邀请了5名用户对产品原型进行了现场体验，如表5-15所示为用户基本信息。在本研究团队位于五四村的工作室（图5-42），运用主观幸福感的评估画布，对用户依次进行半结构化访谈。

表5-15 用户基本信息

用户评估者编号	性别	年龄
P1	男	71
P2	男	65
P3	男	70
P4	女	67
P5	女	75

图5-42 评估地点

图5-43 用户体验过程

五位评估者对于每个指标的打分，算取平均值，按照量表的形式将其汇总，可以直观地呈现出在积极设计下产品原型所需完善和提高的部分，如图5-42所示。对于访谈结果，提取信息关键点，将其汇总成表格。

评估过程：评估开始之前，每位测试者进行产品体验，有助于唤起记忆（图5-43）。评估开始，访谈过程中需要完成1~6步的访谈内容，由于部分测试者文化水平较低，设计师需要按照画布的问题与用户进行问答，由设计师代写画布和录音之后完善画布。访谈过程中，设计师有不明白的或者潜在的问题，会进一步去提问，从而使访谈内容更加全面完善，信息更加完整，如图5-44所示为半结构化访谈过程。访谈结束后，设计师对其访谈信息按照是否符合设计意图、关键信息点，进行总结整理，从而完成画布的第7步，整理提炼后，输出评估结果。

图5-44 半结构化访谈过程

在乡村互助养老模式下，乡村互助养老产品作为互助养老模式发展的物质载体，是促进乡村互助养老可持续发展的有效途径。本节以提升乡村老年人的主观幸福感为宗旨，积极设计理论为指导，产品设计为目标，通过研究丰富了乡村互助养老产品的设计方法、研究思路，以期解决当下乡村互助养老产品品类少、针对性弱、体验感差等问题。同时，希望通过研究扩宽乡村互助养老模式的发展类型，以积极实践活动出发，丰富乡村老年人的日常生活，推动老年人与社区的和谐发展。本节以上海市奉贤区四团镇五四村互助养老产品为例，将积极设计的相关理论导入乡村互助养老产品的设计开发中，旨在将关注的重点从以往的生理需求满足转移到促进用户主观幸福感提升方面，从而实现乡村老年人主观幸福感提升和乡村互助养老可持续发展的双重目标。

5.3 参数化产品积极体验设计实践

随着计算机辅助技术的发展，参数化设计成为当下学术界热点研究方向之一。但是，现有的参数化设计仍然以技术驱动的设计方法为主，尚没有学者从用户个体主观幸福感角度出发进行参数化产品设计开发研究，且没有建立起基于积极体验的参数化产品设计框架。

■ 5.3.1 访谈意图及对象

本节将4.8节中所构建的基于积极体验的参数化产品设计模型应用到设计实践当中，通过积极界定象征意义拓展设计方向，利用图像生成产出编程架构单元，最后使用参数化设计完成设计可视化，产出设计成果，以检验设计模型的可行性与有效性，并从理论与实践两方面评估设计成果（体验）对参与对象积极体验提升的贡献。

共招募六名来自武汉市的受访对象，其中三名女性，三名男性，访谈对象标记序号为A~F，如表5-16所示。六名参与对象依据设计模型开展的实践研究，利用基于积极体验的参数化产品设计模型进行设计实践。设计流程包括界定象征意义、确定肌理图像、参与协同设计、设计成果产出。

表5-16 访谈人员

访谈人员	性别	访谈地点	访谈时间
访谈对象A	女	江汉区	约1个小时40分钟

续表

访谈人员	性别	访谈地点	访谈时间
访谈对象B	男	武昌区	约1个小时20分钟
访谈对象C	男	江夏区	约1个小时20分钟
访谈对象D	女	江夏区	约1个小时20分钟
访谈对象E	男	江夏区	约1个小时10分钟
访谈对象F	女	江夏区	约1个小时20分钟

5.3.2 设计准备阶段

2020年9月，向受试者A寄送了一份体验手册，内容包含一张保密申明、基于积极体验的参数化产品设计模型流程图、象征意义16个设计方向卡片（详见本书4.8）。设计模型流程图上方的产品图像栏可以允许参与者以图片形式粘贴对自己有特定价值或重要回忆的拍照摄影；16张设计方向卡片用于帮助用户理解六种象征意义，也可用于概念化积极体验方向。

随后，与受试者A确定具体时间，前往预定地点开展设计实践流程。经过部分破冰话题推进后，得知参与对象希望可以培养对数学的兴趣，但其面临着不能有效理解数学知识的问题，在函数方面，问题尤其突出。

5.3.3 设计过程阶段

首先，邀请参与者展示八件对其有意义或有价值的物品或图像，编号顺序为01~08。随后根据参与者针对产品图像简述的主题内容，定下标题（数学教材、书籍内容、好友共学、参加培训、客厅烛台、桌面饰品、陶瓷手工、塑形游戏），紧接着简要地筛选分类，共编为四组：成长烦恼、数学补习、饰品摆件、兴趣手工，如图5-45所示。

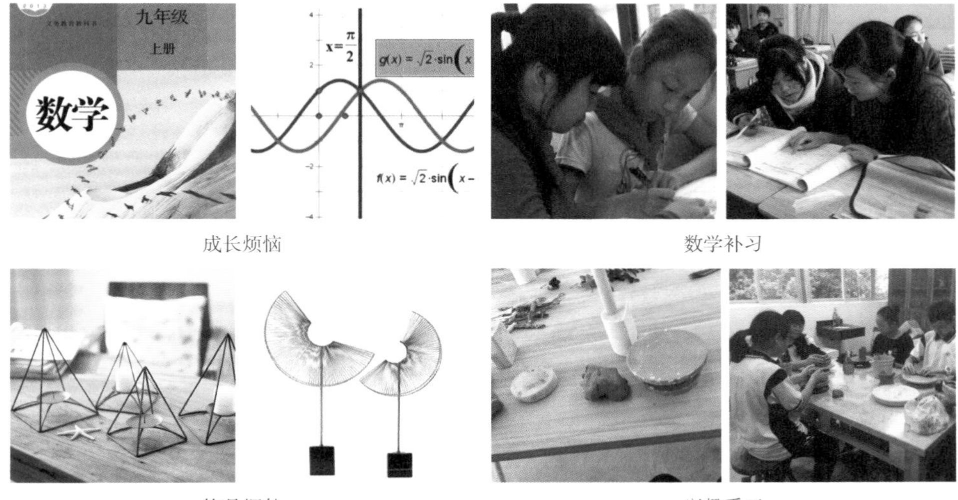

成长烦恼　　数学补习

饰品摆件　　兴趣手工

图5-45　参与者A产品编组

通过对产品图像的归类，以及参与者A简要阐述的有关产品图像的基本信息点，可以归纳总结如下：a. 前两部分（成长烦恼、数学补习），参与者A主要围绕数学学习相关事件；b. 后两部分（饰品摆件、兴趣手工），主要体现了参与者A的兴趣爱好——摆件与手工（表5-17）。

表5-17　参与者A产品图像的基本信息点

编号	标题	分组	基本信息点
01	数学教材	成长烦恼	上课、压力、不敢抬头、复杂、缺乏信心、听不懂、抓紧时间
02	书籍内容		
03	好友共学	数学补习	辅导、朋友、陪伴、适应环境、案例枯燥、时间短、做作业
04	参加培训		
05	客厅烛台	饰品摆件	旅游纪念、活动、看秀、安静、动漫、舞蹈偶像、天台少女、易烊千玺、旋律、演唱会
06	桌面饰品		
07	陶瓷手工	兴趣手工	玩耍、爱好、舒适惬意、包容、减压、有比赛、有活力、陪伴、没有压力、他人的赞赏、耐心
08	塑形游戏		

其次，由前文可知参与对象A期望养成对数学的学习兴趣，尤其是对函数公式与图像之间的理解，抓住参与者A对数学的困惑与喜欢摆件饰品的特征，可将参与者A提供物件及图像归类至“自主性”象征意义。“自主性”象征意义的表达为期望对此类产品图像在思想上和行动上实现自由掌控以及更进一步。

最后，作者通过进一步问询参与者A的重要时刻，界定了积极设计的方向——转移用户注意力。如图5-46所示，设计方向“转移用户注意力”试图通过设计干预，将用户的注意力从消极转移至积极。根据此设计方向，通过提取用户的爱好、特征或品质移情至产品或服务中，以消除陌生与不适感，从而提升积极情感。为图像生成阶段提供故事挖掘引导，并为设计人员搜集获取更多有效信息提供支持。

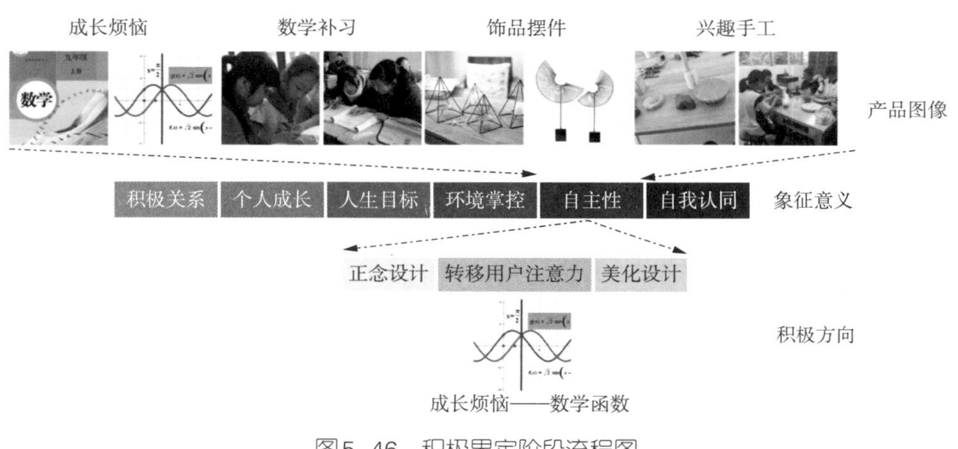

图5-46　积极界定阶段流程图

在图像生成阶段中，将根据“自主性”象征意义中的“转移用户注意力”为导向，设计部分开放性的问题，将参与对象带入特定的情感当中。本阶段访谈在参与对象熟悉的地点进行，参与对象需要简要地概述产品图像中所联想到的生活故事：参与者过去的经历、当前的生活与对未来的憧憬等问题。除此之外，参与对象也可以详细描述他们认为重要的因素，如产品的表面处理、色彩构成、工艺材质等，用户描述与简化抽象以期许、事件与影响为框架载入相关内容，如图5-47所示。

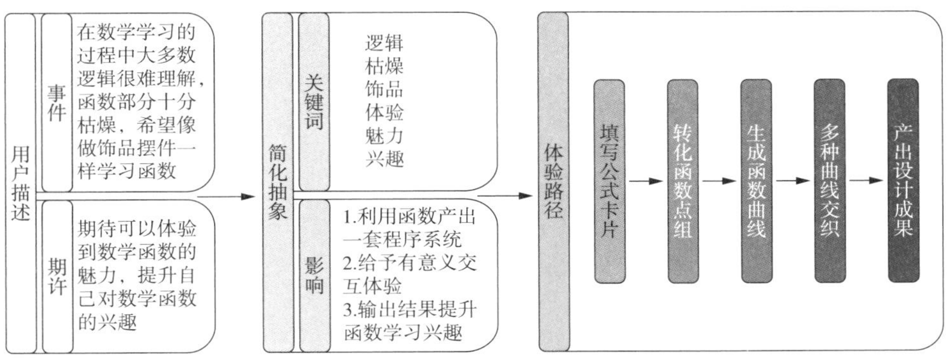

图5-47　图像生成阶段流程

通过参与者自述："在各种要求下一直在努力提升数学科目的成绩，但对于数学逻辑理解较为混乱；也尝试参加了数学培训班，但感觉课上案例非常无聊！期望可以有像做饰品摆件那样轻松的学习方式。"抓住用户期许：可以体验到数学函数的魅力，提升学习兴趣。提炼影响：a. 利用函数产出一套程序系统；b. 该系统应赋予有意义交互体验；c. 该系统输出结果可以提升用户对数学函数的兴趣。

该系统的生成路径如图5-48所示，主要分为五个步骤：填写公式卡片、转化

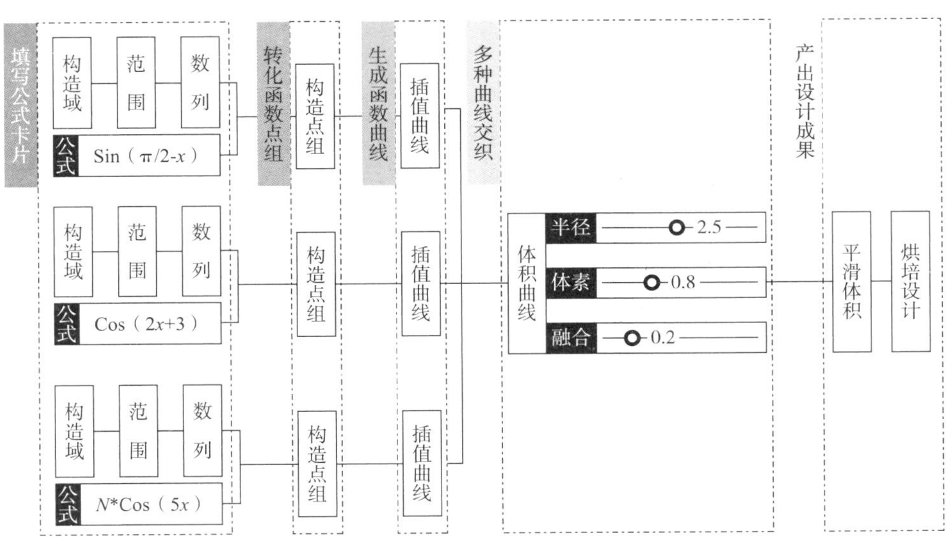

图5-48　图像生成阶段生成路径

函数点组、生成函数曲线、多种曲线交织、产出设计成果。该系统逻辑构建主要利用Rhino with Grasshopper软件构造程序核心，用户需要从系统中选择函数公式，或者自己填写适合的公式，由系统转化成可视化的点组，点组可以衔接成函数插值曲线，编织三组以上的曲线扭转，再利用体积曲线来调整半径、体素以及融合度，优化整体效果，最终通过平滑体积，产出设计成果。

在参数设计阶段对产品背后象征意义的挖掘，所产出的积极体验一般可以促使用户主观幸福感的提升，而设计方向所代表的意义依据转移用户注意力原则，对应着参与者需求的满足——将用户的爱好与需要提升的成绩对应在一起。因此参数设计应从体验入手，让用户体验与主观幸福之间建立联系。

本节研究为了快速高效的开展，首先构建了一套简易的交互系统模型机，系统模型机界面从上至下分别为作品展示区域、公式选择（填写）区域、参数调解区域、色彩调解区域，单一界面的形式方便用户快速识别功能，进行交互实践，产出设计成果，如图5–49所示。

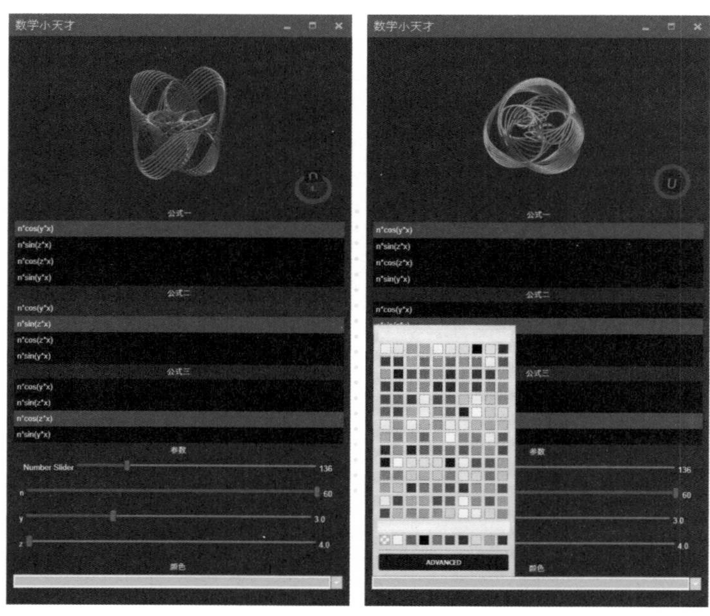

图5–49　交互系统样机界面

生成过程如图5-50所示，访谈对象选择自己填写函数公式卡片sin（2x+3）、cos 4x、y*sin（n*x）、cos（n*x）共四份，由系统转化函数点组，生成函数曲线后，访谈对象点击选择了三种曲线互相编织扭转，最终产出四种设计成果。

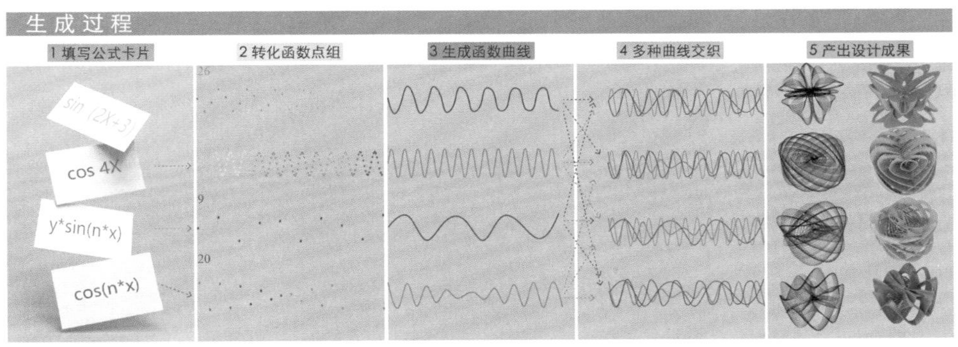

图5-50　参数设计的生成过程

■ 5.3.4　设计产出阶段

设计成果作品如图5-51所示。首先，发放多种数学函数公式卡片，通过参数化方法，实现各种函数公式的可视化；其次，让参与对象自由组合函数公式卡片，由点组成曲线、由曲线小组拟合实体；最后，产出由参与用户亲自完成的符合自身审美的设计作品。记忆中的数理化是课本中复杂的公式定理和做不完的考卷习题，但如果那些理论知识以另一

图5-51　设计成果呈现

种方式呈现——通过数学函数及其图像的展示与游戏化运用，便可以提升参与对象学习数学知识的兴趣与效率。

5.3.5 用户回访评估

为了调研用户在设计实践参与过程中存在的问题、意见以及调查本次用户体验的满意度，通过定性调查回访评估发现，编号01~07，09，10问题的得分都在4.0以上，说明积极界定、图像生成部分的用户体验都较为良好，编号08问题得分在4.0以下，对08问题所在参数设计部分仍有待优化（表5-18）。

结合对实践过程的观察以及对参与者的访谈发现，参与者对这种用户心理需求的挖掘方式，以及对参与体验式设计模式很感兴趣，且在参与式协同设计过程中的积极性很高。但是同时存在两项问题：

①参与用户在体验原型软件测试时，操作使用较为生硬；

②即使在指导过后，操作过程仍需要组织人员二次辅助输入。

参考本次设计实践的评估结果以及存在的两项问题，结合专业设计人员的意见建议，将对设计实践中的用户体验进行迭代更新，预设调整方式如下：

①全面优化界面视觉效果、交互方式，提升用户体验质量；

②提供引导视频与文字介绍结合的方式帮助参与用户快速了解原型系统的工作流程。

表5-18 用户体验回访评估

维度	编号	评价内容	得分
积极界定	01	产品图像的分类能够符合象征意义的要求	4.5
	02	所提取的象征意义确实与我的心理要素相匹配	4.6
	03	象征意义中的积极方向囊括了我的预设构想	4.8
图像生成	04	我的描述表达清楚了对产品/图像的故事交代	4.3
	05	设计师在简化抽象提取了重要的载体或体验	4.5

续表

维度	编号	评价内容	得分
图像生成	06	产出的肌理效果能够带来广泛的依附联想	4.4
参数设计	07	构建的参数曲面满足我的心理期待需求	4.3
	08	参与式体验设计调整的过程比较满意	3.6
方案产出	09	设计成品能够在我的情感上带来积极体验	4.6
	10	设计成果与我的积极界定中的设计方向相匹配	4.5

5.3.6　设计成果优化

为了赋予用户更好的体验效果，设计师优化了系统界面与交互方式。主界面（图5–52）构成包括公式（equation）、参数（parameter）、信息（info）；侧边栏四个部分以及点、曲线、编织和结果四个类别，加之3D打印的预览界面与确认按键。公式（equation）有两种输入方式：a. 在类别中选择方程；b. 自己输入方程；参数（parameter）可以通过在方程中旋转X、Y、N、Z的参数来改变函数。

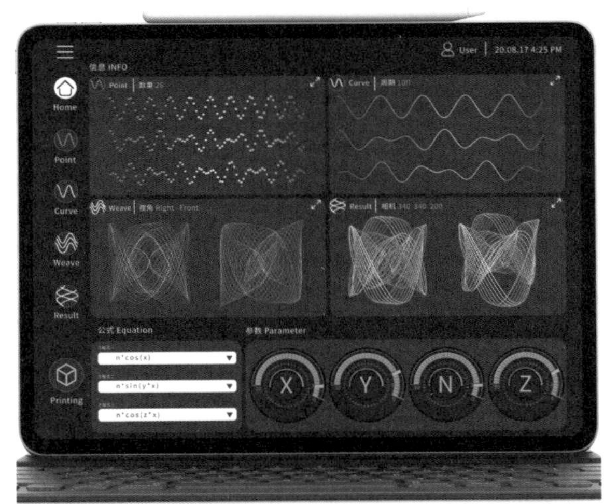

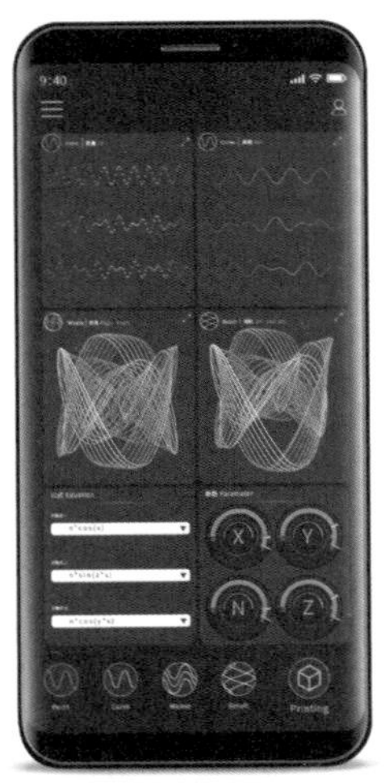

图5–52　参数设计的体验系统

如图5-53所示，通过体验工具的流程图与视频介绍，了解该产品的基本部件及操作演示，在向参与对象梳理整个操作流程后，用户通过体验交互系统完成整体设计成果产出。通过积极方向引导、期望值设定、制造惊喜的方式将体验作为设计对象，全新的系统界面从动机、触点和能力三个方面为用户提升积极体验。

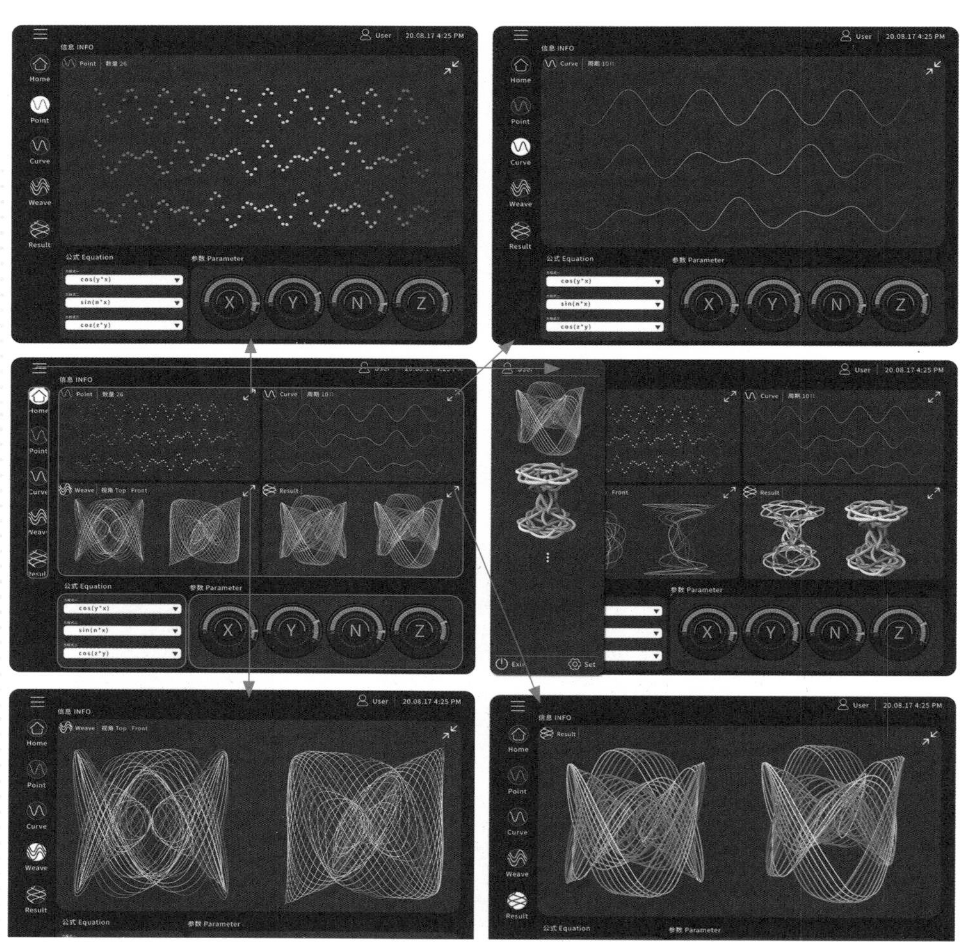

图5-53　参数设计的系统流程图

5.3.7　成果优化回访

为了调查本次用户体验改善方案的满意度及现存的问题，以改善体验效果与设计成果。向参与对象A发放了基于模型结构框架的用户体验评估回访表，结果如表5-19所示；并对回访调查过程进行详细记录，可针对存在的问题展开深入访谈。

表5-19　用户体验回访评估

维度	编号	评价内容	得分
积极界定	01	产品图像的分类能够符合象征意义的要求	4.5
	02	所提取的象征意义确实与我的心理要素相匹配	4.6
	03	象征意义中的积极方向囊括了我的预设构想	4.8
图像生成	04	我的描述表达清楚了对产品/图像的故事交代	4.3
	05	设计师在简化抽象提取了重要的载体或体验	4.5
	06	产出的肌理效果能够带来广泛的依附联想	4.4
参数设计	07	构建的参数曲面满足我的心理期待需求	4.3
	08	参与式体验设计调整的过程比较满意	4.6
方案产出	09	设计成品能够在我的情感上带来积极体验	4.6
	10	设计成果与积极界定中的设计方向相匹配	4.5

访谈结束后，针对参与者进行了深入访谈，结合上表数据可以看出，设计实践在各个维度的所有评价内容均在4.3分以上，尤其在积极方向的设计构想、参数设计体验调整过程与设计成品的情感体验阶段得分更为突出。验证了本次设计实践从用户体验角度基本满足了参与者的心理预期，并达到提升用户的主观幸福感的目的。

从设计实践的角度，本节研究对基于积极体验的参数化产品设计模型（详见本书4.8）进行了有效性检验，包括积极界定模型、图像生成模型、参数设计模型，并针对不同参与对象的心理需求塑造出对应的个性化体验与专属产品。最终该设计实践结果荣获2021年度意大利A' 设计大奖赛（A'Design Award）金奖、欧洲产品设计奖（European Product Design Award）、芝加哥优良设计奖（The Good Design Awards）等一系列国际大奖。

参考文献

[1] B. 约瑟夫 · 派恩, 詹姆斯 ·H. 吉尔摩. 体验经济[M]. 毕崇毅, 译. 北京: 机械工业出版社, 2012.

[2] 邓成连. 触动服务接触点[J]. 装饰, 2010, 206(6): 13-17.

[3] DUY Phong Vu. 博朗为幸福而设计[J]. 包装工程, 2019, 40(12): 17-22.

[4] 高天. 基于积极体验的参数化产品设计研究[D]. 上海: 东华大学, 2021.

[5] 高颖, 许晓峰. 服务设计: 当代设计的新理念[J]. 文艺研究, 2014, 6: 140-147.

[6] 耿秀丽. 产品服务系统设计理论与方法[M]. 北京: 科学出版社, 2018.

[7] 郭小艳, 王振宏. 积极情绪的概念、功能与意义[J]. 心理科学进展, 2007, 15(5): 810-815.

[8] 韩少华, 陈汗青. 产品服务系统设计理论核心的系统性文献综述[J]. 创意与设计, 2016, 2: 21-25.

[9] 胡飞, 李顽强. 定义"服务设计"[J]. 包装工程, 2019, 40(10): 37-51.

[10] 李金珍, 王文忠, 施建农. 积极心理学: 一种新的研究方向[J]. 心理科学进展, 2003, 11(3): 321-327.

[11] 李沛, 吴春茂. 可能性驱动的积极体验设计方法[J]. 包装工程, 2020, 41(22): 89-94.

[12] 刘宗明, 李羿璇. 基于Grasshopper插件的灯具参数化设计研究[J]. 包装工程, 2018, 39(18): 209-213.

[13] 孙利, 吴俭涛. 基于时间维度的整体用户体验设计研究[J]. 包装工程, 2014, 2(35): 32-35.

[14] 王珂, 刘扬. 参数化设计与3D打印的协同发展研究[J]. 包装工程, 2017, 38(16): 147-151.

[15] 王展. 基于服务蓝图与设计体验的服务设计研究及实践[J]. 包装工程，2015，36(12)：41-44.

[16] 韦伟. 基于积极体验的校园文化创意产品设计研究[D]. 上海：东华大学，2020.

[17] 韦伟，吴春茂. 用户体验地图、顾客旅程地图与服务蓝图比较研究[J]. 包装工程，2019，40(14)：217-223.

[18] 吴春茂. 生活产品设计[M]. 2版. 上海：东华大学出版社，2020.

[19] 吴春茂. 自我控制困境驱动的积极体验设计路径[J]. 美术大观，2021(1)：154-157.

[20] 吴春茂，陈磊，李沛. 共享产品服务设计中的用户体验地图模型研究[J]. 包装工程，2017，38(18)：62-66.

[21] 吴春茂，高天，孟怡辰. 基于积极体验的参数化产品设计模型[J]. 包装工程，2021，42(6)：142-150.

[22] 吴春茂，李沛. 用户体验地图与触点信息分析模型构建[J]. 包装工程，2018，39(24)：172-176.

[23] 吴春茂，田晓梅，何铭锋. 提升主观幸福感的积极体验设计策略[J]. 包装工程，2021，42(14)：139-147.

[24] 吴春茂，韦伟，李沛. 提升主观幸福感的积极设计模型研究[J]. 包装工程，2019，40(12)：29-33.

[25] 吴春茂，张笑男，吴翔. 构建基于积极体验的概念设计画布[J]. 包装工程，2020，41(16)：76-82.

[26] 吴琼. 用户体验设计之辩[J]. 装饰，2018，10：30-33.

[27] 辛向阳. 从用户体验到体验设计[J]. 包装工程，2019，40(8)：60-67.

[28] 辛向阳，曹建中. 服务设计驱动公共事务管理及组织创新[J]. 设计，2014(5)：124-128.

[29] 张笑男. 积极设计介入乡村互助养老产品研究[D]. 上海：东华大学，2021.

[30] ABHINAV K K. Become ITIL Foundation Certified in 7 Days: Learning ITIL Made Simple with Real-life Examples[M]. CA: A press, 2017.

[31] ABNEY D H, KELLO C T, BALASUBRAMANIAM R. Introduction and Application of the Multi-scale Coefficient of Variation Analysis[J]. Behavior Research Methods, 2017, 49: 1571-1581.

[32] AURICH J C, FUCHS C, WAGENKNECHT C. Life Cycle Oriented Design of Technical Product-Service Systems [J]. Journal of Cleaner Production, 2006, 14 (17): 1480-1494.

[33] BAINES T S, LIGHTFOOT H W, EVANS S, et al. State-of-the-art in Product-service Systems. Proceedings of the Institution of Mechanical Engineers[J]. Part B: Journal of Engineering Manufacture, 2007, 221 (10): 1543-1552.

[34] BANIHASHEMI S, TABADKANI A, HOSSEINI M R. Integration of Parametric Design into Modular Coordination: A Construction Waste Reduction Workflow [J]. Automation in Construction, 2018, 88(4): 1-12.

[35] BECKER J, BEVERUNGEN D F, KNACKSTEDT R. The Challenge of Conceptual Modeling for Product-service Systems: Status-quo and Perspectives for Reference Models and Modeling Languages[J]. Information Systems and e-Business Management, 2010, 08(1): 33–66.

[36] BEHREND S, JASCH C, KORTMAP J, et al. Eco-Service Development: Reinventing Supply and Demand in the European Union[M]. UK: Greenleaf Publishing, 2003.

[37] BERKOWITZ M, GRYCH J . Fostering Goodness: Teaching Parents to Facilitate Children's Moral Development[J]. Journal of Moral Education, 1998, 27(3): 371-391.

[38] BEUREN F H, FERREIRA M G, MIGUEL P A C. Product-service System: A Literature Review on Integrated Products and Services [J]. Journal of Cleaner

Production, 2013, 47: 222-231.

[39] BITNER M J, OSTROM A L. MORGAN F N. Service Blueprinting: A Practical Technique for Service Innovation [J]. California Management Review, 2008, 50(3): 66-94.

[40] BREZET J C, BIJMA A S, EHRENFELD J, et al. The Design of Eco-efficient Services [R]. Dutch: TU Delft for the Dutch Ministry of Environment, 2001.

[41] BRUNI L, PORTA P L. Handbook on the Economics of Happiness. Cheltenham[M]. UK: Edward Elgar, 2007.

[42] CAMERE S, SCHIFFERSTEIN H N J, BORDEGONI M. From Abstract to Tangible: Supporting the Materialization of Experiential Visions with the Experience Map [J]. International Journal of Design, 2018, 12(2): 51-73.

[43] CAPELLAVEEN G V, AMRIT C, YAZAN D M, et al. The Recommender Canvas: A Model for Developing and Documenting Recommender System Design[J]. Expert Systems with Applications, 2019, 129(4): 97-117.

[44] CARD S T, MACKINLAY J D, SHNEIDERMAN B. Readings in Information Visualization: Using Vision to Think [M]. New York: Academic Press, 1999.

[45] CARREIRA R, PATRI'CIO L, JORGE R N, et al. Development of An Extended Kansei Engineering Method to Incorporate Experience Requirements in Product-service System Design [J]. Journal of Engineering Design, 2013, 24 (10): 738–764.

[46] CASAIS M, MUGGE R, DESMET P M A. Objects with Symbolic Meaning: 16 Directions to Inspire Design for Well-being [J]. Journal of Design Research, 2018, 16(3/4): 247-281.

[47] CASH P J. Developing Theory-driven Design Research [J]. Design Studies, 2018, 56: 84-119.

[48] CHO M, LEE S, LEE K P. How do People Adapt to use of an IoT Air Purifier?: From Low Expectation to Minimal Use [J]. International Journal of Design,

2019, 13(3): 21-38.

[49] CHUNG J J, KIM H J. An Automobile Environment Detection System Based on Deep Neural Network and its Implementation Using IoT-Enabled In-Vehicle Air Quality Sensors [J]. Sustainability, 2020, 12(6): 2475-2492.

[50] DESMET P M A. Faces of Product Pleasure: 25 Positive Emotions in Human-Product Interactions[J]. International Journal of Design, 2012, 6(2): 1-29.

[51] DESMET P M A, FOKKINGA S. Beyond Maslow's Pyramid: Introducing a Typology of Thirteen Fundamental Needs for Human-Centered Design [J]. Multimodal Technologies and Interaction, 2020, 38 (4): 1–22.

[52] DESMET P M A, HASSENZAHL M. Towards Happiness: Possibility-driven Design [J]. Human-Computer Interaction Studies in Computational Intelligence, 2012, 396: 3–28.

[53] DESMET P M A, POHLMEYER A E. Positive Design: An Introduction to Design for Subjective Well-Being [J]. International Journal of Design, 2013, 7(3): 5-19.

[54] DESMET P M A, SCHIFFERSTEIN H N J. From Floating Wheelchairs to Mobile Car Parks: A Collection of 35 Experience-driven Design Projects [M]. Netherlands: Eleven Publishers, 2011.

[55] DESMET P M A, XUE H, FOKKINGA S F. The Same Person Is Never the Same: Introducing Mood-Stimulated Thought/Action Tendencies for User-Centered Design [J]. She Ji, 2019, 5(3): 167-187.

[56] DIENER E. Subjective Well-being [J]. Psychology Bulletin, 1984, 95: 542-575.

[57] DIENER E, OISHI S, LUCAS R E. Subjective Well-being: The Science of Happiness and Life Satisfaction [M]. Oxford: Oxford University Press, 2009.

[58] DWIVEDI A D, SRIVASTAVA G, DHAR S, et al. A Decentralized Privacy-Preserving Healthcare Blockchain for IoT [J]. Sensors, 2019, 19(2): 326-343.

[59] ERLHOFF M, TIM M. Design Dictionary: Perspectives on Design Terminology[M]. Boston: Birkhauser, 2008.

[60] FENG S, SETOODEH P, HAYKIN S. Smart Home: Cognitive Interactive People-Centric Internet of Things [J]. IEEE Communications Magazine, 2017, 55(2): 34-39.

[61] FISHBACH A, CONVERSE B. Identifying and Battling Temptation. In Vohs K D, Baumeister R F (Eds.), Handbook of Self-regulation: Research, Theory, and Applications[M]. New York: The Guilford Press, 2011.

[62] FISHBACH A, ZHANG Y. Together or Apart: When Goals and Temptations Complement Versus Compete[J]. Journal of Personality and Social Psychology, 2008, 94(4): 547-559.

[63] FRIJDA N H. The Emotions [M]. Cambridge: Cambridge University Press, 1986.

[64] FUJIMOTO J, UMEDA Y, TAMURA T, et al. Development of Service-oriented Products Based on the Inverse Manufacturing Concept [J]. Environmental Science & Technology, 2003, 37 (23): 5398-5406.

[65] GABLE S L, HAIDT J. What (and Why) is Positive Psychology? [J]. Review of General Psychology, 2005, 9(2): 103-110.

[66] GENG X, CHU X, XUE D, et al. An Integrated Approach for Rating Engineering Characteristics' Final Importance in Product- service System Development[J]. Computers & Industrial Engineering, 2010, 59 (4): 585-594.

[67] GEUM Y, PARK Y. Designing the Sustainable Product-service Integration: A Product-service Blueprint Approach[J]. Journal of Cleaner Production, 2011, 19 (14): 1601-1614.

[68] GHAJARGAR M, WIBERG M, STOLTERMAN E. Designing IoT Systems that Support Reflective Thinking: A Relational Approach [J]. International Journal of Design, 2018, 12(1): 21-35.

[69] GINER S, ROGER. Guilty Pleasures and Grim Necessities: Affective Attitudes in Dilemmas of Self-control[J]. Journal of Personality and Social Psychology, 2001, 80(2): 206-221.

[70] GIOIA D A, CORLEY K G, HAMILTON A L. Seeking Qualitative Rigor in Inductive Research: Notes on the Gioia Methodology [J]. Organizational Research Methods, 2012, 16 (1): 15-31.

[71] GOEDKOOP M J, VANHALEN C J G, TERIELE H R M, et al. Product Service Systems, Ecological and Economic Basics[R]. Dutch: Report for Dutch Ministries of Environment and Economic Affairs, 1999.

[72] GUNDLACH G T, WILKIE W L. The American Marketing Association's New Definition of Marketing: Perspective and Commentary on the 2007 Revision[J]. Journal of Public Policy & Marketing, 2009, 28 (2): 259-264.

[73] HALEN C V, VEZZOLI C, WIMMER R. Methodology for Product Service System Innovation [M]. Netherlands: Van Gorcum, 2005.

[74] HASSENZAHL M. Experience Design: Technology for All the Right Reasons [M]. California: Morgan & Claypool, 2010.

[75] HASSENZAHL M, ECKOLDT K, DIEFENBACH S, et al. Designing Moments of Meaning and Pleasure. Experience Design and Happiness [J]. International Journal of Design, 2013, 7(3): 21-31.

[76] HOLMLID S. Interaction Design and Service Design: Expanding a Comparison of Design Disciplines[C]. Stockholm: Nordic Design Research Conference, 2007.

[77] HUNT S D. The Nature and Scope of Marketing[J]. Journal of Marketing, 1976, 40(3): 17-28.

[78] JALIL M M. Practical Guidelines for Conducting Research-Summarizing Good Research Practice in Line with the DCED Standard[R]. London: the Donor Committee for Enterprise Development, 2013.

[79] JAMES P, SLOB A, NIJHUIS L. Environmental and Social Well Being in the New Economy. In Sustainable Services e an Innovation Workbook [M]. Bradford: University of Bradford, 2001.

[80] JIANG J, LI Y, XIONG Y, et al. Product Service Systems Innovative Design Based on TRIZ Final Ideal Solutions and Function Stimulation[J]. Computer Integrated Manufacturing Systems, 2013, 19 (2): 225–234.

[81] KAASINEN, E, ROTO V, HAKULINEN J, et al. Defining User Experience Goals to Guide the Design of Industrial Systems [J]. Behavior & Information Technology, 2015, 34(10): 976–991.

[82] KALBACH J. Mapping Experiences [M]. California: O'Reilly Media, 2016.

[83] KIM J, LEE S, PARK Y. User–centric Service Map for Identifying New Service Opportunities from Potential Needs: A Case of App Store Applications [J]. Creativity and Innovation Management, 2013, 22(3): 241–263.

[84] KIM S K, OH K S, PARK B S, et al. A Win–Win Cooperation Strategy for Big and Small Businesses: 10 Policy Proposals[C]. Istanbul: Technology Management for the Global Future–PICMET Conference, 2006.

[85] KIM S, YOON B. Developing A Process of Concept Generation for New Product–service Systems: A QFD and TRIZ–based Approach[J]. Service Business, 2012, 6 (3): 323–348.

[86] KIMITA K, SHIMOMURA Y, ARAI T. A Customer Value Model for Sustainable Service Design[J]. Cirp Journal of Manufacturing Science & Technology, 2009, 1 (4): 254–261.

[87] KLAPPERICH H, LASCHKE M, HASSENZAHL M. The Positive Practice Canvas: Gathering Inspiration for Wellbeing–driven Design[C]. Norway: In Proceedings of the 10th Nordic Conference on Human–Computer Interaction, 2018.

[88] KOZLOWSKI A, SEARCY C, BARDECKI M. The Re-Design Canvas: Fashion Design as a Tool for Sustainability[J]. Journal of Cleaner Production, 2018, 183: 194-207.

[89] KUMAR V. 101 Design Methods: A Structured Approach for Driving Innovation in Your Organization [M]. Canada: John Wiley & Sons, Inc, 2013.

[90] KUNDU S, MCKAY A, PENNINGTON A D, et al. Implications for Engineering Information Systems Design in the Product-Service Paradigm[M]. London: Springer, 2007.

[91] LEE Y G, PARK S. Design of a Government Collaboration Service Map by Big Data Analytics [J]. Procedia Computer Science, 2016, 91: 751-760.

[92] LI H, JI Y, GU X, et al. Module Partition Process Model and Method of Integrated Service Product[J]. Computers in Industry, 2012, 63 (4): 298-308.

[93] LJOMAH W, SUNDIN E, LINDAHL M. Product Design for Product/Service Systems: Design Experiences from Swedish Industry[J]. Journal of Manufacturing Technology Management, 2009, 20 (5): 723-753.

[94] LYUBOMIRSKY S. The How of Happiness: A Scientific Approach to Getting the Life You Want [M]. London and New York: Penguin Press, 2008.

[95] MANZINI E, VEZZOLI C. A Strategic Design Approach to Develop Sustainable Product Service Systems: Examples Eaken from the 'Environmentally friendly Innovation' Italian prize [J]. Journal of Cleaner Production, 2003, 11 (8): 851-857.

[96] MARIA R. Playful Card-based Tools for Gamification Design. Presented at the Annual Meeting of the Australian Special Interest Group for Computer Human Interaction [M]. New York: ACM Press, 2015: 109-153.

[97] MARIA S, HELLEN K, DESMET P M A. The "You and I" of Happiness: Investigating the Long-Term Impact of Self- and Other-Focused Happiness-

Enhancing Activities[J]. Psychology & Marketing, 2017, 34(6): 623-630.

[98] MARQUES P, CUNHA P F, VALENTE F, et al. A Methodology for Product-service Systems Development[J]. Procedia Cirp, 2013: 7(5): 371-376.

[99] MARQUEZ J, DOWNEY A. Service Design: An Introduction to a Holistic Assessment Methodology of Library Services [J]. Weave Journal of Library User Experience, 2015, 1(2): 1-15.

[100] MAUSSANG N, ZWOLINSKI P, BRISSAUD D. Product-service System Design Methodology: from the PSS Architecture Design to the Products Specifications[J]. Journal of Engineering Design, 2009, 20 (4): 349-366.

[101] MICHAEL W. Community Design Canvas: A Tool for Designing Innovation Communities[C]. Toronto: The ISPIM Innovation Forum, 2017.

[102] MITCHELL V, ROSS T, MAY A, et al. Empirical Investigation of the Impact of Using Co-design Methods When Generating Proposals for Sustainable Travel Solutions[J]. Co Design, 2015, 18(1): 1-16.

[103] MONT O. Clarifying the Concept of Product-service System [J]. The Journal of Cleaner Production, 2002, 10 (3): 237-245.

[104] MORELLI N. Developing New Product Service Systems (PSS): Methodologies and Operational Tools[J]. Journal of Cleaner Production, 2006, 14 (17): 1495-1501.

[105] MORELLI N. Service as Value Co-production: Reframing the Service Design Process[J]. Journal of Manufacturing Technology Management, 2009, 20 (20): 568-590.

[106] MORRIS R. The Fundamentals of Product Design[M]. Singapore: AVA Book Production. 2009.

[107] NOVAK J D, CANAS A J. The Origins of the Concept Mapping Tool and the Continuing Evolution of the Tool [J]. Information Visualization, 2006, 5(3):

175-184.

[108] ORTH D, THURGOOD C, HOVEN E. Designing Objects with Meaningful Associations [J]. International Journal of Design, 2018, 12(2): 91-104.

[109] OZKARAMANLI D. Me Against Myself: Addressing Personal Dilemmas Through Design[D]. Delft: Delft University of Technology, 2017.

[110] OZKARAMANLI D, ÖZCAN E, DESMET P M A. Long-Term Goals or Immediate Desires? Introducing a Toolset for Designing with Self-Control Dilemmas[J]. The Design Journal, 2017, 20(2): 219-238.

[111] PETERSON C. Pursuing the Good Life: 100 Reflections in Positive Psychology[M]. Oxford: Oxford University Press, 2013.

[112] PIA T, JARKKO M. Possibility-Driven Spins in the Open Design Community [J]. Design Journal, 2014, 09: 47-67.

[113] POHLMEYE A E. Positive Design: New Challenges, Opportunities, and Responsibilities for Design [C]. Berlini Springer-Verlag Berlin Heidelberg, 2013: 540-547.

[114] POLAINE A, LOVLIE L, REASON, B. Service Design: From Insight to Implementation[M]. New York: Rosenfeld Media, 2015.

[115] RESE M, KAEGER M, STROTMANN W C. The Dynamics of Industrial Product Service Systems (IPS2) – Using the Net Present Value Approach and Real Options Approach to Improve Life Cycle Management[J]. Cirp Journal of Manufacturing Science & Technology, 2009, 1 (4): 279-286.

[116] REXFELT O, OMAS V H A. Consumer Acceptance of Product-service Systems: Designing for Relative Advantages and Uncertainty Reductions[J]. Journal of Manufacturing Technology Management, 2009, 20 (5): 674-699.

[117] ROOZENBURG N F M, EEKELS J. Product Design: Fundamentals and Methods [M]. New York: John Wiley & Sons, 1995.

[118] ROY R, WOLF N, AURICH J C, et al. Configuration of Product-service Systems[J]. Journal of Manufacturing Technology Management, 2009, 20 (5): 591-605.

[119] RUSKO E, HEILMANN J, LAHTINEN P, et al. Messenger Package-Integrating Technology, Design and Marketing for Future Package Communication[R]. Finland: Technical Research Centre of Finland, 2011.

[120] RYAN R M, DECI E L. On Happiness and Human Potentials: A Review of Research on Hedonic and Eudaimonic Well-Being [J]. Annual Review of Psychology, 2001, 52: 141-166.

[121] RYFF C D. Beyond Ponce De Leon: New Directions in Quest of Successful Ageing [J]. International Journal of Behavioral Development, 1989, 12(1): 35-55.

[122] SAKAO T, SHIMOMURA Y. Service Engineering: A Novel Engineering Discipline for Producers to Increase Value Combining Service and Product[J]. Journal of Cleaner Production, 2007, 15 (6): 590-604.

[123] SAYAR D, ER O. The Antecedents of Successful IoT Service and System Design: Cases from the Manufacturing Industry [J]. International Journal of Design, 2018, 12(1): 67-78.

[124] SEGELSTROM F, RAIJMAKERS B, HOLMLID S. Thinking and Doing Ethnography in Service Design[J]. Physics of Plasmas, 2009, 8 (8): 2188-2198.

[125] SELIGMAN M E P, CSIKSZENTMIHALYI M. Positive Psychology: An Introduction [J]. American Psychologist, 2000, 55(1): 5-14.

[126] SHIKATA N, GEMBA K, UENISHI K. A Competitive Product Development Strategy Using Modular Architecture for Product and Service Systems[J]. International Journal of Business & System Research, 2017, 7 (4): 375-394.

[127] SHOSTACK G L. Designing Services That Deliver [J]. Harvard Business

Review, 1984, 62(1): 133-139.

[128] SHOVE E, PANTZAR M, WATSON M. The Dynamics of Social Practice: Everyday Life and How It Changes [M]. London: SAGE Publications Ltd, 2012.

[129] SMITH M J, CLARK C D. Methods for the Visualization of Digital Elevation Models for Landform Mapping [J]. Earth Surface Processes & Landforms, 2010, 30 (7): 885-900.

[130] SNYDER C R, LOPEZ S J. Handbook of Positive Psychology [M]. New York: Oxford University Press, 2002.

[131] SOWEY E, PETOCZ P. A Panorama of Statistics: Perspectives, Puzzles and Paradoxes in Statistics [M]. Chichester: John Wiley & Sons, Ltd. , 2017.

[132] STICKDORN M, SCHNEIDER J. This Is Service Design Thinking[M]. New Jersey: John Wiley & Sons, Inc, 2011.

[133] TEMKIN B. Mapping the Customer Journey [R]. Cambridge Forrester Research, 2010.

[134] TOMIYAMA T. Service Engineering to Intensify Service Contents in Product Life Cycles [C]. Tokyo: International Symposium on Environmentally Conscious Design and Inverse Manufacturing, 2001.

[135] TSAI W C, CHUANG Y L, CHEN L L. Balancing Between Conflicting Values for Designing Subjective Well-Being for the Digital Home[C]. Melbourne: Proceedings of APCHIUX, 2015.

[136] TUKKER A. Eight Types of Product-service System: Eight Ways to Sustainability Experiences from Suspronet [J]. Business Strategy and the Environment, 2004, 13 (4): 246-260.

[137] TUKKER A, TISCHNER U. Product-services as a Research Field: Past, Present and Future. Reflections from A Decade of Research[J]. Journal of Cleaner Production, 2006, 17 (14): 1552-1556.

[138] UNEP. Design for Sustainability. A Step-by-step Approach [M]. Paris: UNEP, 2009.

[139] VASANTHA G V A, ROY R, LELAH A, et al. A Review of Product-service Systems Design Methodologies[J]. Journal of Engineering Design, 2012, 23 (9): 635-659.

[140] WANG P P, MING X G, LI D, et al. Modular Development of Product Service Systems[J]. Concurrent Engineering: Research and Applications, 2011, 19 (1): 85-96.

[141] WELP E G, MEIER H, SADEK T, et al. Modelling Approach for the Integrated Development of Industrial Product-Service Systems[M]. London: Springer, 2018.

[142] WIESE L, POHLMEYER A, HEKKERT P. Activities as A Gateway to Sustained Subjective Well-Being Mediated by Products [C]. New York: Proceedings of the 2019 on Designing Interactive Systems Conference, 2019.

[143] WONG M. Product Service Systems in Consumer Goods Industry [M]. Cambridge: Cambridge University, 2004.

[144] WU C M. A Study on Types and Models of Product-Service System in Design Agencies [D]. Suwon: Kyonggi University, 2017.

[145] WU C M, XU H Y, LIU Z Y. The Approaches of Positive Experience Design on IoT Intelligent Products [J]. KSII Transactions on Internet and Information Systems, 2021, 15(5): 1798-1813.

[146] XING K, LUONG L. Modelling and Evaluation of Product Fitness for Service Life Extension[J]. Journal of Engineering Design, 2009, 20 (3): 243-263.

[147] YANG X, MOORE P, PU J S, et al. A Practical Methodology for Realizing Product Service Systems for Consumer Products[J]. Computers & Industrial Engineering, 2009, 56 (1): 224-235.

[148] YOON J K, POHLMEYER A E, DESMET P M A. When 'Feeling Good' is not Good Enough: Seven Key Opportunities for Emotional Granularity in Product Development [J]. International Journal of Design, 2016, 10(3): 1-15.

[149] ZHENG L, HUANG R, HWANG G J, et al. Measuring Knowledge Elaboration Based on a Computer-assisted Knowledge Map Analytical Approach to Collaborative Learning[J]. Educational Technology & Society, 2015, 18(1): 321-336.